インプレス

ご購入・ご利用の前に必ずお読みください

2023年8月現在の情報をもとに「Power Automate」の操作方法について解説しています。下段に記載の「本書の前提」と異なる場合、または本書の発行後に「Power Automate」の機能や操作方法、画面などが変更された場合、本書の掲載内容通りに操作できなくなる可能性があります。本書発行後の情報については、弊社のWeb ページ(https://book.impress.co.jp/)などで可能な限りお知らせいたしますが、すべての情報の即時掲載ならびに、確実な解決をお約束することはできかねます。また本書の運用により生じる、直接的、または間接的な損害について、著者ならびに弊社では一切の責任を負いかねます。あらかじめご理解、ご了承ください。

本書で紹介している内容のご質問につきましては、巻末をご参照のうえ、お問い合わせフォームかメールにてお問合せください。電話やFAX等でのご質問には対応しておりません。また、本書の発行後に発生した利用手順やサービスの変更に関しては、お答えしかねる場合があることをご了承ください。

■用語の使い方

本文中では、一般法人向けのMicrosoft 365のことを「Microsoft 365」と記述しています。また、本文中で使用している用語は、基本的に実際の画面に表示される名称に則っています。

■本書の前提

本書は、2023年8月現在の情報をもとに「Windows 11」がインストールされているパソコンで、インターネットに常時接続されている環境を前提に解説しています。また、「Microsoft 365 Business Standard」のライセンスが付与されたアカウントを使用している状態を前提としています。

はじめに

本書は、Microsoft 365の利用をきっかけに、業務でPower Automateのクラウドフローを活用しようとしている皆さんが、これから大きくジャンプするためのホップとステップを助けられたら嬉しいなと思いながら書きました。

「Power Automateを使えば、誰でも簡単に業務を自動化できる」と聞いて試してみても、「思っていたよりもちょっと難しいな」と思う人も少なくありません。そうなのです。Power Automateを使いこなすのは、ちょっとだけ難しいのです。

ではなぜ、Power Automateが難しいと感じるのでしょうか。これは他のツールを活用しようとするときと同じです。例えばExcelを活用し日々の業務に必要な計算を自動化しようとすると、ちょっとだけ難しい関数の利用方法などを覚えなければなりません。同様にPower Automateでも、業務で活用するにはちょっとだけ難しい知識が必要になります。しかしそれらの知識はほんのちょっと難しいだけで、知ってしまえばそれほど難しいものでもありません。

本書の基本編、活用編、応用編で、そんなちょっとだけ難しい知識を知ってもらうことができます。基本編と活用編では「あ！こういうことか！」と小さな成功体験を積んでもらえるように、業務で活用できる実例をあげながら手順を紹介しています。応用編では、変数や関数、JSONなど、はじめての人にはつまずきやすい部分から、業務で活用し続けるためのテクニックを紹介しています。

Power Automateは、奥の深いツールです。本書だけでそのすべてを紹介しきれるものではありません。しかしネット上には、世界中のユーザーが日々共有してくれている活用のノウハウがあります。そうしたノウハウを生かして業務でもさらに活用できるようになることが、私の思う皆さんの大きなジャンプです。本書で身に着けた知識は、そうしたノウハウを探して見つけ出し、理解し、業務で活用するための助けになるものと思っています。

作成したクラウドフローは、きっと他の人にも自慢したくなるはずです。いつか私にも皆さんの自慢のクラウドフローを紹介してもらえたら嬉しいです。

2023年8月　太田 浩史

本書の読み方

本書は、初めての人でも迷わず読み進められ、操作をしながら必要な知識や操作を学べるように構成されています。紙面を追って読むだけでPower Automateを使った業務自動化のノウハウが身に付きます。

レッスンタイトル

このLESSONでやることや目的を表しています。

LESSON 11

SharePointライブラリにファイルがアップロードされたら通知する

SharePointもまた、Power Automateを組み合わせて利用しやすいサービスです。まずは、ライブラリと連携する簡単な通知処理を作成します。通知先を自身が利用するスマートフォンにすることで、外出先や移動中でも通知に気づきやすくなります。

練習用ファイル

LESSONで使用する練習用ファイルの名前です。
ダウンロード方法などは6ページをご参照ください。

練習用ファイル L011_出張申請書.docx

01 フローで申請書類の確認をスムーズに

SharePointのライブラリ機能を用いて、ユーザーに申請書類を提出してもらう業務を想定しましょう。このとき、ライブラリに新たな書類が保存されたら、自身のスマートフォンにプッシュ通知が届くフローを作成します。このようにフローからプッシュ通知を受け取るためには、事前にPower Automateアプリをインストールしサインインを済ませておく必要があるので、準備しておきましょう。

アドバイス

筆者からのワンポイントアドバイスや豆知識です。

ちょっとした作業を自動化するフローを作成しましょう。簡単なフローでも大きな効果を生む場合もあります。

ここもポイント!

[フォルダー]には何を指定するの?

いずれかのフォルダーの中にファイルがアップロードされた場合にのみフローを実行させたい場合は、[フォルダー]の設定でそのフォルダーを指定します。[フォルダー]を設定せず空白のままとした場合は、ライブラリの中であればどこにファイルがアップロードされてもフローが実行されます。

88

※ここに掲載している紙面はイメージです。実際のページとは異なります。

関連解説

操作を進める上で役に立つヒントや補足説明を掲載しています。

LESSONに関連する一歩進んだテクニックを紹介しています。

筆者の経験を元にした現場で役立つノウハウを解説しています。

03 SharePointがトリガーのフローを作成

［自動化したクラウドフロー］から作成をはじめます。［自動化したクラウドフローを構築する］ダイアログでは、「SharePoint」のキーワードでトリガーを検索し、［ファイルが作成されたとき（プロパティのみ）］を選択します。このトリガーでは、［サイトのアドレス］と［ライブラリ名］を設定します。「サイトのアドレス」は、ドロップダウンリストでサイトを選択できますが、**一覧に表示されない場合は「カスタム値の入力」としてサイトのURLを指定できます。**［ライブラリ名］には、先ほど作成した［申請ライブラリ］を選択します。

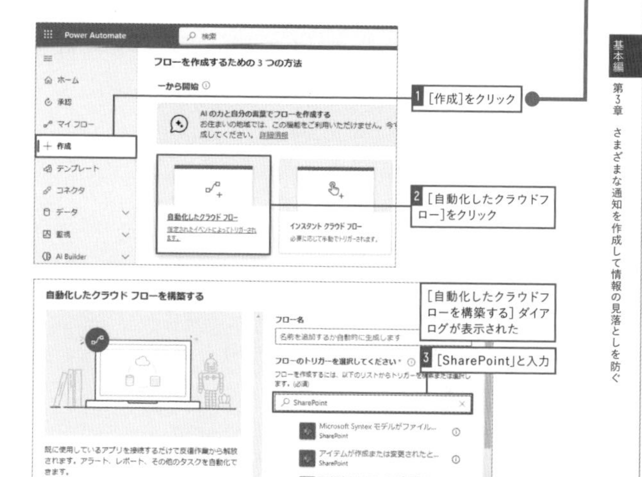

89

操作手順

実際の画面でどのように操作するか解説しています。
番号順に読み進めてください。

手元のパソコンで練習用ファイルを使って手を動かしながら読み進めてください!

基本編 第3章 さまざまな通知を作成して情報の見落としを防ぐ

練習用ファイルの使い方

本書では、無料の練習用ファイルを用意しています。ダウンロードした練習用ファイルは必ず展開して使ってください。練習用ファイルは章ごとにフォルダーを分けており、ファイル先頭の「L」に続く数字がLESSON番号を表します。ここではMicrosoft Edgeを使ったダウンロードの方法を紹介します。

練習用ファイルのダウンロード方法

▼練習用ファイルのダウンロードページ
https://book.impress.co.jp/books/1122101184

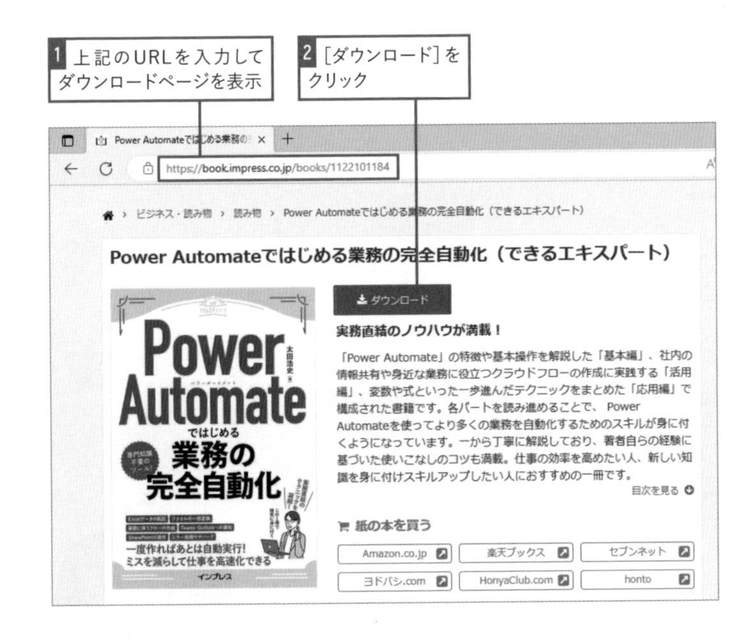

3 圧縮ファイルのリンクをクリック

はじめてでも迷わないMidjourneyのきほん ビジネスに活用できる画像生成AI入門

よく分かるPower BI データを可視化して業務効率化を成功させる方法

自信を持ってレポートを作成できる！

「推される部署」になろう（できるビジネス）

誰ともコラボできる「推される」人になろう

ChatGPT API×Excel VBA 自動化仕事術（できるビジネス）

ChatGPT APIで業務を徹底的に効率化！

ダウンロード

- 本書で利用する練習用ファイルは以下のリンクからダウンロードしてください。
- 501779.zip

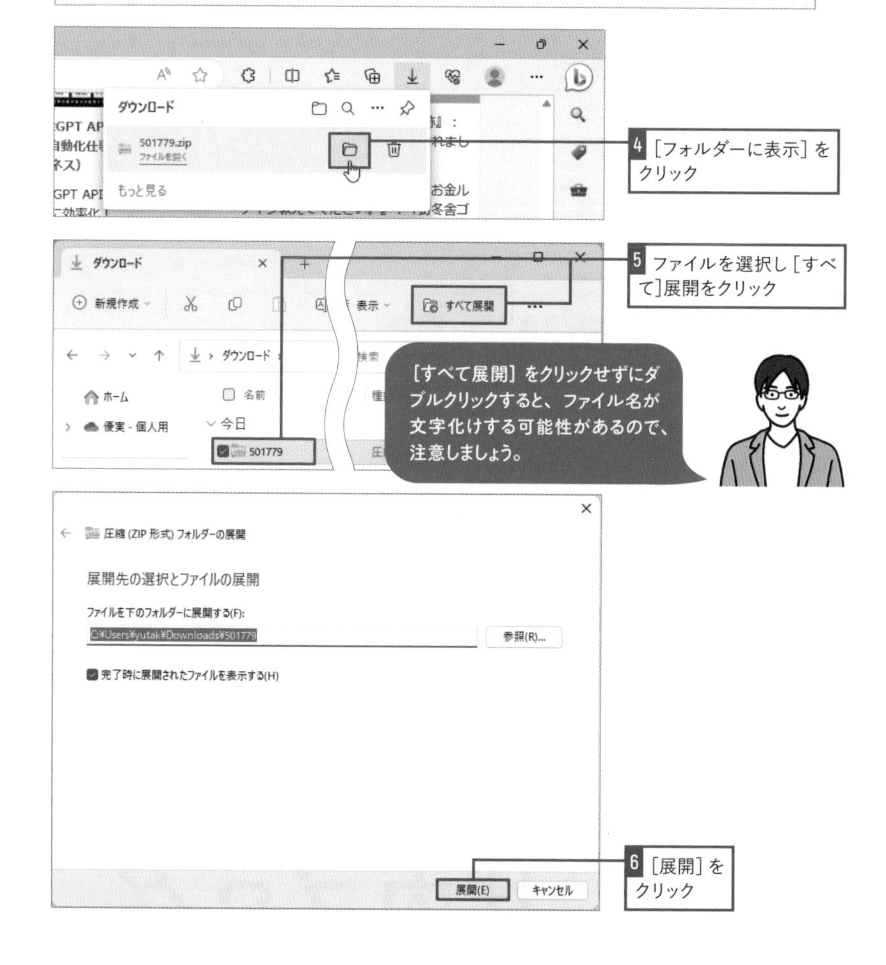

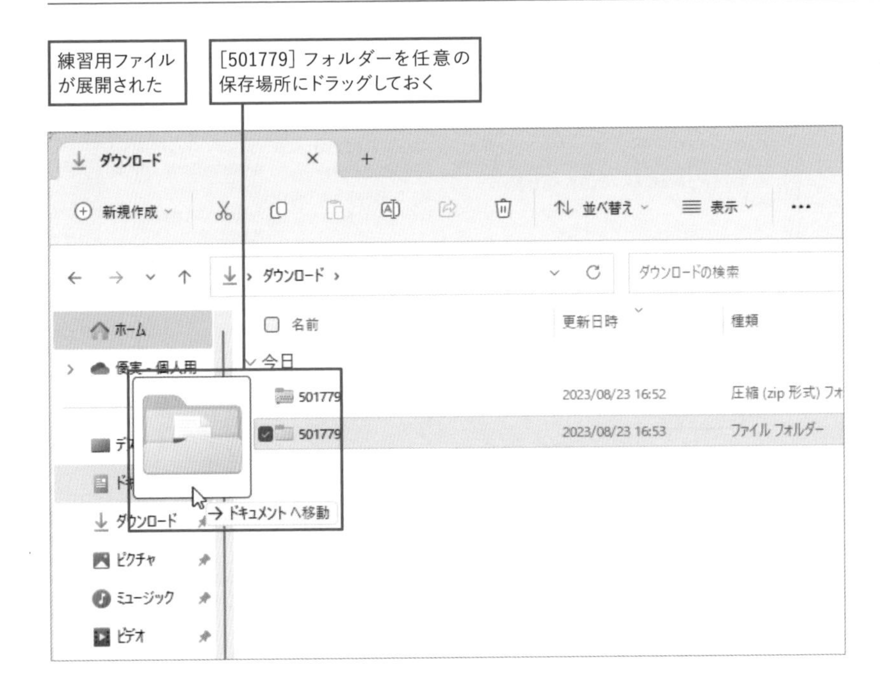

［保護ビュー］が表示された場合は

インターネットを経由してダウンロードしたファイルを開くと、保護ビューで表示されます。ウイルスやスパイウェアなど、セキュリティ上問題があるファイルをすぐに開いてしまわないようにするためです。ファイルの入手時に配布元をよく確認して、安全と判断できた場合は［編集を有効にする］ボタンをクリックしてください。

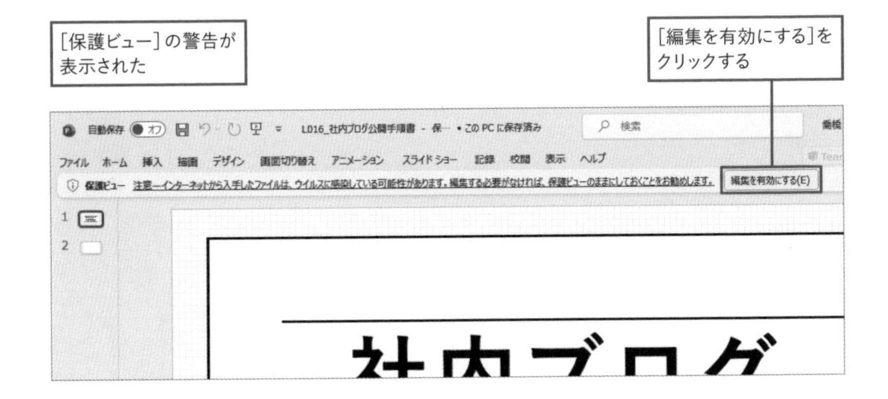

フォルダー内の「各フローの全体像.pdf」について

練習用ファイルのフォルダーにある「各フローの全体像.pdf」には、各LESSONで作成するフロー全体の画面を掲載しています。フローを作成する際に、アクションの順番などに迷われた際はこちらをご参照ください。なお、こちらのPDFは本書を購入した方限定の特典となります。複製・譲渡・配布・公開販売に該当する行為については、固く禁じていますのでご注意ください。

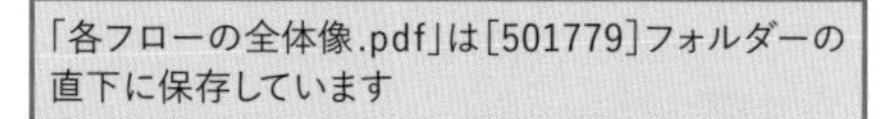

以下のようにフローの全体像のみを掲載しているため、トリガーやアクションの詳細な設定内容は各LESSONのページをご参照ください

※ここに掲載している内容はイメージです。

CONTENTS

基本編

活用編

第3章

さまざまな通知を作成して情報の見落としを防ぐ

活用編

活用編

第4章

身近な業務に役立つフローで効率化

第5章 思い通りのフローを作成するための一歩進んだテクニック

応用編

応用編

第6章

本番運用で役立つテクニックと大事な引継ぎ

本書の構成

本書は「基本編」「活用編」「応用編」の3部構成となっており、Power Automateの基礎から実践的なテクニックまできちんとまんべんなく習得できます。

基本編
第1章～第2章

「基本編」では特徴や仕組み、基本操作を解説しています。簡単なクラウドフローを作成しながら操作や機能が学べるようになっており、基本編を通読することでPower Automateを使いこなす上で必須となる基礎知識が身に付きます。

活用編
第3章～第4章

「活用編」では上司の承認を伴う業務やファイルの変換、データの転記など、利用頻度が高いクラウドフローを解説しています。実務に活用しやすいのはもちろんのこと、ポイントや注意点などが具体例を通じて分かります。

応用編
第5章～第6章

「変数」「式」といった一歩進んだテクニックや、エラーに備えた処理、クラウドフローの共有方法などを解説しています。「応用編」ではより多くの業務を自動化するためのスキルや、社内で運用していくためのノウハウが身に付きます。

おすすめの学習方法

STEP 1
まずは基礎の徹底理解からスタート！
第1章～第2章でPower Automateの基本とクラウドフローの作成手順を覚えましょう。

STEP 2
活用編では各LESSONごとに異なるクラウドフローを作成しています。知りたい項目から学習してみましょう。業務で活用するためのコツが実例を通じて分かります。

STEP 3
Power Automateの使い方が一通り身に付いたら応用編にチャレンジ！変数や関数、JSONの使い方などを覚えましょう。習得の難易度は高いですが、自動化できる業務の幅を広げる力が身に付きます。

基本編

第1章

Power Automateとは「何か」を知ろう

業務の効率化やDXの推進、または、Microsoft 365をより活用するためなどさまざまな理由でPower Automateに興味を持たれたことでしょう。Power Automateがどういったもので何ができるのかを知ってもらい、より詳しい学習に必要となる基礎について解説していきます。

Power Automateの基礎

どんなツールを使う場合であっても、そのツールの特徴を知っておくことは大切です。Power Automateはさまざまな業務を自動化できますが万能ではありません。まずは、何ができるのか、その特徴はどこにあるのかを知っておきましょう。

01 Power Automateとは

デジタル化が進んだ現場で、さらにもう一歩先の効率化を目指すために、自らの手で業務の自動化を実現するためのツールがPower Automateです。

パソコンを使った定型作業は1回あたりの作業時間は短くても、それが毎日や毎月ごとなど繰り返されることで多くの時間を費やしています。また、繰り返し行ううちに、どうしてもミスも起きてしまいがちです。こうした作業を自動化することで、ミスを減らし業務の効率化を進められます。

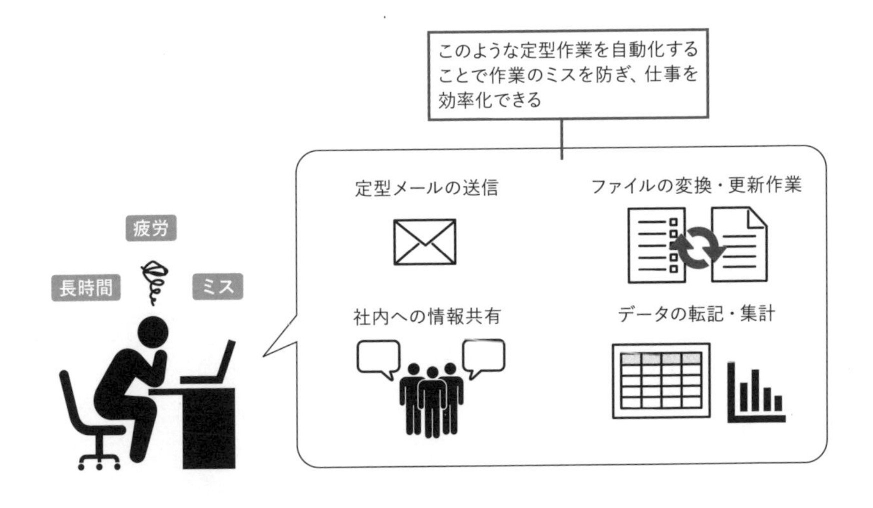

まさにPower Automateは、そうした定型作業の自動化を助けてくれるサービスです。Power Automateで作成する自動処理は、ブラウザーだけがあれば作成できます。しかも**複雑で専門的なプログラミング言語を記述する必要もほとんどないため、IT部門の管理者や開発者ではない人でも、気軽に利用できるのが特徴**です。

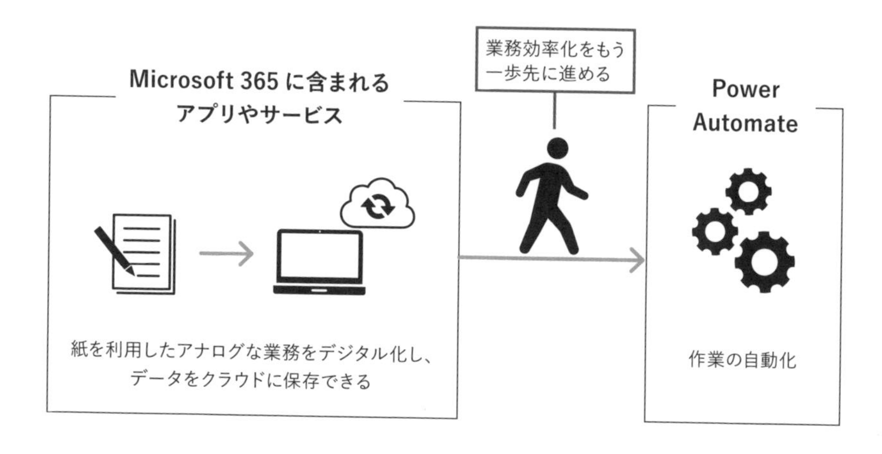

02 Power Automateでできること

定型作業を自動化できるツールはほかにもありますが、Power Automateの特徴は"**さまざまなクラウドサービスを連携させた自動処理を作成できる**"点です。Microsoftが提供するMicrosoft 365はもちろんのこと、GoogleのGmailやGoogle Drive、クラウドストレージサービスのBoxやメッセージアプリのSlackなど業務でよく利用されるサービスのほか、YouTubeなどとも連携ができます。

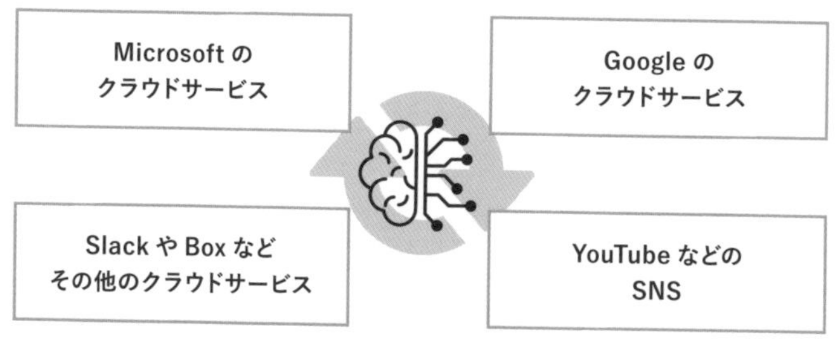

業務で利用しているクラウドサービスやWebサービスを
つなぎ合わせて作業を自動化する

私が実際の業務で自動化している例を挙げると、問い合わせフォームから送られる内容を、Microsoft 365のSharePointを利用して一覧化して整理しているものがあります。問い合わせフォームから送られる内容はメールでOutlookに届くので、メールが届いたときにその内容を読み取り、SharePointに自動で書き込みが行われるようにしています。このようにPower Automateを利用すると、あたかもクラウドサービスが連携して動いているような自動処理を作成できます。

また、昨今は、業務の都合に合わせて複数のクラウドサービスを導入していることも少なくありません。業務の自動化を行うためには、クラウドサービスと連携できることは必須条件になっており、Power Automateのようにそれらを連携させ結び付けるツールは大きな効果を発揮します。

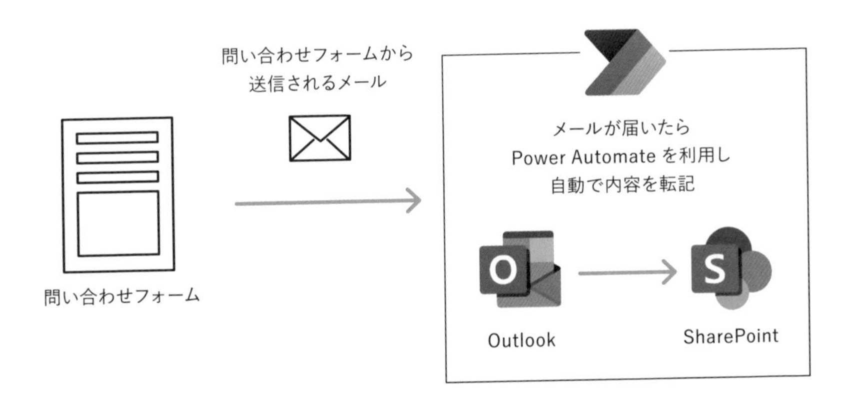

03 パソコン上の操作を自動化するには

Power Automateを利用し処理を自動化するには、連携先のシステムにAPIと呼ばれるシステム間を繋ぐ仕組みが備わっている必要があります。近ごろ開発されたシステムであればAPIを備えるものが多くありますが、古くから利用しているシステムには社内のパソコンからしか操作できないものもあります。APIのないシステムと連携するには、Power Automate for desktopが利用できます。Power Automate for desktopは、パソコン上の操作を自動的に実行するものです。

例えば先ほど例に挙げた、問い合わせフォームから送られる内容を転記し整理する業務の書き込み先が、社内のパソコンからのみ操作できる社内システムとしましょう。

この社内システムを利用する業務は、Power Automateだけでは完全に自動化することができません。そこで、Power Automate for desktopを利用してパソコンから社内システムにデータを書き込む操作を自動実行すれば、業務のすべてを自動化できます。

Power Automate for desktopは、Windows 10やWindows 11が搭載されたパソコンでは無償で利用できます。さらに、Power AutomateとPower Automate for desktopを連携させるには、追加のライセンスが必要です。なお、本書では、Power Automate for desktopについては扱いません。

クラウドサービスの連携とデスクトップでの操作を組み合わせて一連の作業を自動化できる

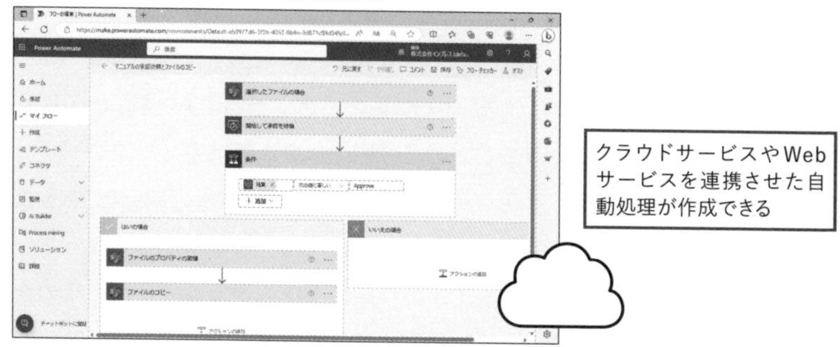

04 ブロックを組み合わせて行うプログラミング

Power Automateを利用して作業を自動化するには、プログラミング言語の知識は必要ありませんが、プログラミング的思考は重要になります。**Power Automateで自動処理を作成するには、画面上にさまざまな処理に対応するブロックを配置し組み合わせていきます。そのためには、自分がPower Automateに実行させたい業務の内容を整理し、用意されたブロックを使ってPower Automateに指示していく必要があります。**実はこうした作業は、プログラム言語を利用しないだけで、開発者が行うプログラミング作業とまったく同じです。Power Automateで自動処理を作成することも、プログラミングの一種と言えるわけです。

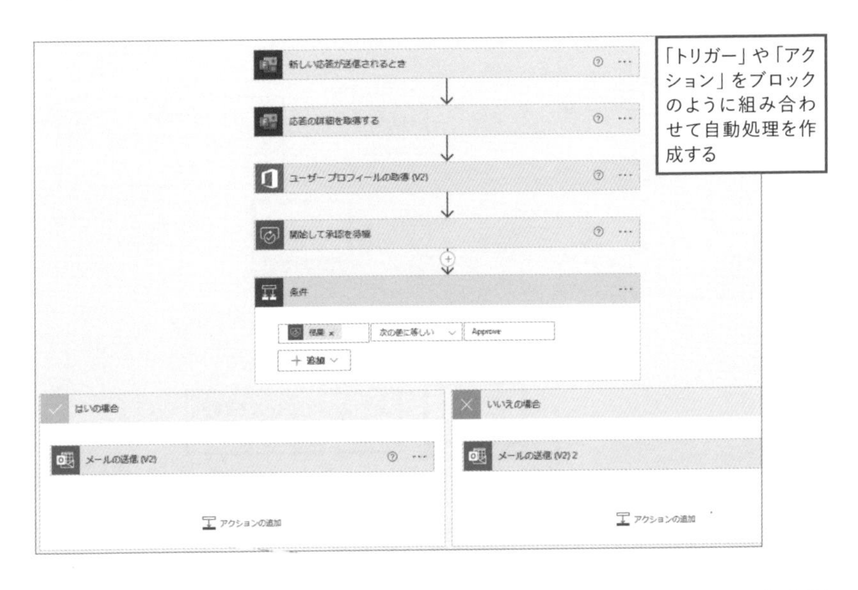

まずは、自分が自動化したい作業の手順をよく思い返し、1つ1つの工程を順序立てて書き出して整理してみましょう。一連の作業を箇条書きやフローチャートで書き出すことで、作業に不明点がないかを確認できます。不明点があるままでは、Power Automateにどのように指示をすれば良いのかが明確にならず、自動化することが困難になってしまいます。作業に不明点がある場合は、その作業に詳しい人に聞くか、まわりの人に相談するなどしましょう。

これまでも例に挙げた、問い合わせフォームから送られた内容をSharePointに自動転記する処理では、次のようなフローチャートが考えられます。**含まれる内容について、「いつ」「何に対して」「何をする」がそれぞれ明確になっているか確認しましょう。**

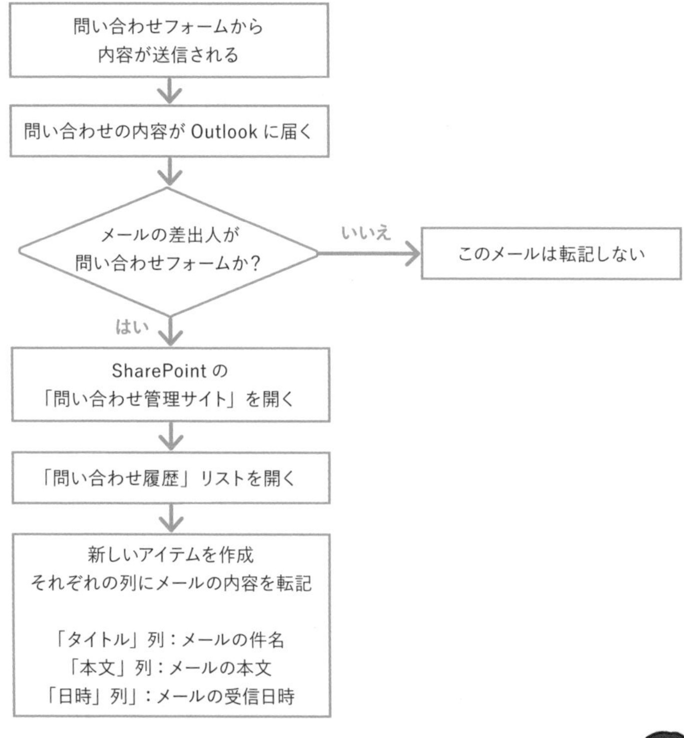

まずは、自動化したい業務が、どういった業務なのかを正しく把握しましょう。フローチャートに書き出すことで、場合分けの洗い出しや全体像の把握に役立ちます。

書き出したフローチャートをPower Automateが用意するブロックに置き換えるには、Power Automateの機能や作成のルールを知っておくことが必要になります。そして、利用できる機能やルールの制限の中で目的を達成するには、パズルを解くような論理的な思考力が求められる場面もあります。はじめは難しく感じるかもしれませんが、徐々にできることを増やしていきましょう。

05 Power Automateのライセンス

Power Automateを業務で利用するためには、ライセンスの購入が必要になります。利用者がもっとも多いものは、法人向けのMicrosoft 365に含まれるライセンスでしょう。ただし、このライセンスは、用途がMicrosoft 365の拡張に限定されたもので、連携できるクラウドサービスの種類が限られるほか、一日あたりの実行可能回数の上限が少ないなど、機能に制限があります。

さらに多くの機能を利用するためには、スタンドアロンライセンスの「Power Automate Premium」を購入します。Microsoft以外の多様なサードパーティのクラウドサービスとも連携ができ、一日あたりの実行可能回数の制限も大幅に緩和されます。さらには、Power Automate for desktopを組み合わせて利用することもでき、自動化できる業務の種類がさらに増えるでしょう。AIによって写真に写る文字や物体を識別するなどの、AI Builderの機能も利用できます。

なお、本書で紹介する内容は、法人向けのMicrosoft 365 に含まれるPower Automateが対象です。

	Microsoft 365に含まれるライセンス	Power Automate Premium
クラウドフローの作成	○	○
標準コネクタの利用	○	○
プレミアムコネクタの利用		○
Power Automate for desktopとの連携		○
24時間あたりのアクション実行数の制限	6,000	40,000
AI Builder サービスクレジット		5,000

仕組みと用語を理解しよう

必ず知っておくべき基本は、「トリガー」「アクション」「コネクタ」「接続」の4つだけです。Power Automateで作成できる自動処理のほとんどは、この4つの応用と組み合わせです。学習をスムーズに進めるためにも、基本の4つをしっかりと理解しましょう。

01 フロー作りの基本「トリガー」と「アクション」

Power Automateで作成する自動処理を「フロー」または、処理がクラウド上で実行されることから「クラウドフロー」と呼びます。**フローの基本は「もし〇〇が起きたら△△する」というように、「トリガー」となる実行条件と、実行される処理の「アクション」を組み合わせることです。**

「トリガー」は必ずフローの一番上に追加され、フローが実行される「きっかけ」となる条件を指定できます。トリガーには、例えばメールが届いたら実行するというように、接続先のクラウドサービスの特定のイベントをきっかけに実行されるもののほか、あらかじめ指定したスケジュールに従って実行されるもの、手動で実行されるものの3種類があります。

イベントトリガー

イベントをきっかけに
フローを実行

Office 365 Outlook

新しいメールが届いたとき

SharePoint

項目が作成されたとき

Teams

チャネルに新しい
メッセージが追加されたとき

スケジュールトリガー

指定した日時・間隔で
フローを実行

スケジュール

繰り返し
何日の何時から実行、
何分おき、何日おきに実行

手動トリガー

ユーザーの手動操作で
フローを実行

モバイルのフローボタン

手動でフローをトリガー

OneDrive for Business

選択したファイルの場合

SharePoint

選択したアイテムの場合

トリガーの下には複数の「アクション」を追加することができます。アクションにはメール送信など接続先のクラウドサービスの特定の処理を実行するもののほか、接続先のクラウドサービスからデータを取得するものなどがあります。アクションで取得したデータをほかのアクションの実行時に利用することで、複数のクラウドサービスを連携させて利用できます。

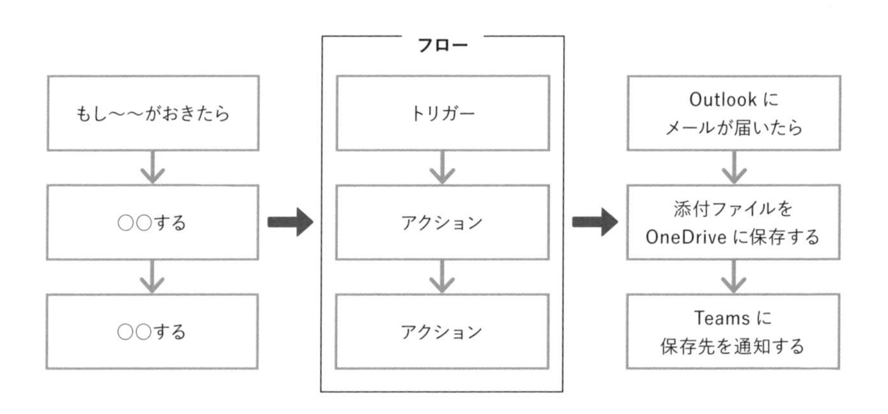

このようにフローは、1つのトリガーと1つ以上のアクションの組み合わせで作成されます。そして、それらの処理は必ず上から下に流れるように実行されます。実行中は1つ前の処理に戻ることはできません。つまり、1つ前の処理をもう一度実行したい場合は、さらに下に同じ処理を実行するアクションを追加する必要があります。また、フローの途中から処理を実行することもできません。これはPower Automateで作成する自動処理の大前提となる基本ルールです。

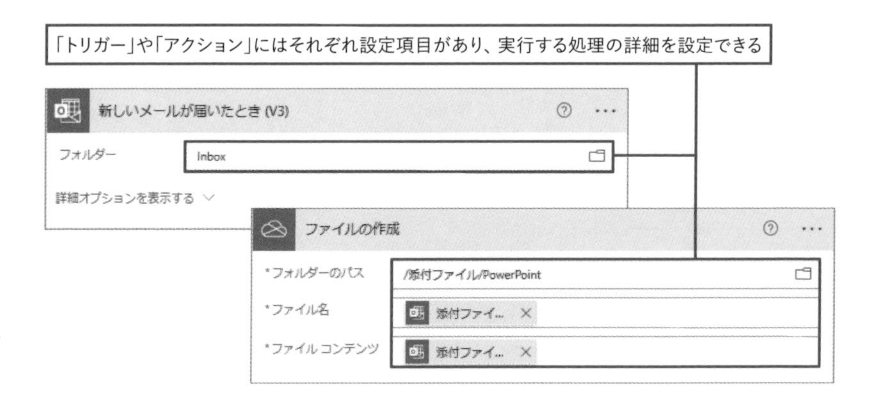

02 クラウドサービスごとに用意されている「コネクタ」

Power Automateからクラウドサービスに接続するために「コネクタ」が用意されています。コネクタによって、クラウドサービスへ接続するために必要な認証などの複雑処理を意識することなく、簡単に利用できます。

各クラウドサービスに応じたコネクタには、先ほど紹介したトリガーやアクションが含まれています。例えば「Office 365 Outlook」のコネクタには、「新しいメールが届いたとき」トリガーや「メールの送信」アクションなどが、「OneDrive for Business」のコネクタには、「ファイルが作成されたとき」トリガーや「ファイルの作成」アクションなどが含まれます。

コネクタとアクションはセットになっているので、人に伝える必要があるときには「Office 365 Outlookコネクタのメールの送信アクション」のように「〇〇コネクタの◆◆アクション」と呼ぶと分かりやすいでしょう。

Power Automateのコネクタには「標準コネクタ」と「プレミアムコネクタ」の2種類があります。プレミアムコネクタを利用するためには、Power Automateのスタンドアロンライセンスの購入が必要です。

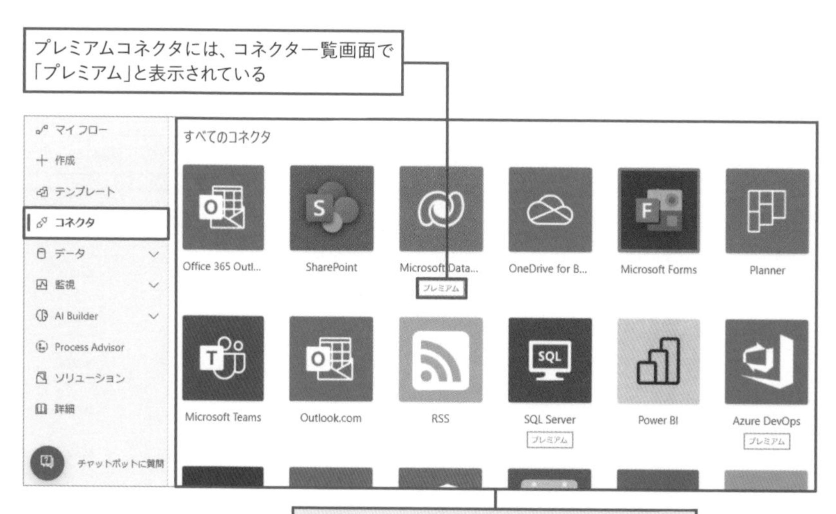

Power Automateで利用できるコネクタの一覧

03 認証情報を管理する「接続」

クラウドサービスを利用するにはIDやパスワードを利用したサインインが必要なように、Power Automateからクラウドサービスを利用するにも同様の認証情報の登録が必要です。**Power Automateでは、各クラウドサービスの認証情報を「接続」として保持し管理しています。**接続はコネクタをはじめて利用する場合に自動的に作成されるほか、[接続]の一覧画面からも追加や確認ができます。

作成済みの[接続]の一覧

マイ フロー
作成
テンプレート
コネクタ
データ
テーブル
接続
カスタム コネクタ
ゲートウェイ
カスタム アクション(プレビュー)
AI Builder

名前	変更日時	状態
Approvals Approvals	1 週間 前	接続済み
ota@BUCH255.onmicrosoft.com Excel Online (Business)	4 日 前	接続済み
Notifications Notifications	2 週間 前	接続済み
ota@BUCH255.onmicrosoft.com Microsoft Forms	4 日 前	接続済み
ota@BUCH255.onmicrosoft.com Office 365 Outlook	1 時間 前	接続済み
ota@BUCH255.onmicrosoft.com Office 365 Users	4 日 前	接続済み
ota@BUCH255.onmicrosoft.com OneDrive for Business	4 日 前	接続済み
ota@BUCH255.onmicrosoft.com	1 週間 前	接続済み

新たな接続を追加するためには、対象のクラウドサービスを利用するためのIDやパスワードの情報が必要です。そのため、ほとんどの場合には、自分で所有しているアカウントの認証情報でしか接続を追加できません。また、Power Automateで実行されるトリガーやアクションは、接続に追加された認証情報のアカウントの権限でしか動作しません。つまり、**Power Automateを利用し接続先のクラウドサービスに対して実行できる処理は、自分のアカウントの権限範囲内でできる処理のみになります。**この制約も、Power Automateでフローを作成する際に覚えておくべき基本ルールです。

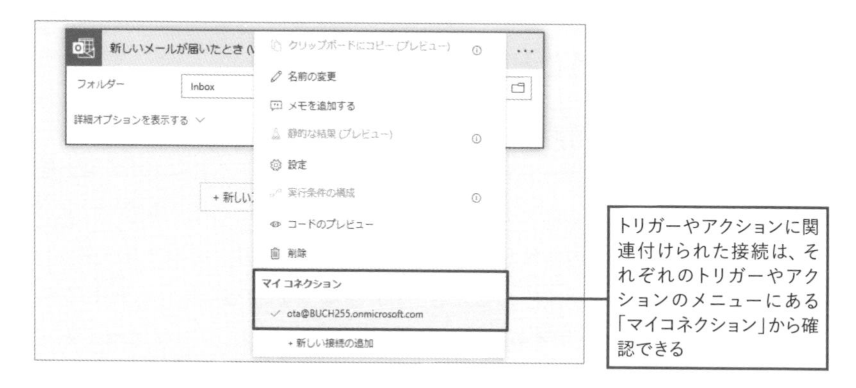

達人のノウハウ Power Automateの学習方法

Power Automateの学習を効率よく行うには、一緒になって学ぶ仲間が大切です。励まし合ったり愚痴を言い合ったりする仲間の存在が、学習を継続するモチベーションに大きく影響します。特にPower Automateでは、自分が作成したフローを誰かに自慢したくなるはずです。はじめて業務を自動化できたときの喜びは忘れられません。社内にPower Automateを学ぶ同僚がいる場合には、作成したフローを見せ合ったり、相談し合ったりする定期的な機会を作ることをおすすめしています。Power Automateでは、基本要素の組み合わせが非常に多くあります。それを一人ですべて学んで覚えようとするのは不可能に近いと思います。SNSでも、Power Automateについて情報を発信している人が多くいます。そうした情報に触れることも刺激になりますし、もし機会があれば自分でもSNSに投稿してみましょう。情報を発信する人の元には、さらに多くの情報が集まってきます。

Power Automateを使いこなせるようになるには

はじめてPower Automateで業務を自動化しようとすると、多くの人が「思っていたよりも難しい」「簡単にできるなんて嘘だ」と感じるかもしれません。そうしたときにどのように学習していくのが良いのか、そのヒントとなることや考え方をいくつかご紹介します。

01 ルールを知ることが大事

Power Automateで作成するフローは、すべてトリガーとアクションの組み合わせでできています。Power Automateを使いこなすには、それらの組み合わせ方や使い方のルールを知っておくことが大切です。そのためには、本書やほかの書籍、インターネット上の情報などを基に自分でも試したり、そのフローを少し改変してみたりして、試行錯誤してみることが重要です。Power Automateを使いこなしている人は、これまでの経験やそうした試行錯誤から、ルールを多く知っているだけです。

Power Automateには数多くのトリガーやアクションがあります。それらすべての機能を完全に理解して使おうとするには不可能ですし、する必要はありません。それよりも、本書で紹介する基本的な使い方やルールを知り、状況に応じて対応できる力を身に付けましょう。

02 考えても分からないことは動かして試す

トリガーやアクションを利用していると、なぜその設定が必要なのか、どんな値を設定したら良いのか分からないことが必ずあります。そんなときには、まずは適当な値を設定して動かしてみることも大切です。実際に動かしてみることで、表示されるエラーメッセージから得られるヒントや、実行されたアクションから得られる結果など、動かしてみる前には分からなかった多くの情報を得ることができます。そうしたヒントや結果を基に仮定を立てながら値を変えて動かしてみることで、どういった設定が必要なのかが次第に分かるようになってきます。

また、Power Automateでのフロー作成に苦手意識のある人には「最初から最後まで処理を完成させてから実行しよう」と考える人が多くいます。一方で、Power Automateを使いこなしている人は、作成しながら小まめにフローを動かし動作を確認しています。慣れないうちは、アクションを追加する度に動作を確認するつもりでも構いません。とにかく何度も動かして、失敗や成功を重ねて経験を積み重ねることが大切です。

03 連携先のサービスのこともよく知っておこう

フローの作成に慣れてくると、とにかく何でもPower Automateで処理を実現しようとする場合があります。しかし、Power Automateで複雑な処理を作り込むよりも、連携しているサービス側の機能で工夫をした方が簡単に目的を実現できることも多くあります。例えば、Power Automateがよく利用される用途の「通知」では、サービスの標準機能として同じような通知機能を備えている場合もあります。標準機能で十分なのであれば、Power Automateで処理を作成する必要はありません。

Power Automateは、複数のクラウドサービスをつなぎ合わせることで、一連の作業を自動化するサービスです。**連携するクラウドサービスの機能を最大限に活用した上で、それでも不足しているところをPower Automateのフローを作成し実現するものだと考えるのが良いでしょう。**Power Automateだけでなく、利用できるほかのクラウドサービスも含め、視野を広げる意識が大切です。

複数のクラウドサービスと連携した自動処理を作成する。エラーの原因が連携先のクラウドサービス側で発生することもあり、解決のためには連携先の知識も必要

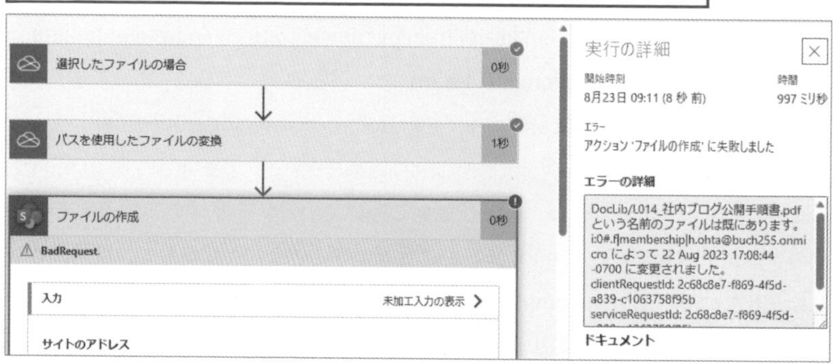

04 分からないことは検索して調べるようにしよう

動かしてみても分からないことは、インターネットで検索して調べてみましょう。Power Automateのユーザーは、世界中に数多くおり、SNSやブログなどを通じて使い方やテクニックを共有し合う活動も盛んです。そのほか、はじめは読むのが難しく感じますが、Microsoftの公式情報にも目を通してみましょう。

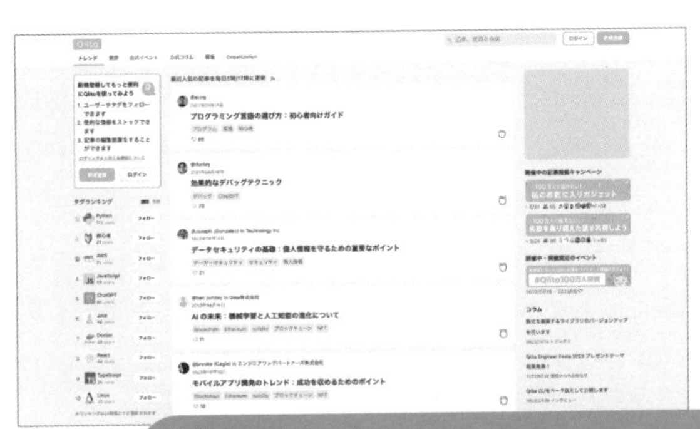

エンジニアに関する知識を記録・共有できるサービス『Qiita』

■ そのほかのおすすめWebサイト

Microsoft Power Automate Community - Power Platform Community

https://powerusers.microsoft.com/t5/Microsoft-Power-Automate/ct-p/MPACommunity

Power Automate - Microsoft Learn | Microsoft Learn

https://learn.microsoft.com/ja-jp/training/powerplatform/power-automate

コネクタ参照の概要 | Microsoft Learn

https://learn.microsoft.com/ja-jp/connectors/connector-reference/

また、Power Automateは、いまだ進化し続けているサービスです。そのため機能のアップデートも多く、次々に新しいことができるようにもなります。以前作ろうとしたときにはPower Automateでは実現できなかった処理も、いつの間にかできるようになっていることもあります。積極的に新しい情報に触れるようにしましょう。

基本編

第 2 章

フロー作成の基本操作をマスターしよう

実際に動作するフローを作成しながら、Power Automateのフロー作成の基本操作を覚えていきましょう。フローの作成は難しくありませんが、はじめての場合は戸惑うところもあるでしょう。慌てずゆっくりと、まずはとにかく簡単でも良いので動くものを作成して感覚を掴みましょう。

LESSON 04

まずは動くフローを作成してみよう

Power Automateの画面を開き、Microsoft 365のOutlookから、メールを送信するフローを作成します。いつも利用しているツールが、Power Automateからも簡単に利用できることを実感できるはずです。まずはフローを動かす楽しさを体感しましょう。

01 Power Automateを開いてみよう

Power Automateのフローを作成するために必要なアプリは、いつも利用しているブラウザーだけです。**ブラウザーを起動したら、「www.office.com」または「www.microsoft365.com」にアクセスし、企業で利用しているMicrosoft 365のホーム画面を開きます。**左上に表示されている［アプリ起動ツール］をクリックすると表示される右向きの青い矢羽根のようなアイコンがPower Automateです。

もしもここで見つからない場合は、下にある［すべてのアプリを探索する］をクリックすると、Microsoft 365で利用できるアプリがすべて一覧で表示されます。Power Automateを見つけたら、右クリックで表示されるメニューから［起動ツールに固定］をクリックすることで、アプリ起動ツールに表示できます。これから頻繁に利用することになるので、固定されていない場合には固定しておきましょう。

そのほか、ホーム画面の上部にある検索バーに「Power Automate」と入力すると表示される候補からもPower Automateを開くことができます。

■ Microsoft 365のホーム画面

https://www.microsoft365.com/

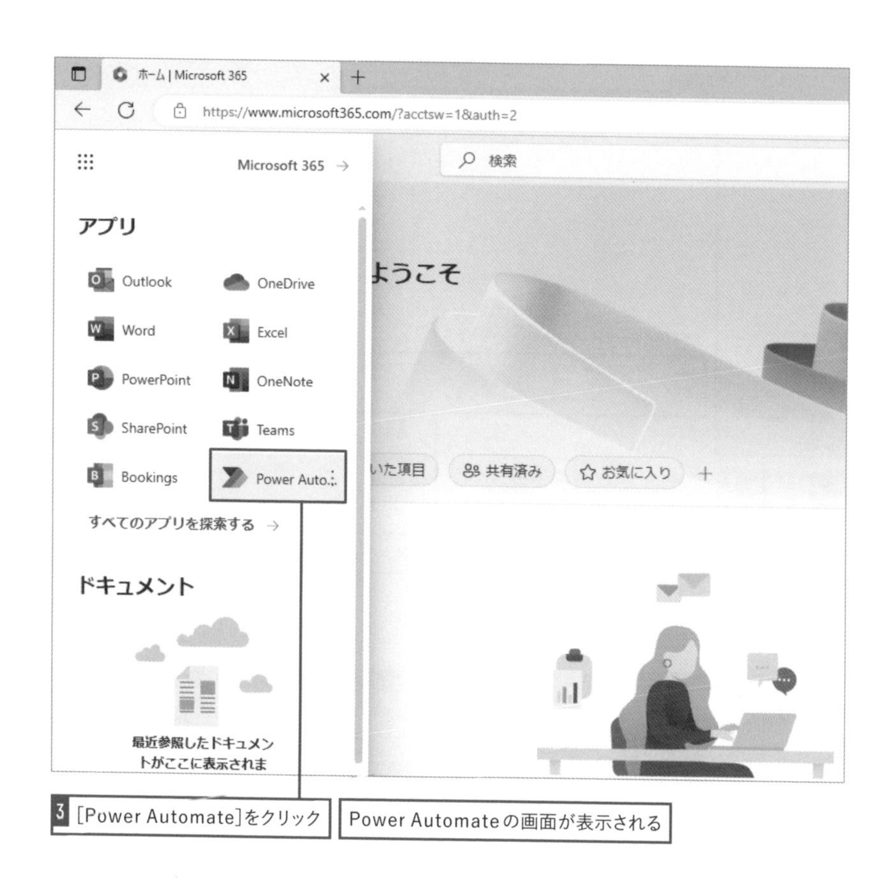

■ 検索バーから表示する

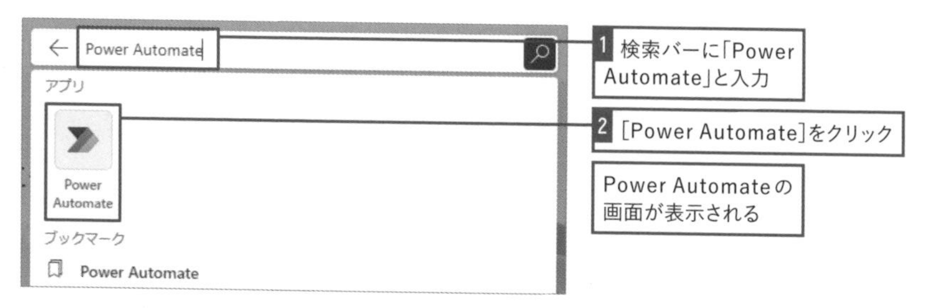

Power Automateの画面には、Microsoftが用意している学習コンテンツや、新機能など最新情報を知らせる記事へのリンクなどが紹介されています。リンク先には英語の動画や記事が多くありますが、翻訳しながらでも観たり読んだりすると参考になるでしょう。

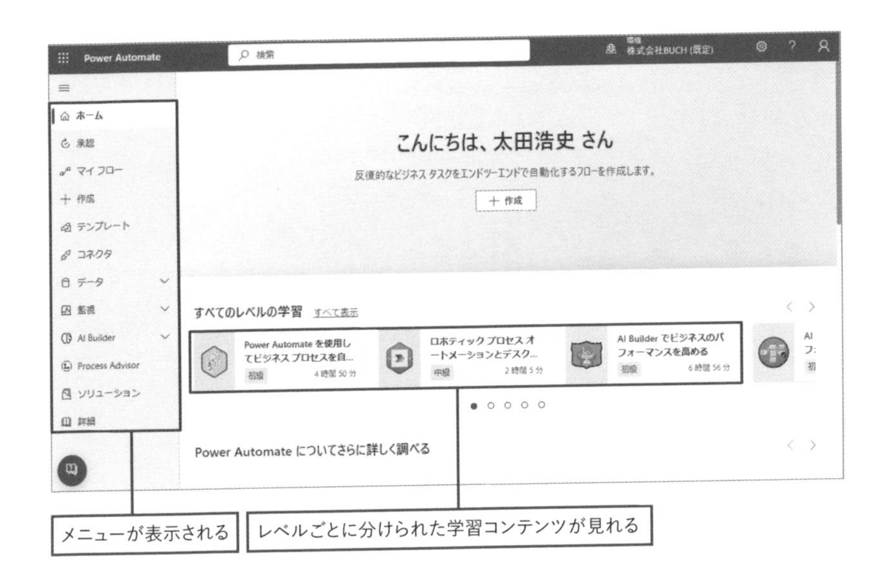

それではこれから一緒にフローを作成していきます。はじめはメールを送るだけの簡単なフローです。もっとも基本的な作成手順や画面の操作方法を覚えていきましょう。

02 簡単に試せるインスタントクラウドフローの作成

まずは、簡単に実行ができる「**インスタントクラウドフロー**」を作成してみましょう。この種類のフローは、**好きなタイミングに手動で実行させることができます。**

[インスタントクラウドフローを構築する]のダイアログでは、フロー名やトリガーを選択することができ、手動で実行できるいくつかのトリガーが表示されます。今回は、手動実行のトリガーとして頻繁に利用される[手動でフローをトリガーします]を選択しましょう。[作成]をクリックすると、ダイアログで選択したトリガーが追加された状態でフローの編集画面が開きます。フロー編集画面の大部分はアクションを配置していくためのスペースになっていますが、上部には[保存]や[テスト]など、いくつかの重要なメニューが並んでいます。

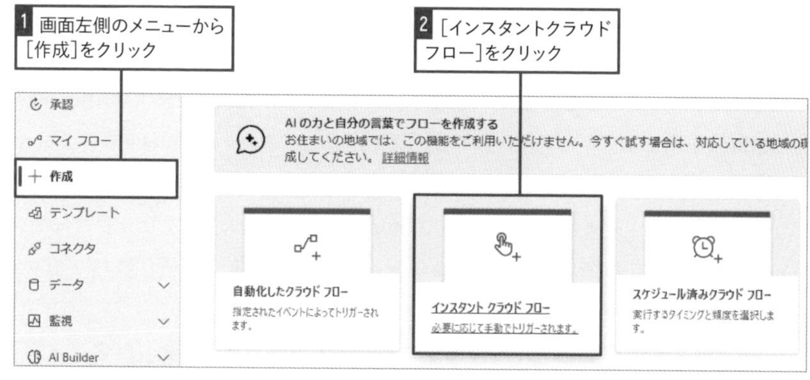

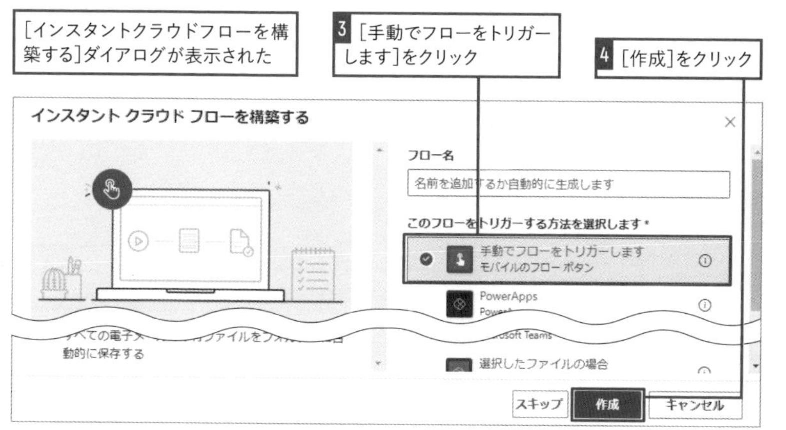

選択したトリガーが追加された状態でフローの編集画面が開いた

ここもポイント!

見つけづらい場合は[スキップ]してもOK!

ここで選択するトリガーは、あとから変更することもできます。また、選択せずに[スキップ]することで、フロー作成画面で自由にトリガーを追加することができます。フロー編集画面では、コネクタ名やトリガー名で検索することもできるため、一覧から見つけづらい場合には、スキップしてしまっても大丈夫です。

03 メール送信アクションを追加

では、アクションを追加していきます。今回は、Microsoft 365で利用しているOutlookを用いて、メールを送信する処理を作成してみます。Outlookのアクションを探すには、[コネクタとアクションを検索する]に「Outlook」と入力しましょう。いくつか絞り込まれた候補から、[Office 365 Outlook]をクリックすると、[Outlook]コネクタで利用できるアクションの一覧に、表示が切り替わります。その中から[メールの送信(V2)]を探してクリックしましょう。

また、**[メールの送信(V2)]アクションを実行するためには、[宛先][件名][本文]を必ず指定する必要があります。** ここではテストのために、[宛先]にはMicrosoft 365で利用している自身のメールアドレスを指定しましょう。[件名]と[本文]は、自由に入力することができます。

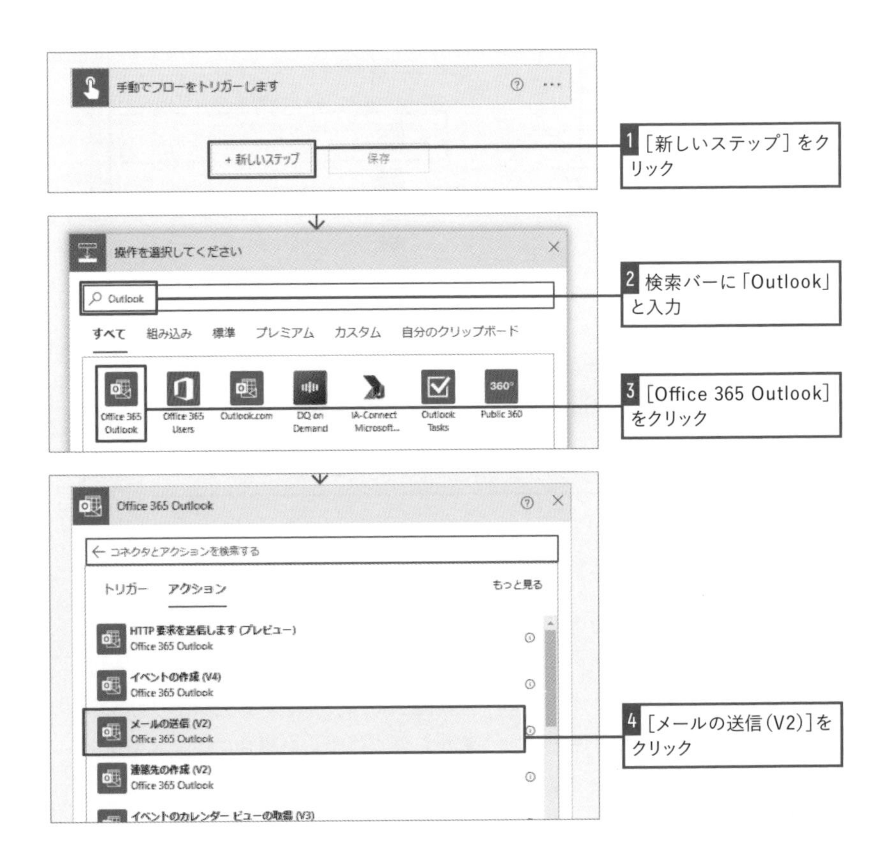

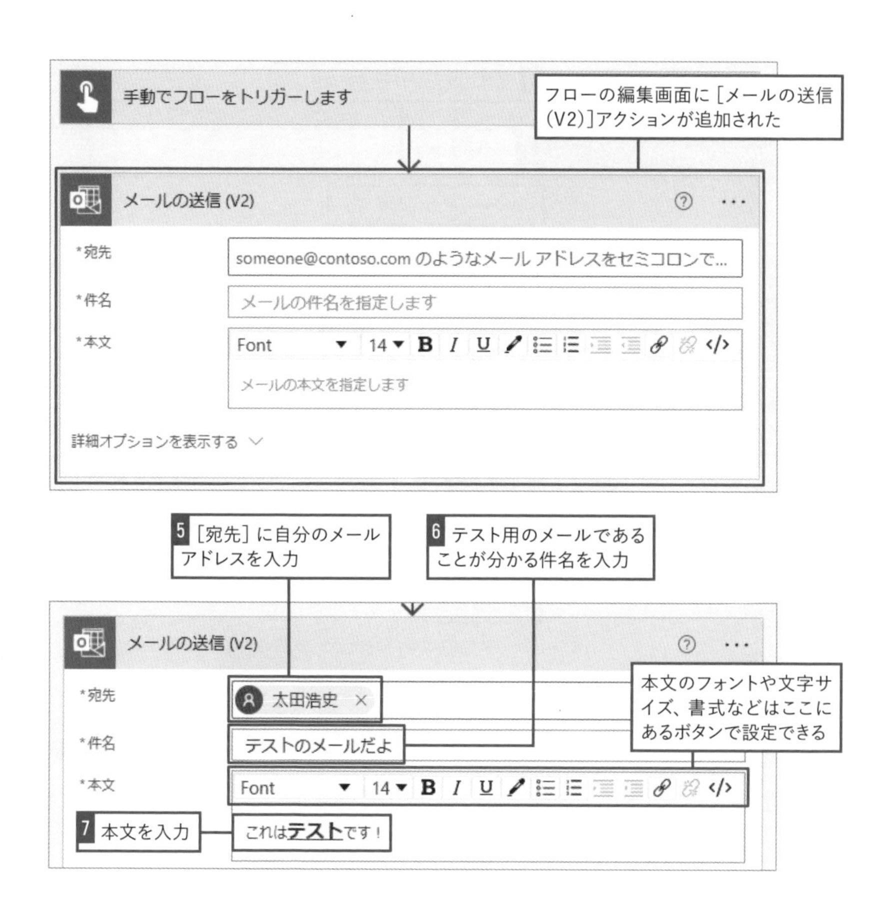

04 フローの保存と名前の変更

さて、トリガーとアクションが追加できたので、忘れないうちにフローを保存しておきましょう。フローに名前を付けたい場合は、操作メニューの左側にある表示をクリックすることで、名前を変更することができます。

05 テスト実行して結果を確認

初回の**テスト実行時には、作成したフローで連携するクラウドサービスの確認が表示されます**。今回は「Office 365 Outlook」だけに接続するフローであることが確認できます。連携するクラウドサービスに緑のチェックが付いていることを確認し、[続行]をクリックしましょう。これで準備が整い、[フローの実行]をクリックすることで、作成したフローが動作します。**画面上部に緑色の帯で「ご利用のフローが正常に実行されました。」と表示され、トリガーやアクションの右上に緑のチェックが表示されていたら成功**です。

実行したらいつも利用しているOutlookを開いてみましょう。フローの編集画面で[メールの送信]アクションに設定した件名と本文のメールが、自身のOutlookに届いているのを確認できます。

■フローをテスト実行する

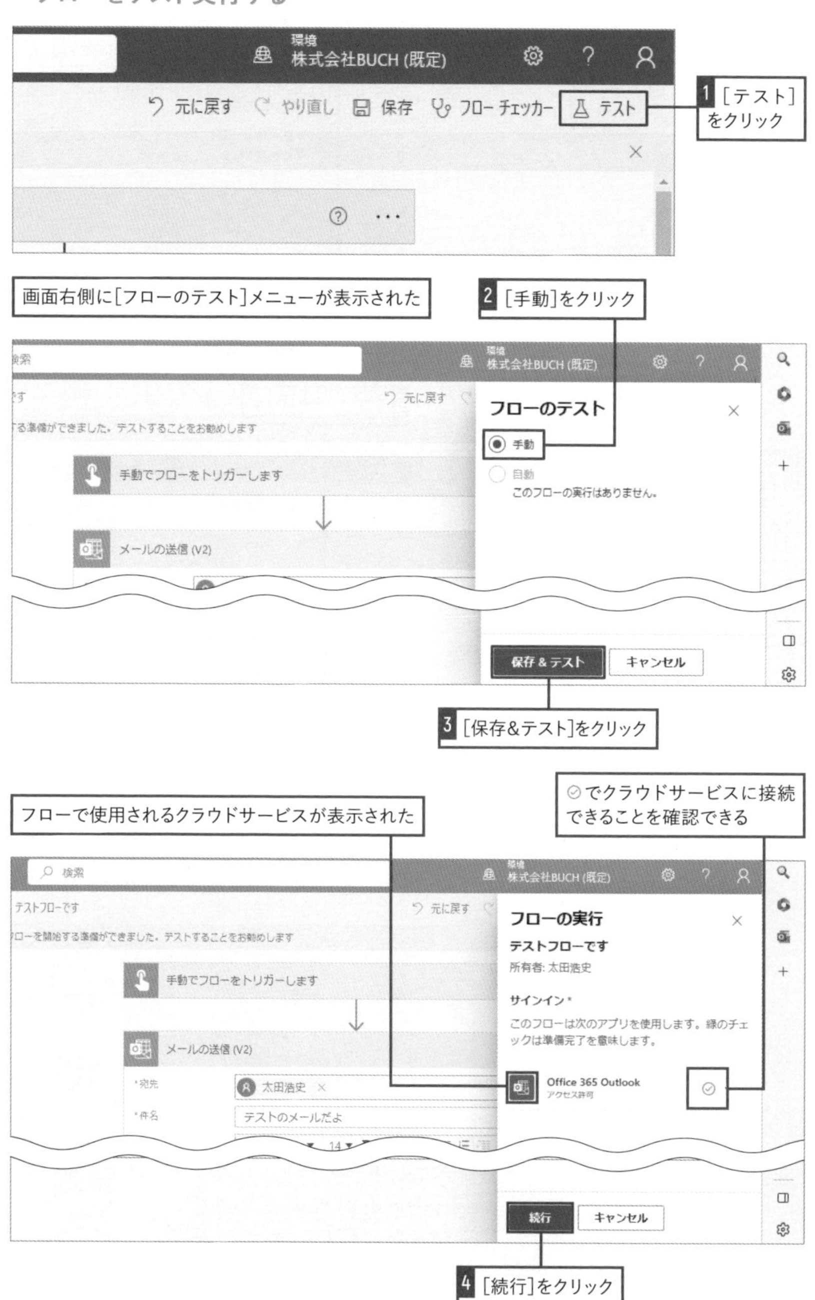

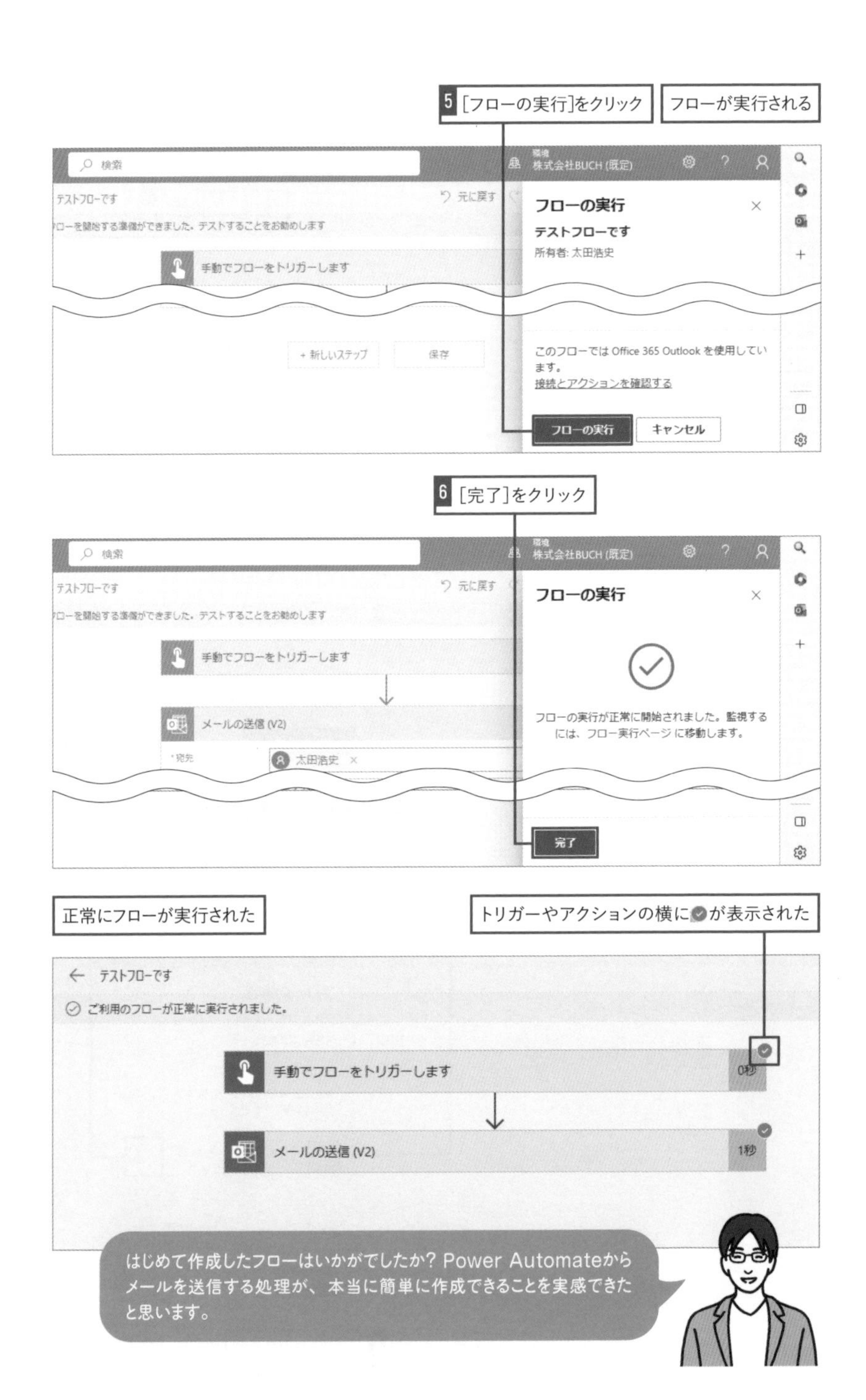
5 [フローの実行]をクリック
フローが実行される
検索
環境
株式会社BUCH (既定)
テストフローです
元に戻す
フローを開始する準備ができました。テストすることをお勧めします
手動でフローをトリガーします
フローの実行
テストフローです
所有者: 太田浩史
+ 新しいステップ
保存
このフローでは Office 365 Outlook を使用しています。
接続とアクションを確認する
フローの実行
キャンセル
6 [完了]をクリック
メールの送信 (V2)
*宛先
太田浩史
フローの実行が正常に開始されました。監視するには、フロー実行ページ に移動します。
完了
正常にフローが実行された
トリガーやアクションの横にが表示された
テストフローです
ご利用のフローが正常に実行されました。
0秒
1秒
はじめて作成したフローはいかがでしたか? Power Automateからメールを送信する処理が、本当に簡単に作成できることを実感できたと思います。

■ Outlookで結果を確認する

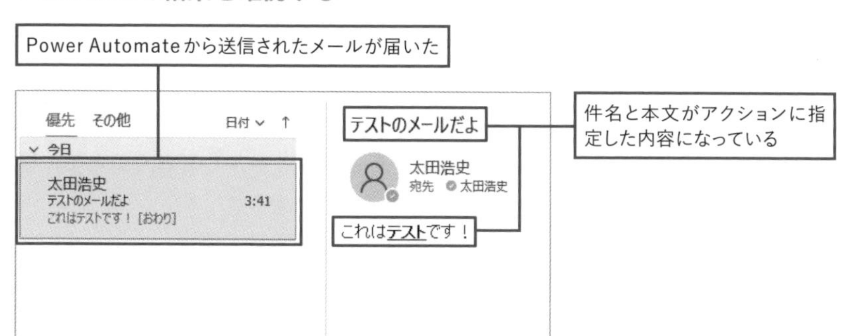

自分のアカウントの権限範囲内で連携できる

送信されたメールの差出人に注目してみましょう。アクションの設定では差出人を指定しませんでしたが、届いたメールでは自分自身が差出人になっています。これは、アクションに関連付けられた「接続」が自分のアカウント情報になっているからです。このように、フローで実行される処理は、基本的には自分自身の権限で実行されることが分かります。

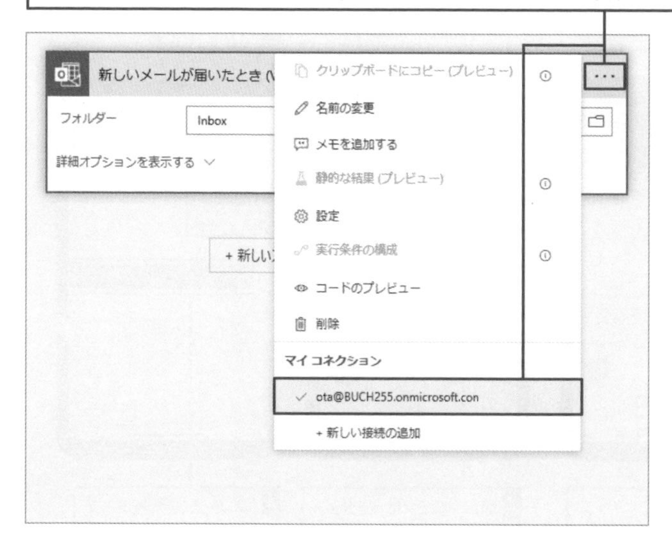

06 手動トリガーはアクションのテストにも最適

簡単で即時にフローを実行できる［手動でフローを実行します］トリガーは、初心者からベテランまでよく使うトリガーの1つです。**業務で利用する際には、スマートフォンにPower Automateアプリをインストールしておくことで、移動中であってもすぐにフローを実行できる**ようになります。

また、すぐに実行できる手軽さから、**アクションの動作を確認したいときにも最適です。** 手動トリガーと目的のアクションだけを追加したフローを作成し実行することで、すぐに動作を確かめることができます。Power Automateを利用すると、これからも使用頻度の高いトリガーになるでしょう。

■ Power Automateアプリのダウンロードページ

◆iOS用アプリ

◆Android用アプリ

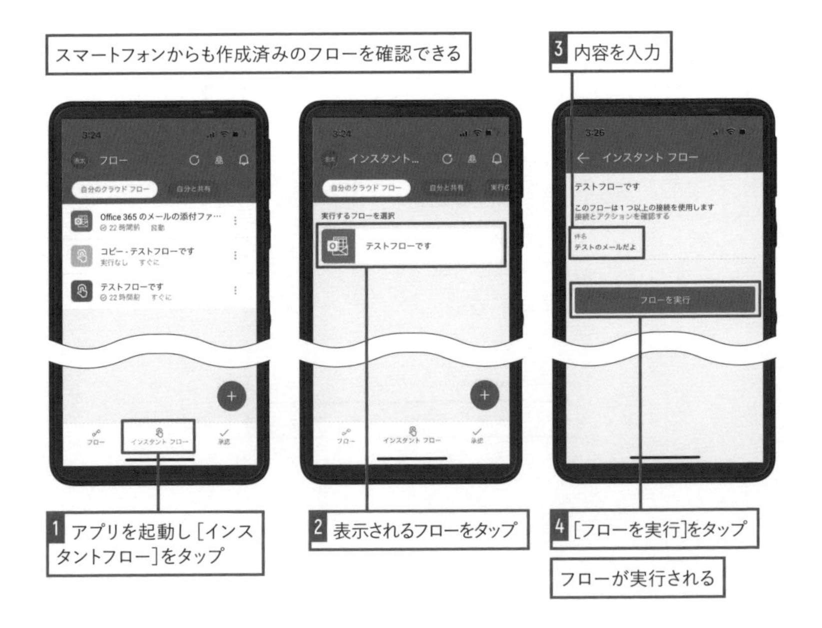

LESSON 05

動的なコンテンツを理解して Power Automateを攻略

Power Automateの特徴は、さまざまなクラウドサービス同士が連携する自動処理を作成できる点です。そうしたフローの作成を簡単にするのが「動的なコンテンツ」です。必ずと言っていいほど利用される動的なコンテンツの基本的な動作や使い方を覚えていきましょう。

01 トリガーやアクションの入力・出力と動的なコンテンツ

フローの作成でもっとも重要とも言えるのが、動的なコンテンツの利用です。これを攻略するためにも、まずはトリガーやアクションの入力と出力を理解していきましょう。トリガーやアクションをフローに追加すると、それぞれの処理に応じた設定項目が表示されることに気付いたと思います。[メールの送信]アクションであれば、[宛先][件名]」[本文]がそれにあたります。このように、**その処理を実行するために必要な情報が「入力」**です。

トリガーやアクションは、そうした入力に基づき何かしらの処理を実行します。そして、その**処理の結果として得られた情報が「出力」**です。

いくつかの処理を組み合わせて一連の作業を自動化するには、以前の処理の出力を利用して次の処理を実行したくなるはずです。例えば、SharePointのリストから取得したデータを基にメールを作成したり、届いたメールの件名でPlannerにタスクを登録したりといった場合です。こうしたときにPower Automateでは、**トリガーやアクションの「出力」を、それ以降の処理の「入力」として簡単に利用できる仕組みがあります。これを「動的なコンテンツ」と呼びます。**「動的なコンテンツ」は「動的な値」と表示されたり呼ばれたりすることもありますが、これらは同じものを指しています。

アクションの設定では、それよりも前に実行されるトリガーやアクションの出力を、「動的なコンテンツ」として簡単に利用できる

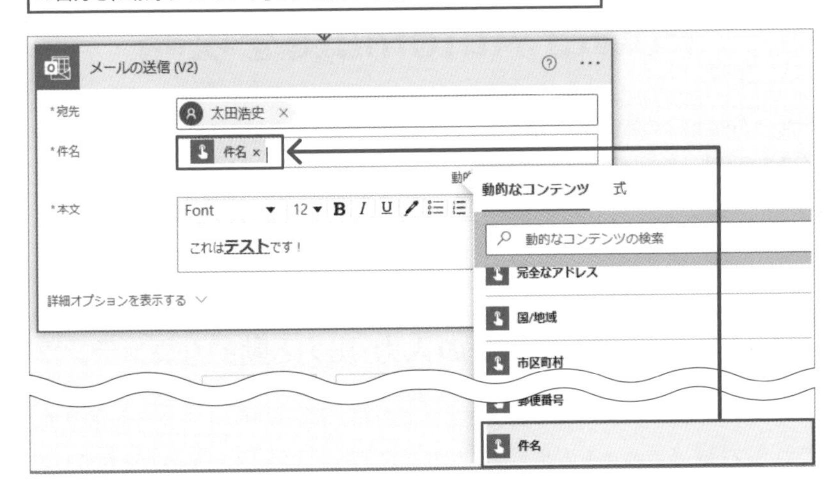

02 手動トリガーに入力と出力を追加

先ほど作成したフローのトリガー［**手動でフローをトリガーします**］**は、入力を自由に追加できる特殊なトリガー**です。また、**入力の値は、そのまま出力されます**。このトリガーを利用し、入力と出力、そして動的なコンテンツの動作を確認していきましょう。

フローの編集画面では、［手動でフローをトリガーします］の［入力の追加］から任意の項目を追加できます。ここでは入力の種類として［テキスト］を選択し、値の名前を［件名］に変更しておきましょう。［入力を指定してください］と入力されている欄は、実行時に値を入力する欄に表示される説明です。動作に直接影響を及ぼしませんが、フローを実行するときにどういった値を入力すべきかのヒントを書いておくことができます。今回は設定してもしなくても構いません。

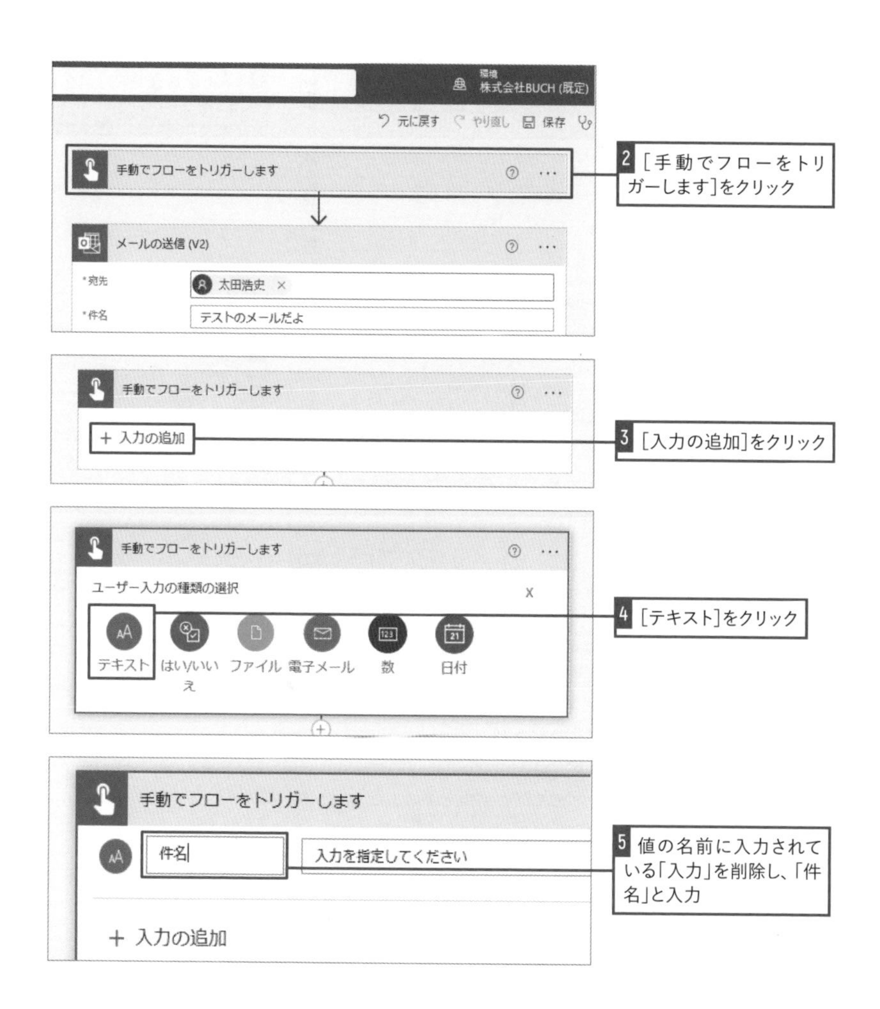

03 メール送信アクションに動的なコンテンツを設定

トリガーから出力される値を利用してみましょう。[メール送信 (V2)]アクションの[件名]にカーソルを移し、[動的なコンテンツ]を確認します。[手動でフローをトリガーします]グループの中に、先ほどトリガーに追加した[件名]を見つけられるはずです。この[件名]をクリックすることで、アクションの入力に動的なコンテンツを設定することができます。

ここまで設定ができたら、トリガーで入力する件名が、送信されるメールの件名となって届くはずです。

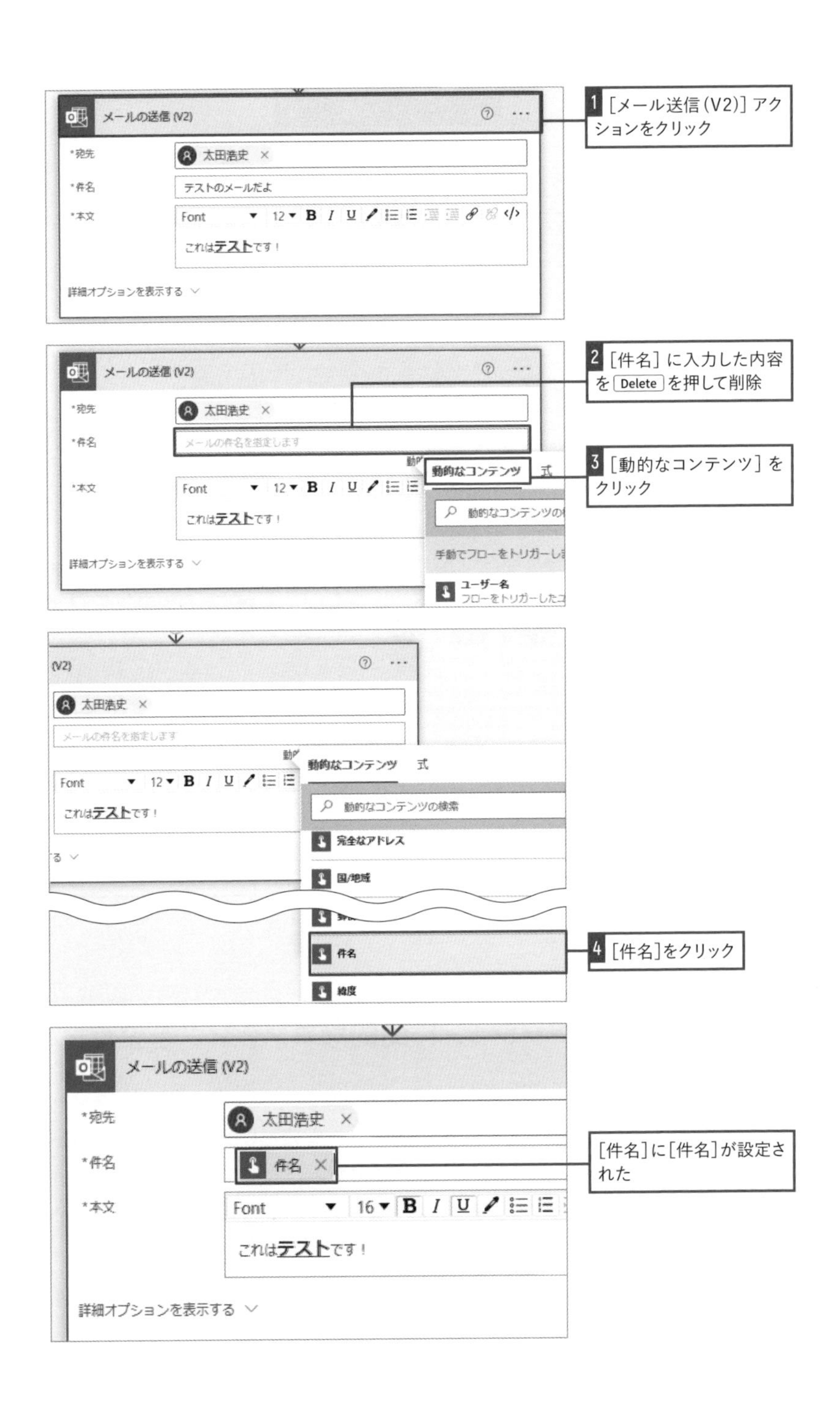
メールの送信 (V2)
*宛先
太田浩史
*件名
テストのメールだよ
*本文
Font
12
これはテストです！
詳細オプションを表示する
1 [メール送信(V2)] アクションをクリック
2 [件名] に入力した内容を Delete を押して削除
メールの件名を指定します
3 [動的なコンテンツ] をクリック
動的なコンテンツ
式
手動でフローをトリガーしま
ユーザー名
動的なコンテンツの検索
完全なアドレス
国/地域
件名
緯度
4 [件名]をクリック
16
[件名]に[件名]が設定された

さっそくテストを行ってみましょう。先ほどとは異なり、実行前に「件名」の入力が指示され、届くメールが入力した件名に変わっていることが確認できます。このように、動的なコンテンツを利用することで、トリガーやアクション間で値を受け渡すことが可能です。それにより、複数のクラウドサービスがあたかも連携して動作するような処理を作成できます。さらに詳しい使い方は第3章以降で解説します。

■ フローをテスト実行する

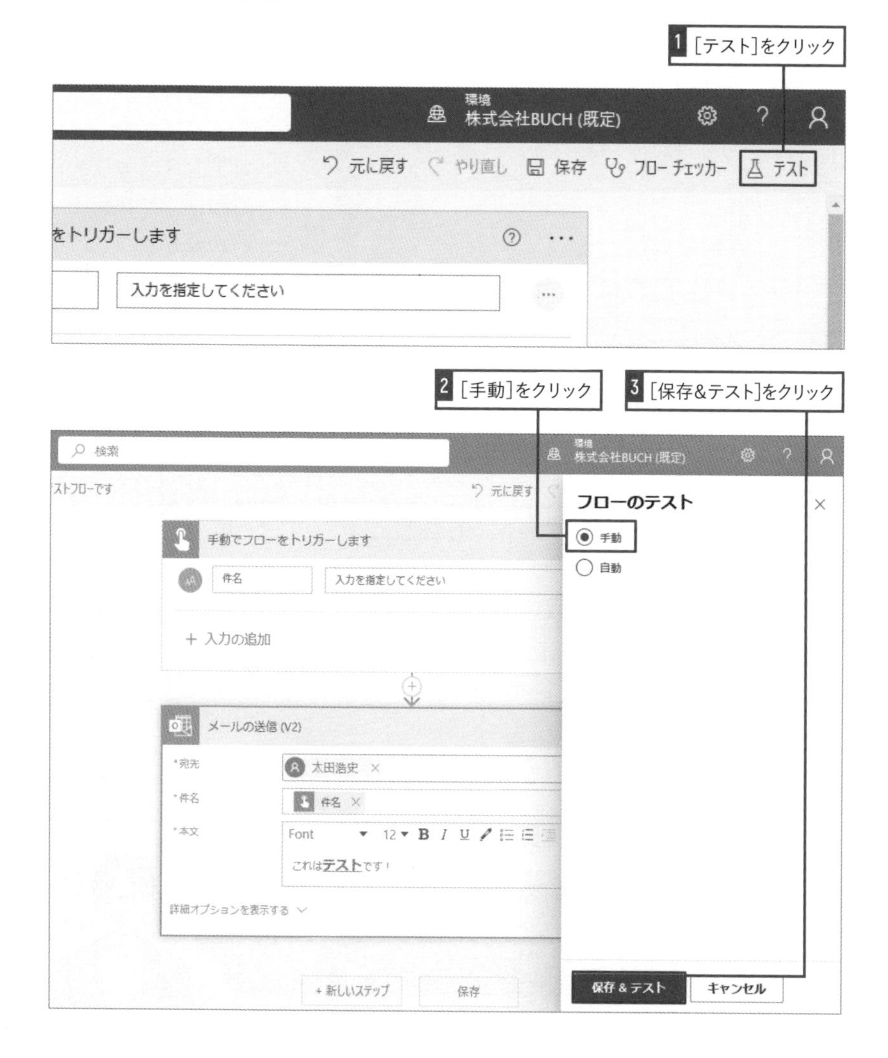

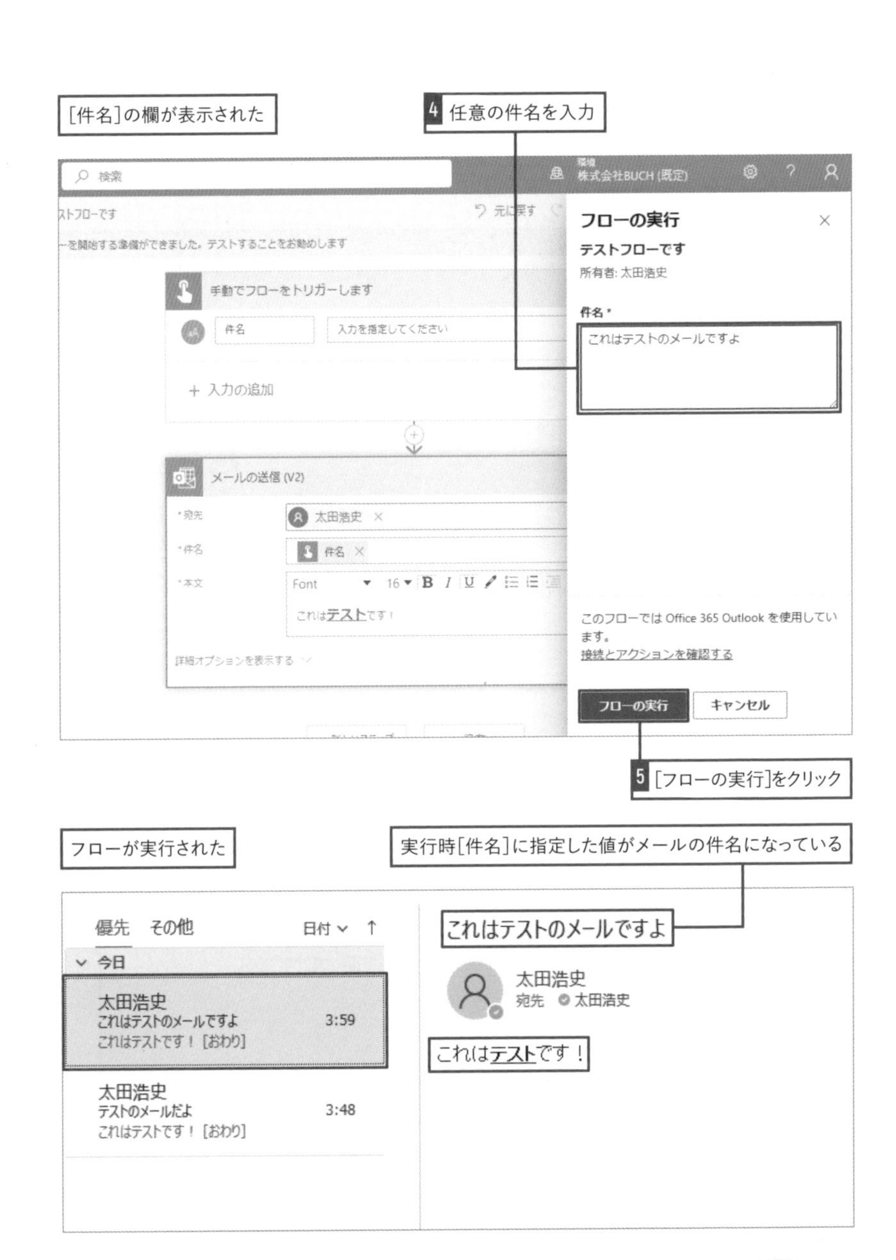

ここでは、動的なコンテンツで値を受け渡す動作を体験しました。トリガーとアクションを配置し、動的なコンテンツを介して連携させる。これがフローの作成の基本です。

フローにアルゴリズムを組み込もう

Outlookからメールを送る、SharePointにデータを書き込むなど、フローのアクションは単純なものばかりです。アクションを組み合わせて、思い通りのフローを作成するのに必要なのがアルゴリズムです。利用頻度の高い条件分岐などから徐々に覚えましょう。

01 アルゴリズムとは

アルゴリズムとは、「作業を完了させるまでの方法や手順」です。普段行っている作業では、効率よく進めるための順番や、この場合にはこうするといった判断が大事ではないでしょうか。Power Automateでは、**「逐次処理」「並列処理」「条件分岐処理」「反復処理」の4種類の処理を利用し、一連の作業の流れ、つまりアルゴリズムを組み込んでいくことができます。**

■ 逐次処理

指示された順番通りに作業を実行するのが「逐次処理」です。Power Automateで作成するフローの基本は逐次処理です。トリガーやアクションは、並べられた順番通りに実行されます。

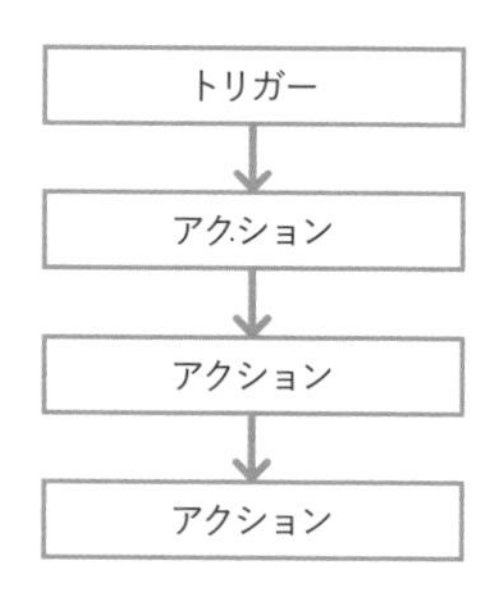

■ 並列処理

効率よく作業を進めるには、異なる複数の作業を同時に行う場合もあります。そうしたときに利用できるのが「並列処理」です。Power Automateでは、2列に分岐させて並列で処理を実行できます。

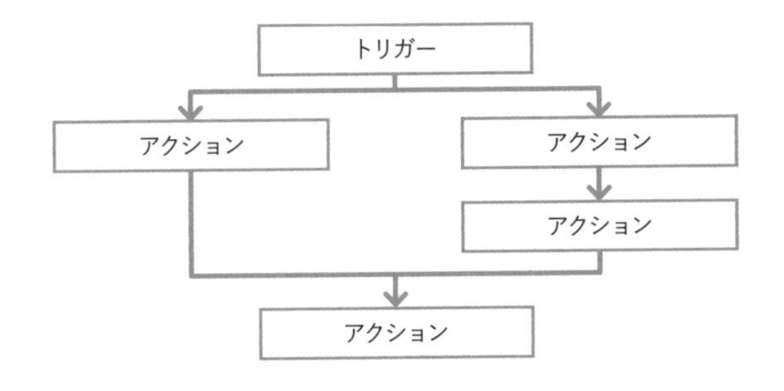

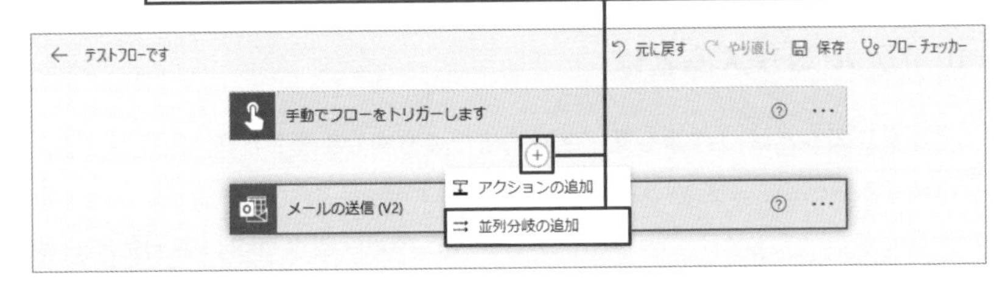

■ 条件分岐処理

利用する機会が多いのは「条件分岐処理」です。Power Automateでは、トリガーやアクションの出力から得られる値に応じて、異なる処理を実行させるなどの場合に利用できます。こうした分岐には、条件にあてはまるかどうかの「はい／いいえ」で処理を変える「条件」分岐と、値に応じて処理を変える「スイッチ」分岐があります。

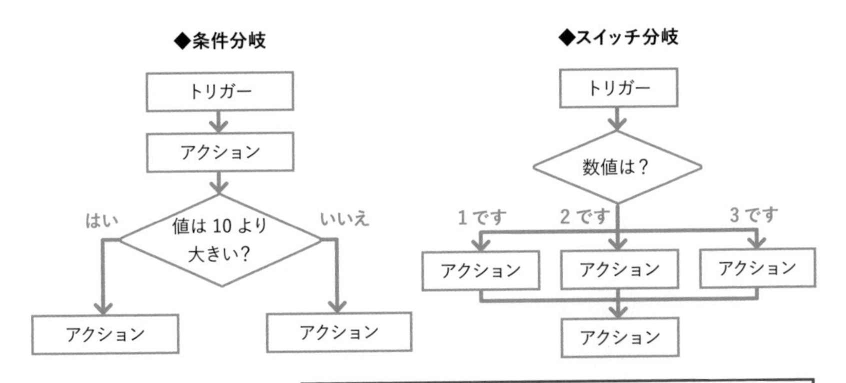

単純な条件分岐とスイッチ分岐の違い。Power Automateでは、単純な条件分岐が頻繁に利用される

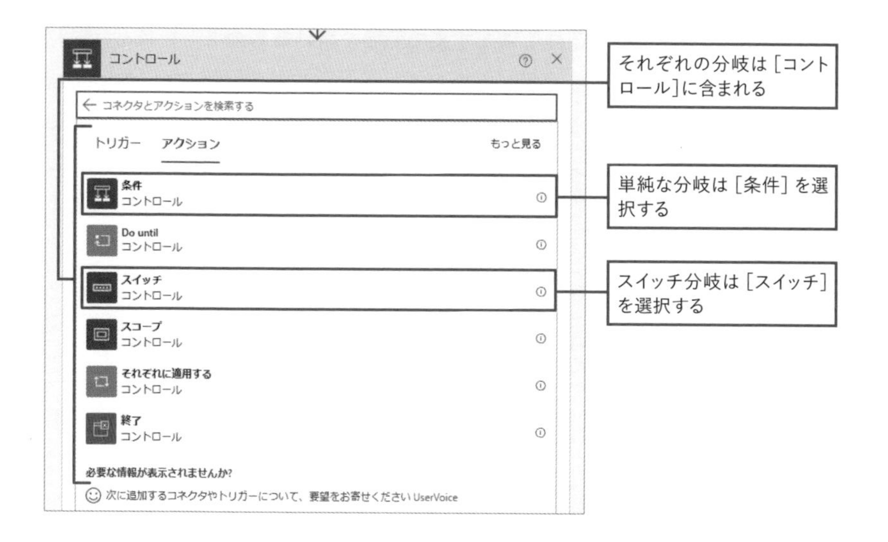

■ 反復処理

同じ処理を決まった回数繰り返したり、複数のデータに対してそれぞれ同じ処理を実行したい場合などに利用できます。例えば、Excelシートなどに保存された宛先一覧のデータを基に、宛先だけを変えて同じ文面のメールを一斉に送信するなどの処理を作成できます。

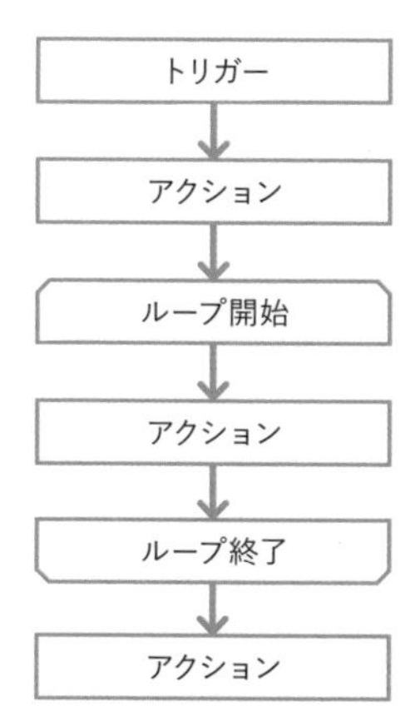

Power Automateで利用できる**反復処理には[Do until]と[Apply to each]の2種類があります。**

[Do until] は指定した条件を満たすまで処理を続けるもので、変数と共に利用されることが多いため少し難しく感じるかもしれません。一方の **[Apply to each] は、動的なコンテンツで受け渡しされるデータに応じてPower Automateが自動的にフローに挿入してくれる**ため、目にする機会が多くあります。なお、[Apply to each]は日本語訳で[それぞれに適用する]と表示される場合もあります。詳しい使い方は第3章以降で紹介します。

02 トリガーの出力に応じて異なる処理を実行しよう

アルゴリズムの考え方を理解するために、条件に応じて実行内容を変える簡単な処理を作成してみましょう。これまで作成してきたフローに少し手を加えていきます。送信するメールの件名に「重要」という文言が入っているとき、メールの重要度を「高」に設定し、それ以外のときには「標準」にしてみましょう。

まず必要になるのは、件名に「重要」の文言が入っているかを判別するための条件分岐です。[条件] アクションは、指定条件を満たす場合に [はいの場合] 内のアクションが実行され、それ以外の場合には [いいえの場合] 内のアクションが実行されます。つまり今回は、件名に「重要」が含まれている場合には、[はいの場合] が実行されます。

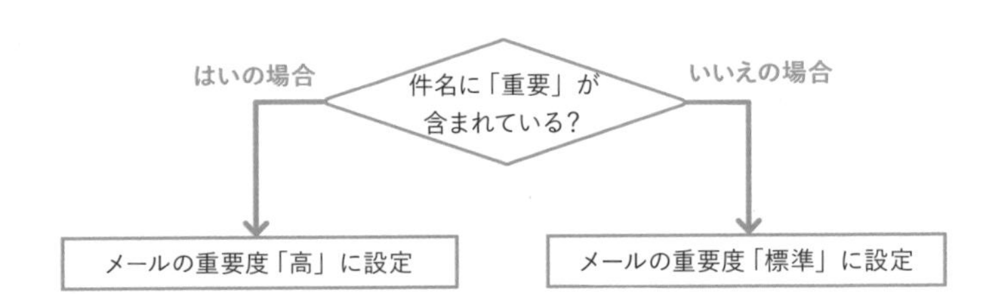

[コントロール] の [条件] アクションをフローに追加したら、手順を参考にトリガーから出力された [件名] の値を基に、「重要」の文言が含まれているかを調べる条件を設定します。

件名に「重要」が含まれている場合に送信されるメールの重要度を高くしたいため、[はいの場合] 内に追加する [メールの送信 (V2)] アクションでは、重要度に [High] を設定します。一方、[いいえの場合] のアクションでは、重要度を [Normal] に設定します。

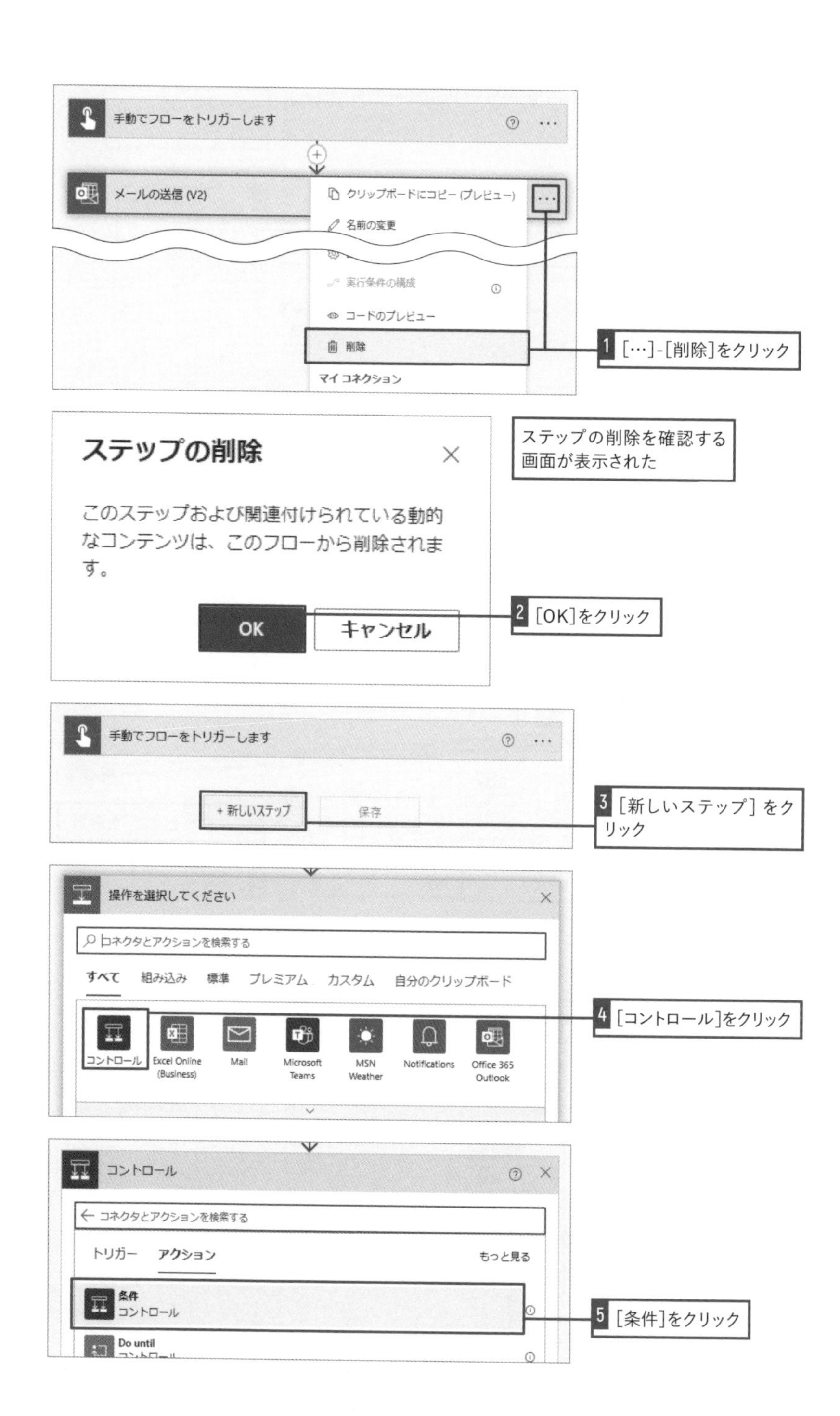

手動でフローをトリガーします
メールの送信 (V2)
クリップボードにコピー (プレビュー)
名前の変更
実行条件の構成
コードのプレビュー
削除
マイ コネクション
1 […]-[削除]をクリック
ステップの削除
このステップおよび関連付けられている動的なコンテンツは、このフローから削除されます。
OK
キャンセル
ステップの削除を確認する画面が表示された
2 [OK]をクリック
手動でフローをトリガーします
+ 新しいステップ
保存
3 [新しいステップ] をクリック
操作を選択してください
コネクタとアクションを検索する
すべて
組み込み
標準
プレミアム
カスタム
自分のクリップボード
コントロール
Excel Online (Business)
Mail
Microsoft Teams
MSN Weather
Notifications
Office 365 Outlook
4 [コントロール]をクリック
コントロール
コネクタとアクションを検索する
トリガー
アクション
もっと見る
条件
コントロール
Do until
5 [条件]をクリック

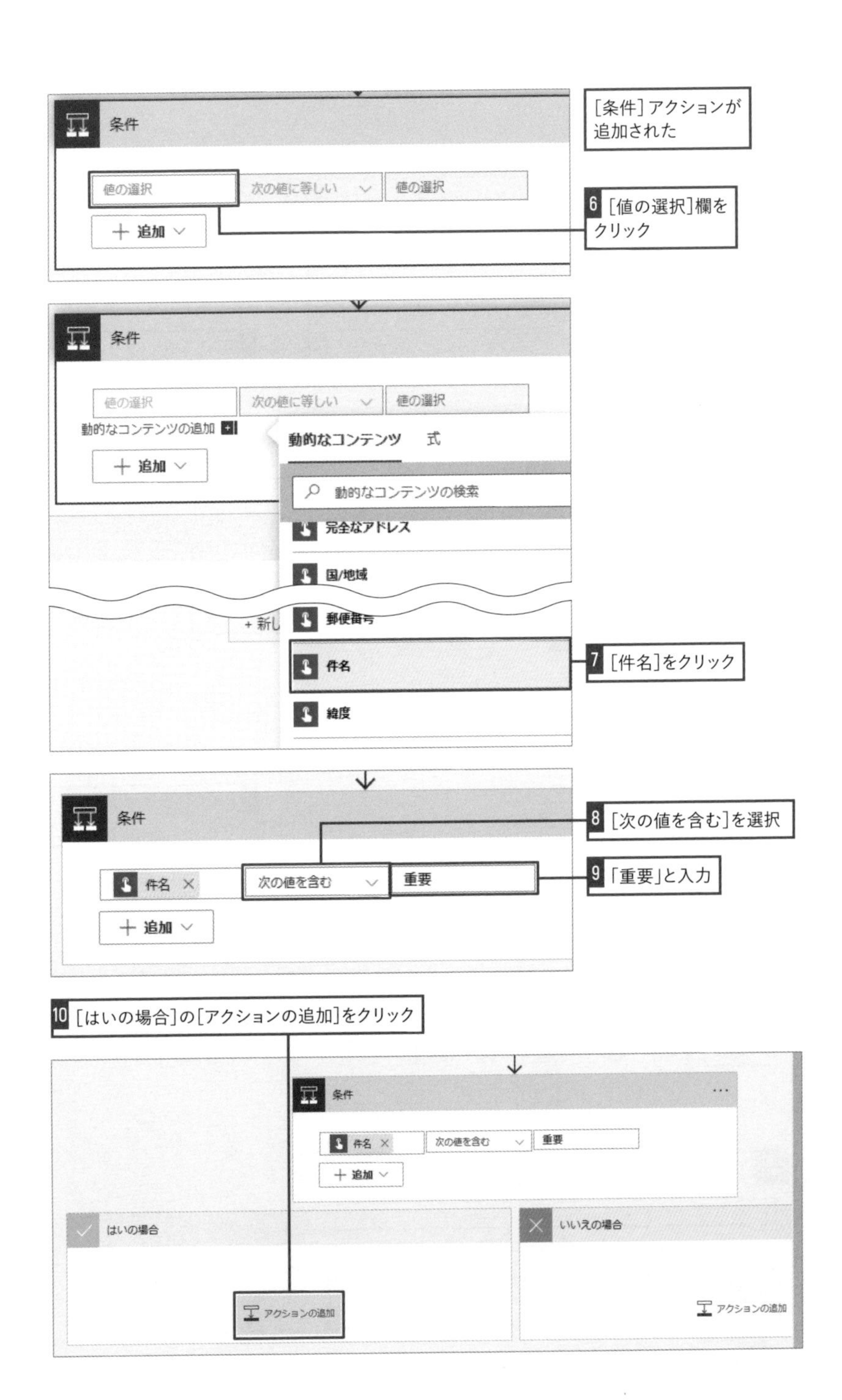
条件
値の選択
次の値に等しい
値の選択
+ 追加
[条件]アクションが
追加された
6 [値の選択]欄を
クリック
条件
値の選択
次の値に等しい
値の選択
動的なコンテンツの追加
+ 追加
動的なコンテンツ
式
動的なコンテンツの検索
完全なアドレス
国/地域
郵便番号
件名
緯度
7 [件名]をクリック
条件
件名
次の値を含む
重要
+ 追加
8 [次の値を含む]を選択
9 「重要」と入力
10 [はいの場合]の[アクションの追加]をクリック
条件
件名
次の値を含む
重要
+ 追加
はいの場合
アクションの追加
いいえの場合
アクションの追加

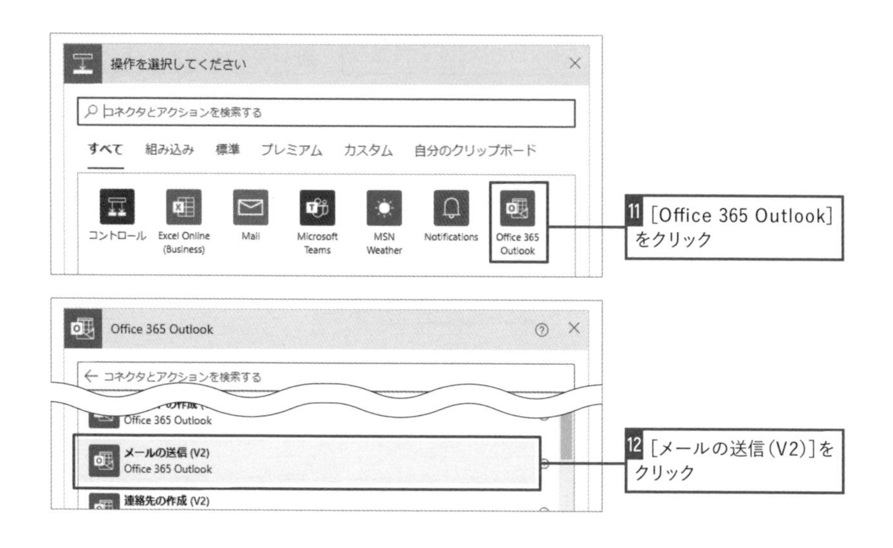

■[メールの送信(V2)]アクション

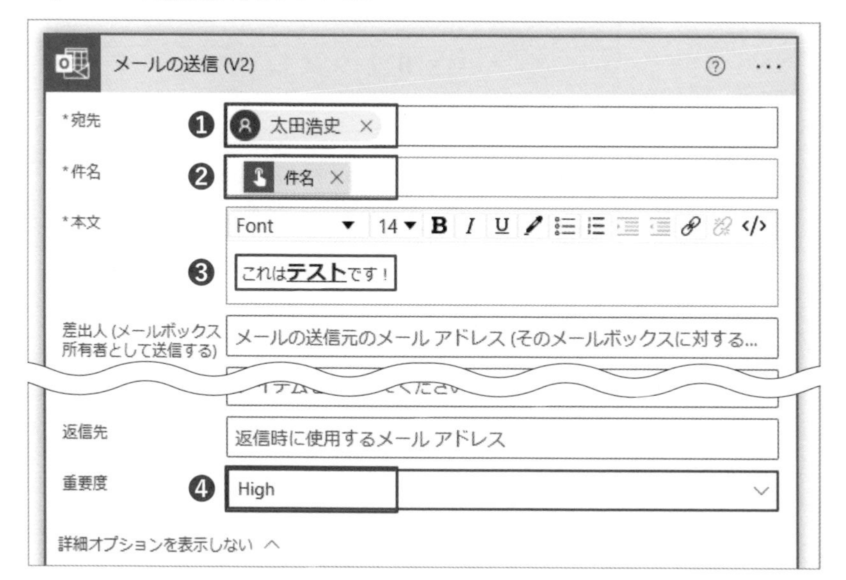

❶ 自分のメールアドレスを入力

❷ 動的なコンテンツから[件名]を選択

❸ メールの本文を入力

❹ [詳細オプションを表示する]をクリックし[重要度]を[High]に設定

［いいえの場合］に同様に［メールの送信（V2）］アクションを追加

13 ［アクションの追加］をクリック

いいえの場合

アクションの追加

■［メールの送信（V2）］アクション

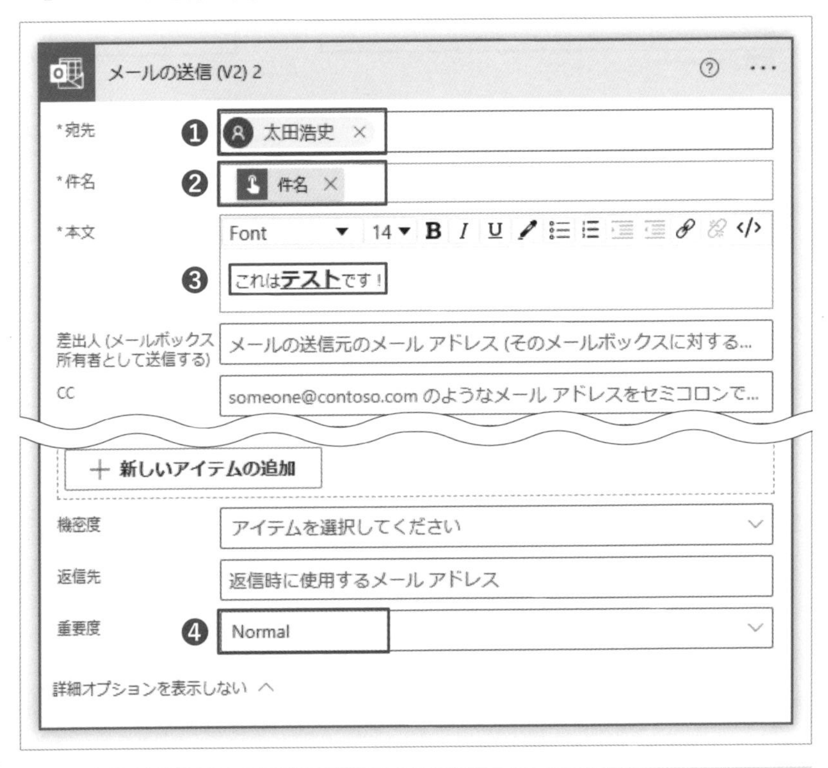

❶ 自分のメールアドレスを入力

❷ 動的なコンテンツから［件名］を選択

❸ メールの本文を入力

❹ ［詳細オプションを表示する］をクリックし［重要度］を［Normal］に設定

条件によって処理が分けられるフローが作成された

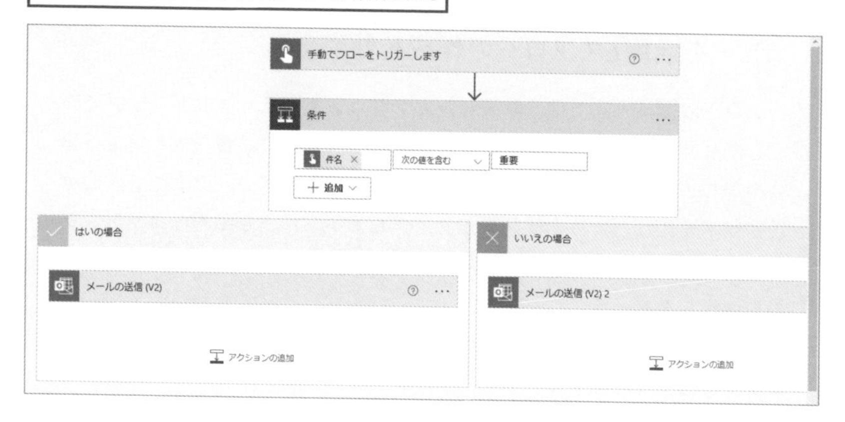

設定ができたら必ずテスト実行してみましょう。実行時に指定する件名に「重要」の文言を含めると、届くメールの重要度が「高」に設定されているのを確認できます。テストは必ず［はいの場合］と［いいえの場合］の両方パターンで行うようにしてください。

■ フローをテスト実行する

設定した条件分岐（件名に「重要」を含むかどうか）に応じて、異なる重要度のメールが送信された

これは重要なメールです

太田浩史
宛先 太田浩史

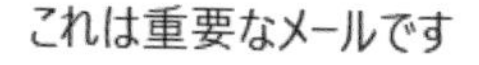

これはテストです！

これは普通のメールです

太田浩史
宛先 太田浩史

これはテストです！

アルゴリズムを組み合わせてフローを作成していくことは、まさにプログラミングと一緒ですね。パズルを解くように楽しみながら動作を理解していくことが上達のコツです。

コピーを活用してフローの作成を効率化!

フローの編集画面では、配置したアクションをドラッグ&ドロップで移動したり、コピーしたりすることができます。処理の順番を入れ替える場合や同じアクションを複数個所で利用したい場合などに、アクションの再設定が不要になるため作業効率がアップします。ただし動的なコンテンツを利用している場合は、アクションの前後関係を逆にすることはできないので注意しましょう。

■アクションを移動する

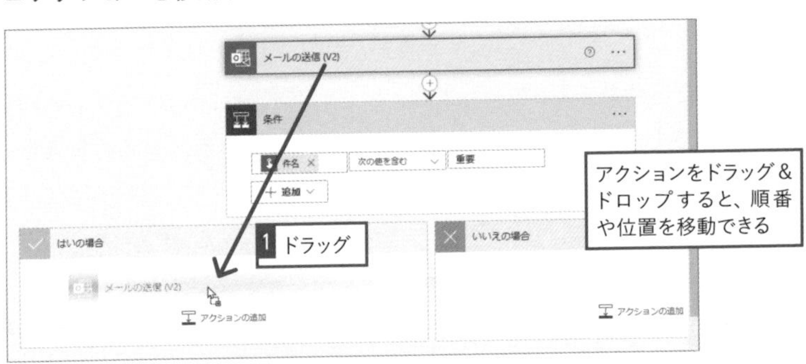

■アクションをコピーする

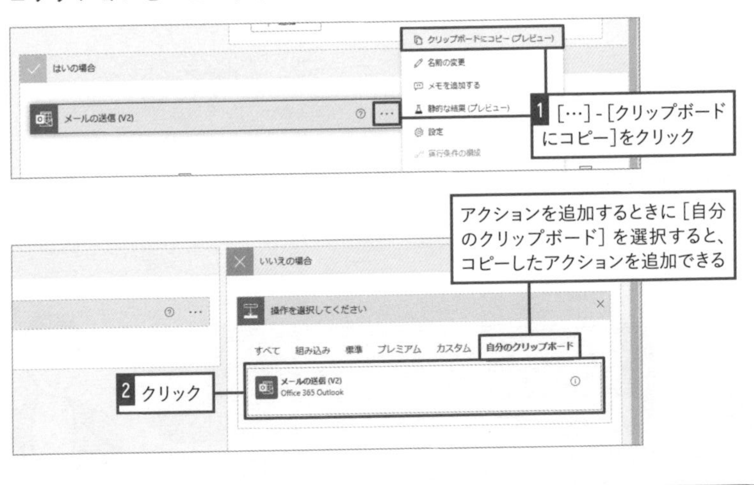

作成済みのフローを管理する

フローは一度作成して終わりではありません。より便利にするためにあとからほかのアクションを追加したり、発生した不具合を手直したりと、改善や修正を繰り返すものです。そのためにも、すでに作成済みのフローを管理する方法を知っておきましょう。

01 「マイフロー」を開いてフローを管理する

マイフローには、これまで作成してきたフローが一覧になって表示されます。この一覧からフローを編集したり実行したり、実行した履歴を確認したりすることができます。それぞれのフローをクリックすると、さらに詳細な情報が表示されます。

02 実行履歴を確認する

フローの実行履歴では、そのフローが過去およそ1カ月間で実行された履歴を確認できます。いつ実行されたのか、成功したのか失敗したのか、どのようなデータが処理されたのかなどを見ることができます。実際に業務でフローを利用しはじめると、正しく動作しているか確認したい場合や、時々エラーになるがどういった場合に発生するのかを確認したい場合など、実行履歴を見る機会が増えるでしょう。

実行履歴の一覧からは、そのフローがいつ実行されて、成功したのか失敗したのかがひと目で分かるようになっています。さらに、[列を追加する]からトリガーの出力を列に追加しておくことで、何をトリガーに実行されたフローであったのかも一覧から確認できます。

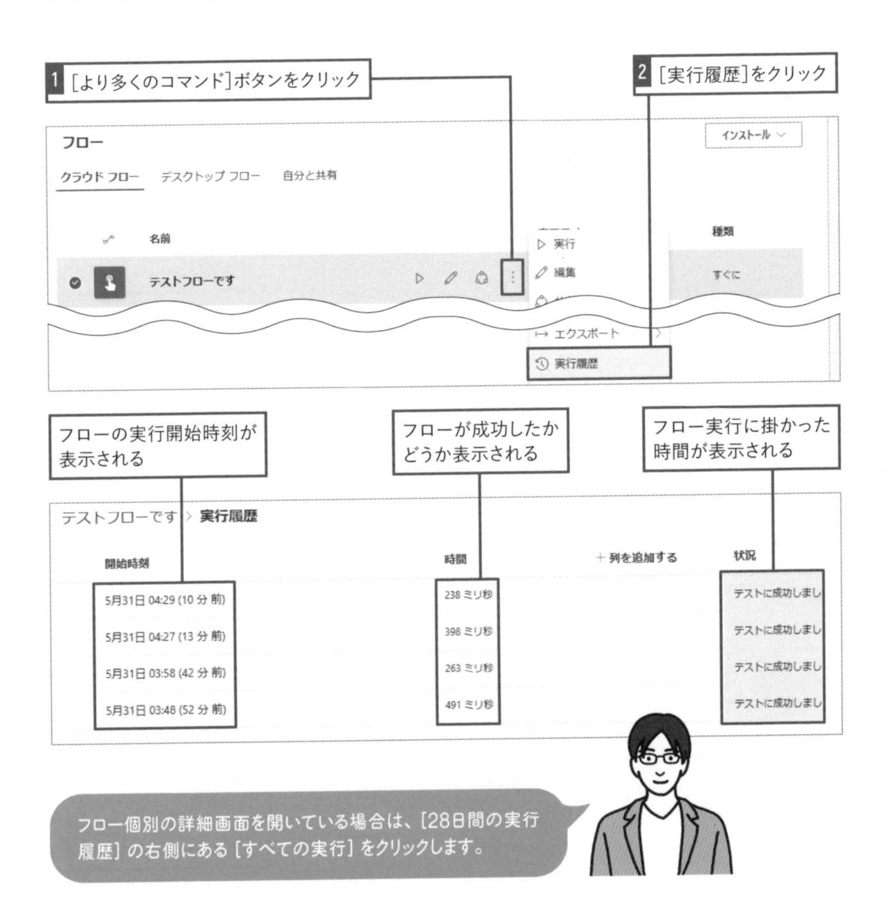

また、**各実行履歴のより詳細な内容を知りたいときには、それぞれの開始時刻をクリックします。フローのテスト実行後と同様の画面が開き、どのようなデータが処理されたのか、失敗したのはどのアクションかなどを確認できます。**

実行履歴の開始時刻をクリックすると詳細が表示される

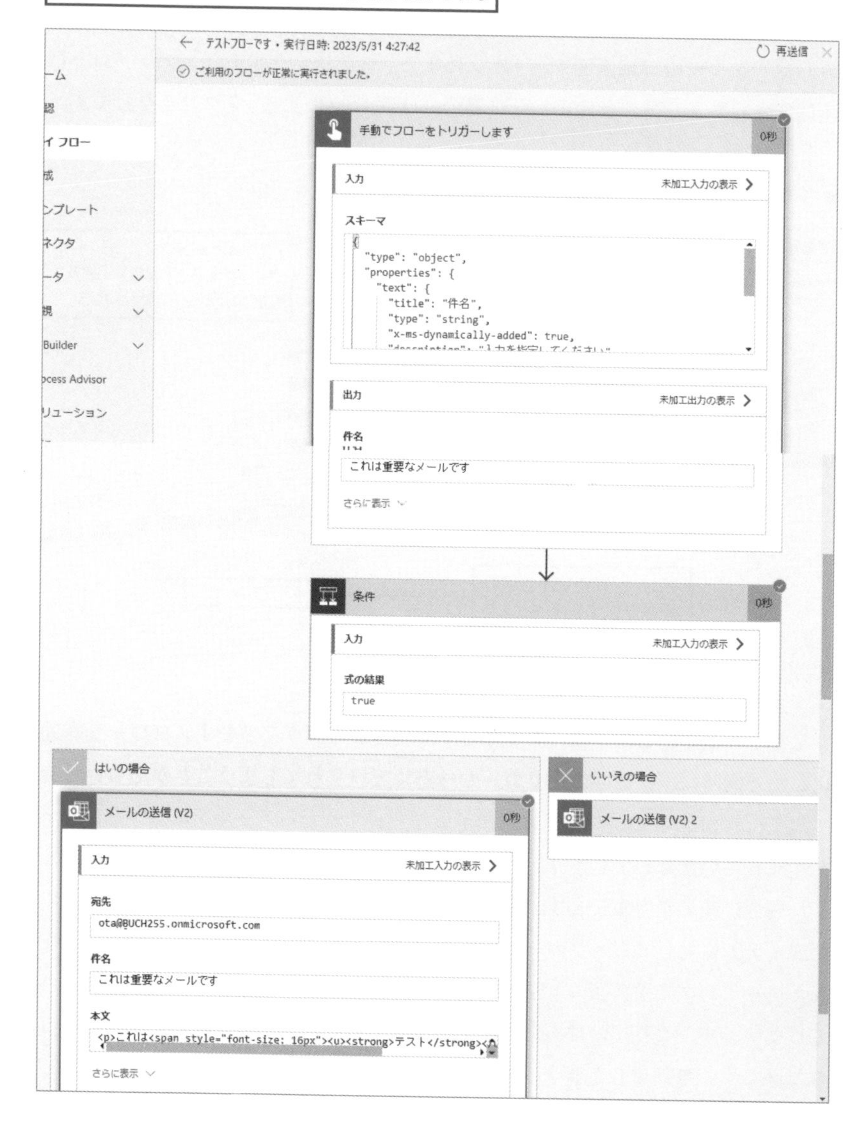

03 フローの編集と削除、無効化

作成済みのフローを編集したり、不要になったフローを削除したりする場合はマイフローの一覧から行います。

ただし、**ユーザーは削除したフローを元に戻すことができません**。そのため、**一時的にフローを動作させないように無効化しておく**ことができます。マイフローの一覧やフローの詳細画面から［オフにする］をクリックすることで、フローは無効化されます。再び有効化したい場合には、［オンにする］をクリックします。

■ フローを無効化する

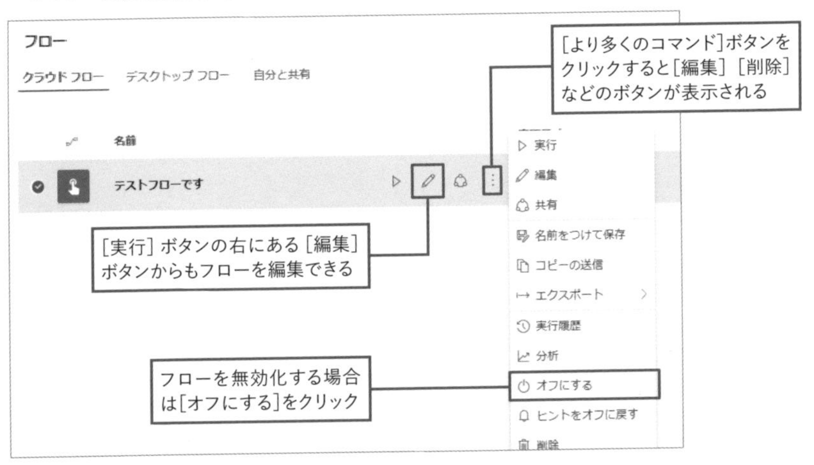

しかし、**無効化したフローを有効化する場合は注意が必要です。フローを有効化したと同時に、複数回のトリガーが一斉に実行されてしまうことがある**からです。例えば、SharePointリストにアイテムが登録されたらメールを送信するフローを作成していたとしましょう。このフローを無効化し、時間をおいて再度有効化した場合に問題が発生します。それは、フローが無効化されている間に登録されたアイテムに対してもトリガーが実行されてしまうことです。フローが有効化されたタイミングで複数回のトリガーが一斉に動き出し、大量にメールが送信されてしまいます。これを避けるためには、無効化したフローをそのまま有効化するのではなく、無効化したままフローを複製し、複製したフローを有効化します。元のフローは無効化したままにしておき、不要であればそのまま削除します。

■ フローのコピーを作成する

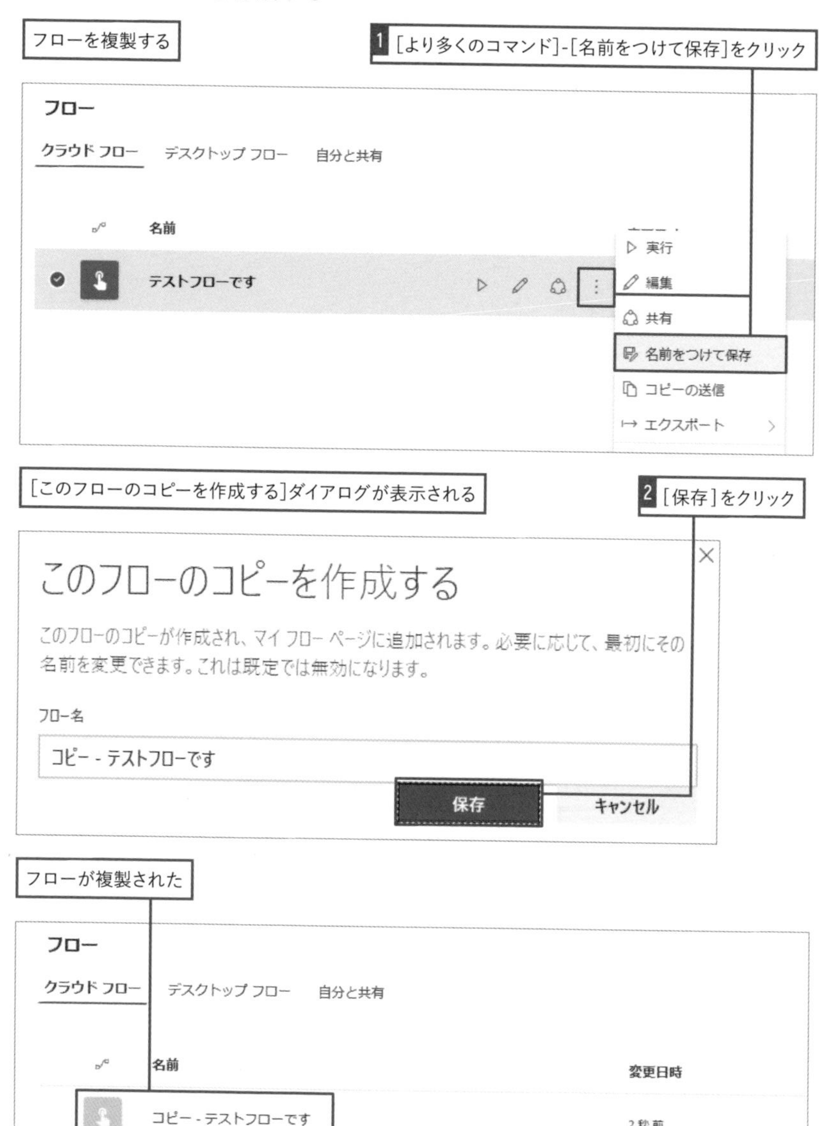

フローが無効化された状態になっているため［より多くのコマンド]-[オンにする]をクリックして有効化しておく

LESSON 08

テンプレートを眺めて利用シーンをイメージ

基本的な操作に慣れてきたら、いよいよ実務で利用できそうなフローを作成してみましょう。どんなフローを作成するかはアイデア勝負です。作成するフローに悩んだ場合は、数多くあるテンプレートを眺めてみましょう。アイデアのヒントを与えてくれます。

01 テンプレートは活用のヒント

Power Automateでどんなフローを作れるのかを知るには、どんなテンプレートがあるかを見てみるのがおすすめです。Power Automateの左側のメニューから[テンプレート]を開いてみましょう。ここには、Microsoftや世界中のユーザーが集う「Power Automateコミュニティ」が作成したテンプレートが一覧で表示されています。テンプレートを基にフローを作成することもできますが、数がとても多いためすべてを試すのは大変です。まずは名前を見ながら、「こんなこともできるんだ！」と今後のフロー作成のヒントにしてみてはどうでしょうか。

02 テンプレートからフローを作成する

テンプレートを基にフローを作成する方法も見ていきましょう。実際に業務で利用するほか、作成したフローを見て作り方を学ぶこともできます。

今回は、私のまわりでも利用者の多い［Office 365のメール添付ファイルを指定したOneDrive for Businessフォルダーに保存する］テンプレートを利用してみます。このテンプレートのフローを利用することで、特定のシステムから定期的に送られてくるメールの添付ファイルを、OneDrive for Businessのフォルダーに自動的に保存しておくことができます。

ここからの例では、**給与管理システムから毎月メールで給与明細書のPDFファイルが届くことを仮定し、添付されるファイルを自身のOneDrive for Businessの［給与明細］フォルダーに保存してみます。**

テンプレートを探してクリックすると、このフローの実行に必要な接続の確認画面が表示されます。問題なければ［続行］をクリックして先に進みます。すると、すぐにテンプレートを基にしたフローが作成されます。

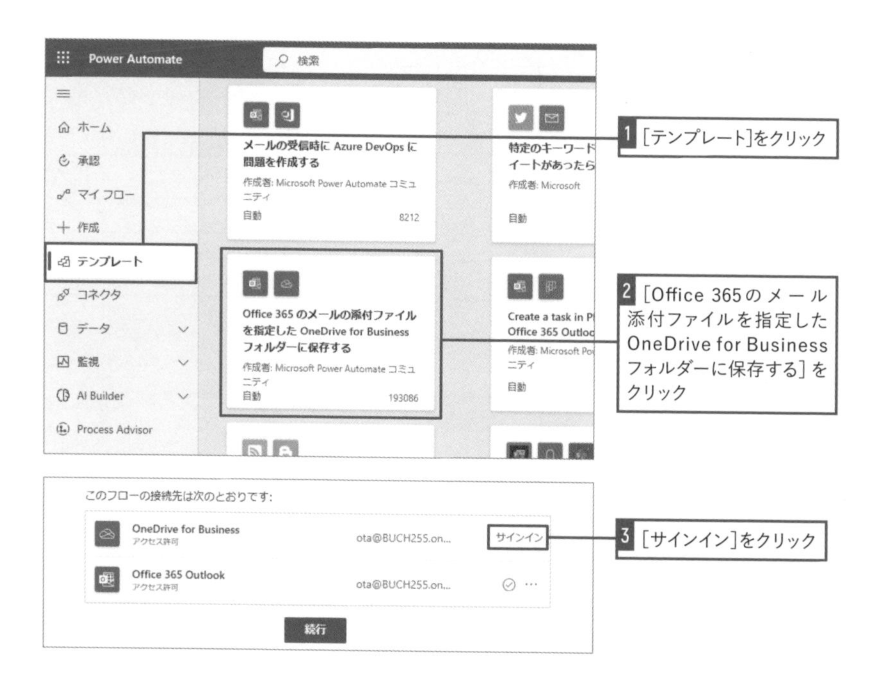

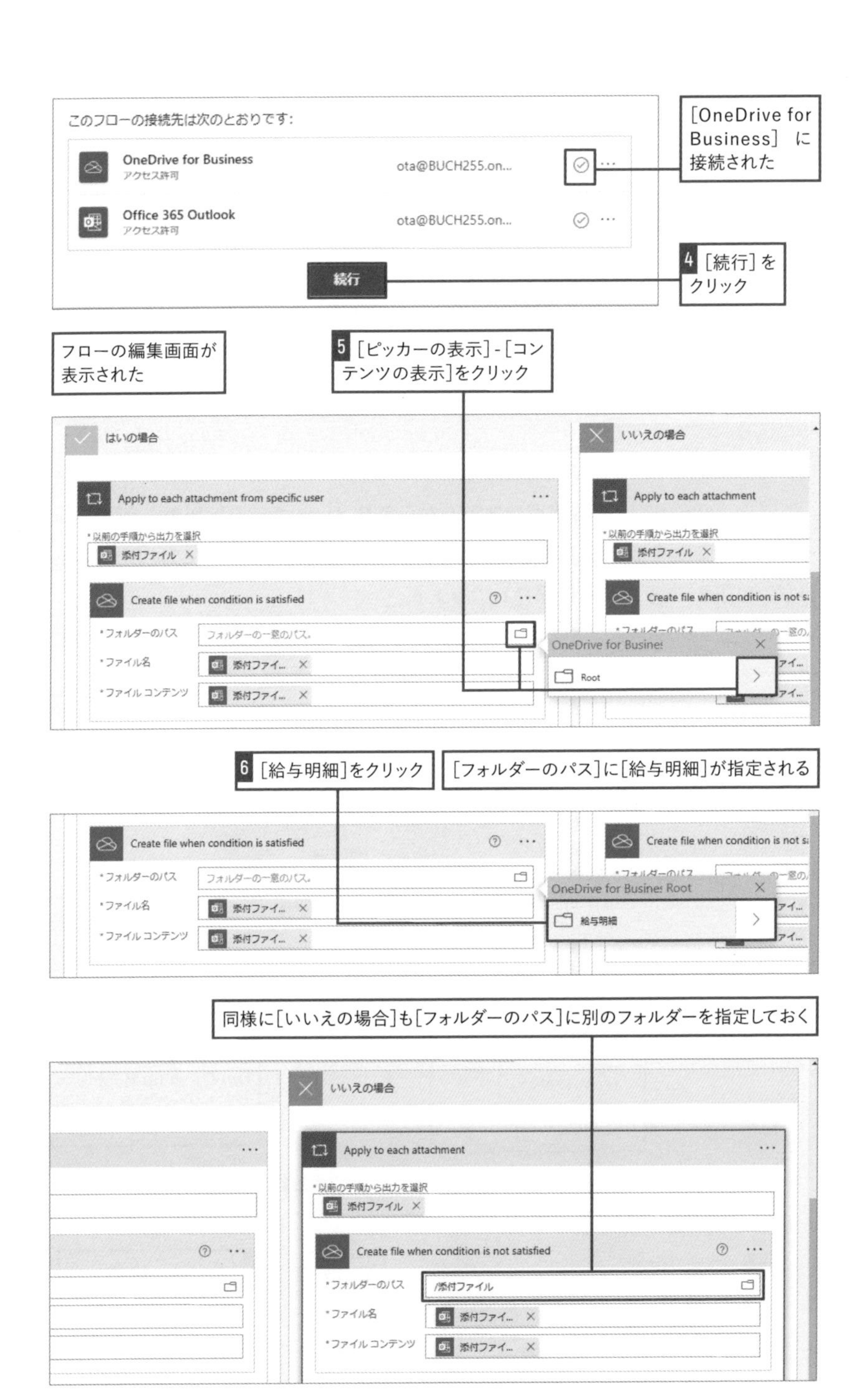
このフローの接続先は次のとおりです:
OneDrive for Business
アクセス許可
ota@BUCH255.on...
Office 365 Outlook
アクセス許可
ota@BUCH255.on...
続行
[OneDrive for Business]に接続された
4 [続行]をクリック
フローの編集画面が表示された
5 [ピッカーの表示]-[コンテンツの表示]をクリック
はいの場合
いいえの場合
Apply to each attachment from specific user
Apply to each attachment
*以前の手順から出力を選択
添付ファイル
Create file when condition is satisfied
*フォルダーのパス
フォルダーの一意のパス。
*ファイル名
添付ファイ...
*ファイル コンテンツ
OneDrive for Busine
Root
6 [給与明細]をクリック
[フォルダーのパス]に[給与明細]が指定される
OneDrive for Busine: Root
給与明細
同様に[いいえの場合]も[フォルダーのパス]に別のフォルダーを指定しておく
Create file when condition is not satisfied
/添付ファイル

一度テスト実行をしてみましょう。手動でテストを開始したあとで、Outlookを開き自身のメールアドレス宛に添付ファイル付きのメールを送ります。このとき、テスト実行をしたフローの編集画面は開いたままにしてください。メールが届きフローが実行されると、編集画面のウィンドウで実行結果を確認できます。フローの実行が成功していれば、OneDrive for Businessの指定したフォルダーに新しくファイルが追加されます。

■ フローをテスト実行する

マイファイル > 給与明細

名前 ↑	変更	変更者	ファイル
給与明細.pdf	数秒前	太田浩史	43.9 キロ

正常にフローが実行されると送信したメールに添付されたファイルが［給与明細］フォルダーに自動で保存される

ここもポイント!

設定が必要な項目を見つけるには

このフローを動作させるためには、自身の用途に合わせていくつかの設定を変更する必要があります。最低限必要な設定を見つけるには、［保存］をクリックしてエラーメッセージを確認するのが簡単です。以下のエラーメッセージでは、保存先のOneDrive for Businessのフォルダーを指定しなければならないことが分かります。このように、保存と設定を何度か繰り返すことで、フローが動作する状態に設定できます。

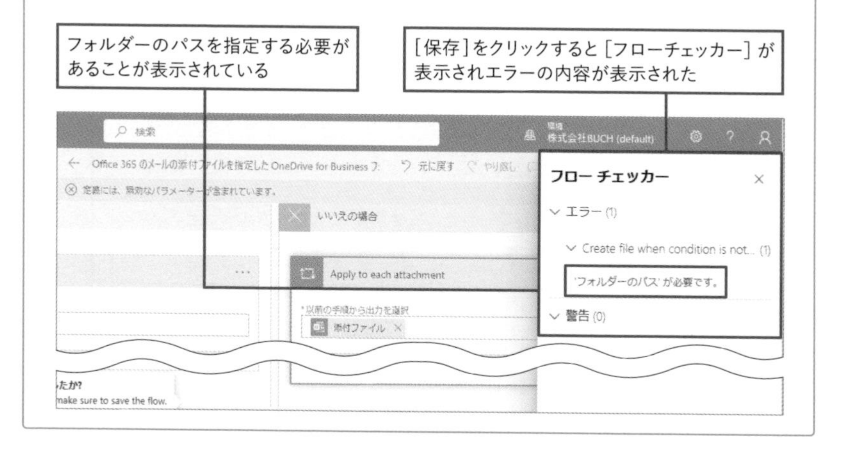

03 特定のアドレスからのメールのみファイルを保存する

このままでは、自身に受信トレイに届いたすべての添付ファイルがOneDrive for Businessに保存されるため、トリガーの設定を行い、特定のメールのみでしかフローが実行されないように変更します。このトリガーでは、[差出人] や [件名フィルター] を利用し、トリガーの発生条件を限定することができます。**特定のシステムから送信されてくるメールのような場合には、いつも同じメールアドレスの差出人から送られてくるはずなので、[差出人] にはそのメールアドレスを指定しましょう。**[差出人] に指定したメールアドレスからメールが届いたときにだけフローが実行されるようになります。

1 [詳細オプションを表示する]をクリック

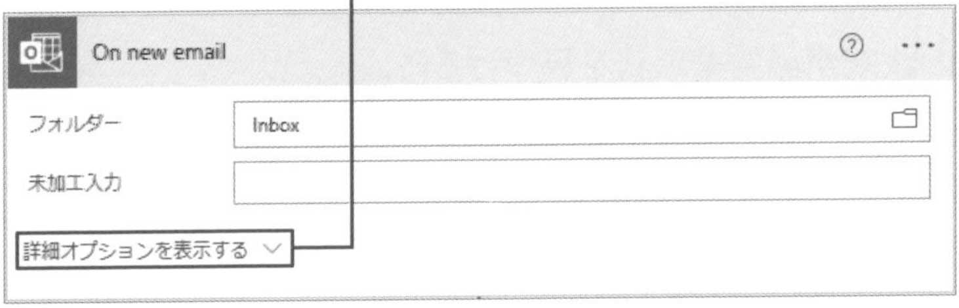

2 [差出人]にメールアドレスを入力

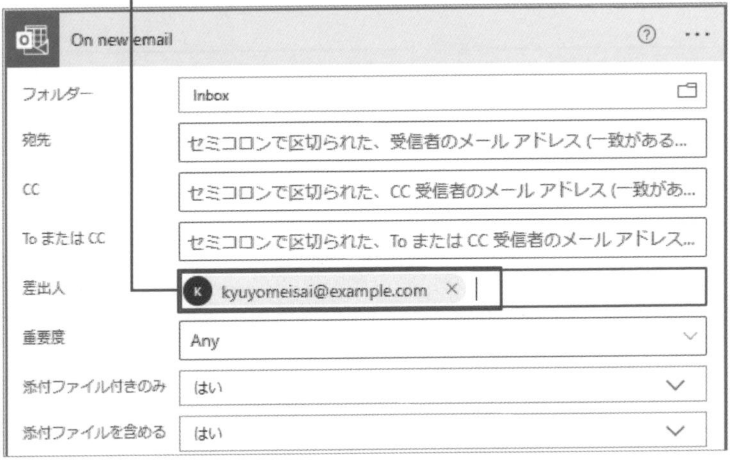

メールの受信トリガーとOutlookの仕分けルールの合わせ技

［Office 365 Outlook］コネクタの［新しいメールが届いたとき(V3)］トリガーの設定だけではフロー実行対象のメールを上手く絞り込めない場合には、Outlookの仕分けルールを利用する手もあります。このトリガーの設定では、受信トレイの［フォルダー］を指定することができます。この設定を利用し、Outlookの仕分けルールを利用して受信メールを指定するフォルダーに移動させることで、トリガーを実行するメールを限定することができます。このように、Power Automateで作成するフローのトリガーやアクションの設定だけではなく、Outlookの機能とも組み合わせることで、より早く簡単に目的のフローを作成できることもあります。

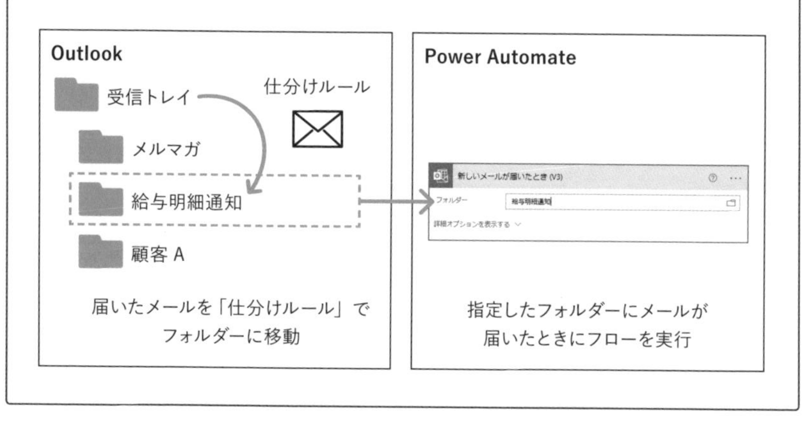

「ヘルプ」を参照してみよう

トリガーやアクションの使い方が分からない場合は、タイトルバーの［ヘルプ］から公式ドキュメントを参照できます。

Create file when condition is satisfied

*フォルダーのパス　フォルダーの一意のパス。

*ファイル名　添付ファイ...

*ファイル コンテンツ　添付ファイ...

［ヘルプ］をクリックすると［ヘルプ］ペインが表示され公式ドキュメントが参照できる

LESSON 09

もっとも利用されているコネクタとは

数百にもおよぶ多くのコネクタが用意されており圧倒されますが普段からよく利用しているクラウドサービスに絞ると、頻繁に利用するコネクタの数はそんなに多くはありません。Microsoft 365ユーザーがよく利用しているコネクタを紹介します。

01 みんなが使っている人気のコネクタ

Power Automateには数多くのコネクタがあります。その中でもよく利用される人気のコネクタを紹介します。まずは、これらのコネクタの使い方を押さえておき、どんな組み合わせができるかを考えてみましょう。

■Office 365 Outlook

[Office 365 Outlook] コネクタは、仕事で利用しているMicrosoft 365のメールや予定表を操作するトリガーやアクションを含んでいます。メールの受信をトリガーに処理を実行したり、処理の結果をメールに書いて送信したりすることができます。

個人のメールアドレスのほかに、共有メールボックスが管理者によって割り当てられている場合は、その操作も行うことができます。

同じくOutlookと名前が付く［Outlook.com］コネクタは、業務ではなくプライベートで利用するメールサービスです。業務で利用しているMicrosoft 365のOutlookとは異なるため注意しましょう。

■ SharePoint

Microsoft 365の中でも利用される機会の多いSharePointは、Power Automateでもよく利用されます。［SharePoint］コネクタを利用すると、リストやライブラリにアイテムが追加されたことをトリガーに処理を実行したり、ほかのクラウドサービスのデータをリストやライブラリに保存したりすることができます。

■ OneDrive for Business

組織やチームでファイルを共有するSharePointとは異なり、自分の業務で必要なファイルを保存するためのサービスがOneDrive for Businessです。Power Automateのコネクタを利用することで、メールの添付ファイルを保存したり、作業中のファイルを一度に変換したりすることができます。自身のちょっとした業務を効率化するには、OneDrive for Businessとの組み合わせがおすすめです。

OneDrive for Businessに名前の似た、［OneDrive］コネクタがありますが、こちらもOutlook.com同様に業務ではなくプライベートで利用するストレージサービスです。

■ Microsoft Teams

Power Automateと組み合わせることで、処理の結果をチャットで受け取ったりすることができます。近ごろは仕事の連絡は主にTeamsのチャットを利用する人も増えています。そのため、頻繁に連絡するツールにより多くの情報を届けられるようになるため、Power Automateからの通知投稿先として人気があります。

■ Microsoft Forms

Microsoft 365ユーザーから根強い人気のMicrosoft Formsは、Power Automateとの相性が抜群です。Power Automateは、ユーザーから何かの入力を受け付けるフォームを作成できません。

一方のFormsは、簡易な入力フォームをすぐに作成することができます。こうしたPower Automateの弱点をFormsによって補うことで、ユーザーが入力した情報を基に処理を実行するといった、さまざまな業務で活用できるフローを簡単に作成できます。

■ Excel Online for Business

Power Automateからは、Excelファイルのデータを操作することもできます。[Excel Online for Business] コネクタは、OneDrive for BusinessやSharePoint Onlineに保存されているExcelファイルを扱うことができます。ただし、Excelファイルの中のデータは、テーブルとして定義されている必要があるなど注意が必要です。

■ 承認

フローの途中に人による承認機能を追加できるのが、[承認] コネクタです。業務で利用するフローの場合には、処理の実行前に担当者や上司の判断が必要なものもあります。条件が明確であれば、そうした判断も自動化できますが、どうしても人による判断が必要な場合には、[承認] コネクタが利用できます。業務上必要な簡易な承認ワークフローもPower Automateで作成できます。

■ RSS

インターネット上のニュースサイトやブログで提供されるRSSという仕組みをご存じでしょうか。RSSとは、ニュースなどの更新情報をほかのサイトやシステムに通知するための仕組みで、Power Automateからも [RSS] コネクタで利用できます。RSSを利用すると、得意先のニュースリリースや気になる業界のニュースを自動で収集することができます。

人気のコネクタだけでも数が多くて大変だなとお感じでしょうか。詳しい使い方は以降で、実際にフローを作りながら紹介していきますので、安心してください。

活用編

第3章

さまざまな通知を作成して情報の見落としを防ぐ

Power Automateでは、通知系のフローを簡単に作ることができます。通知系のフローは、利用頻度が高く、応用も効きやすいため、ぜひ検討してみてください。さまざまなクラウドサービスでのデータ更新などの通知を、普段頻繁に利用するメールやチャットに集約するだけでも業務の改善につながります。

LESSON 10

アンケートの回答をTeamsで共有する

さまざまな場面で活用できるFormsは、その利用の簡易さもありMicrosoft 365ユーザーからの人気が高いです。さらに便利にするために、Formsで作成したアンケートへ回答があったタイミングで、Teamsのチャネルに自動的に通知を送りましょう。

01 フォームの回答内容の共有を効率化

Power Automateのフローを作成することで、Formsの代表的な利用シーンである社内外からのアンケート収集業務に、Microsoft Teamsを連携させて利用してみましょう。Formsを利用したフローは、社内研修会やセミナーの申込受付、社内からの問い合わせフォームなど簡易な入力を利用する業務で応用ができます。

ユーザーが
アンケートに回答

回答をトリガーに
Teams に投稿を作成

チームの投稿で
回答に気付きやすくなる

FormsもTeamsもPower Automateからすぐに連携できます。フローも簡単に作成でき応用も利くため私イチオシの組み合わせです。

02 Microsoft Formsにアンケートを作成

フローを作成するためには、トリガー先となるサービスと、アクション先となるサービスの準備からはじめます。まずは、今回のフローのトリガーとなる、Formsを利用したアンケートを作成しましょう。ここでは例として、人事部が行う従業員の満足度調査をイメージして、5段階評価や自由記述、リッカート尺度の設問を追加しています。

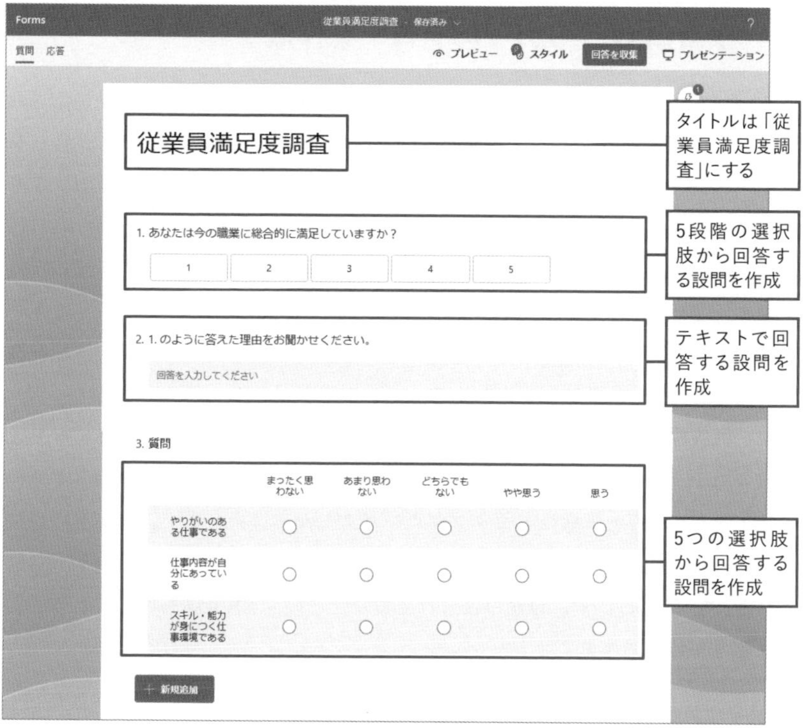

Forms
従業員満足度調査 - 保存済み
質問 応答
プレビュー
スタイル
回答を収集
プレゼンテーション
従業員満足度調査
タイトルは「従業員満足度調査」にする
1. あなたは今の職業に総合的に満足していますか？
1
2
3
4
5
5段階の選択肢から回答する設問を作成
2. 1.のように答えた理由をお聞かせください。
回答を入力してください
テキストで回答する設問を作成
3. 質問
まったく思わない
あまり思わない
どちらでもない
やや思う
思う
やりがいのある仕事である
仕事内容が自分にあっている
スキル・能力が身につく仕事環境である
5つの選択肢から回答する設問を作成
新規追加

03 Microsoft Teamsに投稿先となるチームを作成

アクション先となるTeamsには、投稿先とするチームを作成します。今回は、「満足度調査」チームを作成し、「回答通知」チャネルをチームに追加しておきます。これでフロー作成前の準備は完了です。

アクティビティ
チャット
チーム
カレンダー
チーム
あなたのチーム
満 満足度調査
一般
回答通知
満 回答通知 投稿 ファイル ＋
「満足度調査」チームに「回答通知」チャネルを作成しておく

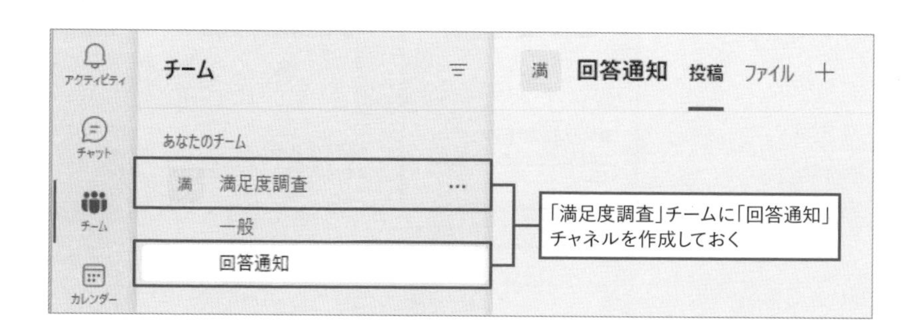

04 Formsがトリガーのフローを作成

Power Automateの画面を開き、指定したアンケートに新しい回答が送信されたときに実行されるフローを作成していきます。[自動化したクラウドフローを構築する]ダイアログで、Formsの[新しい応答が送信されるとき]トリガーを選択しましょう。Formsの[新しい応答が送信されるとき]トリガーの設定項目は、[フォームID]の1つだけです。ドロップダウンリストから、先ほど作成した従業員満足度のアンケートを探して選択します。

続いて、トリガーに続くアクションとして、同じくFormsの[応答の詳細を取得する]アクションを追加しましょう。このアクションを利用することで、アンケートの設問の回答をフローの動的なコンテンツとして利用できるようになります。このアクションの設定項目は、[フォームID]と[応答ID]の2つです。[フォームID]はトリガーと同様にドロップダウンリストから選択します。[応答ID]には、トリガーから出力される[応答ID]を設定します。Formsではユーザーから送信された回答ごとにすべてIDが付けられており、この[応答ID]を使ってどの回答であるかを特定できます。

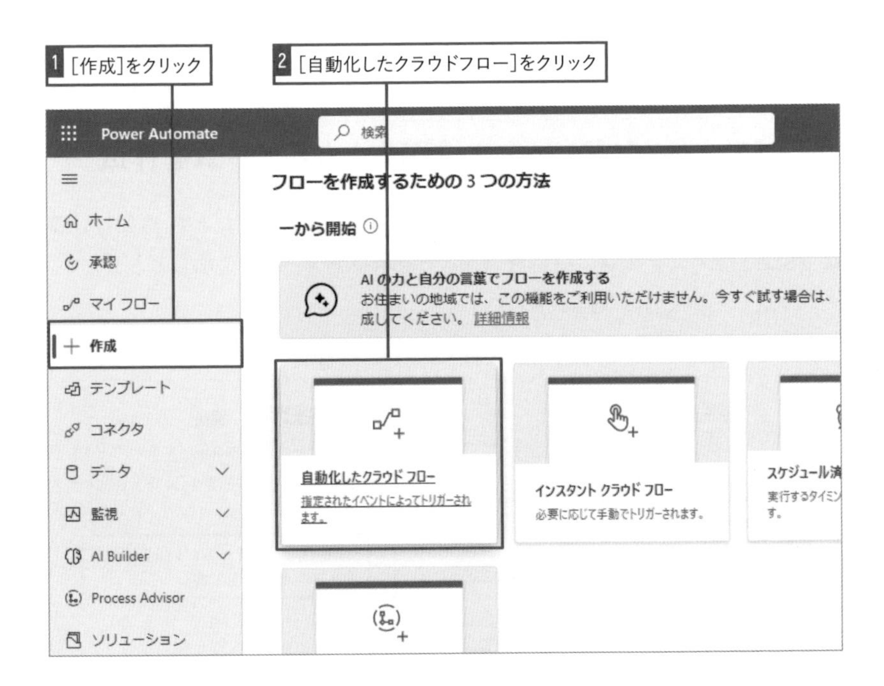

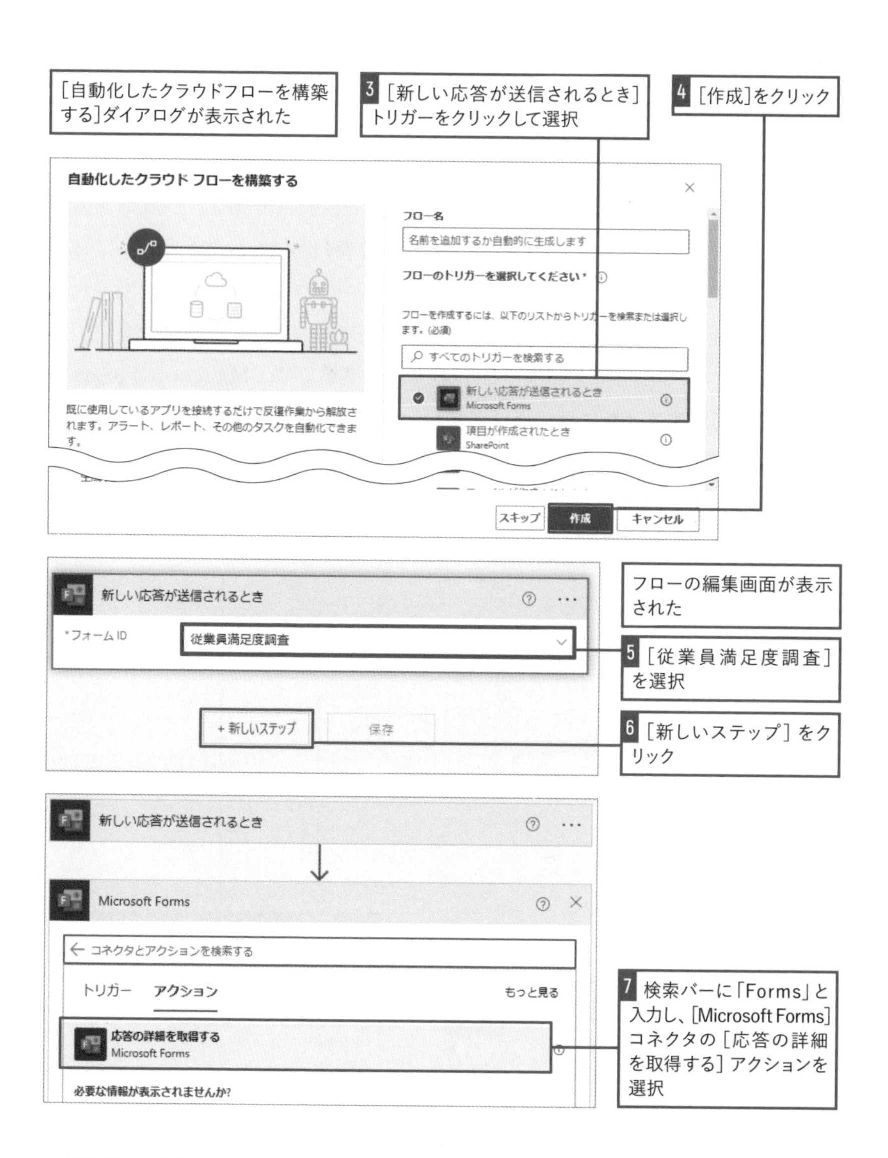

■[応答の詳細を取得する]アクション

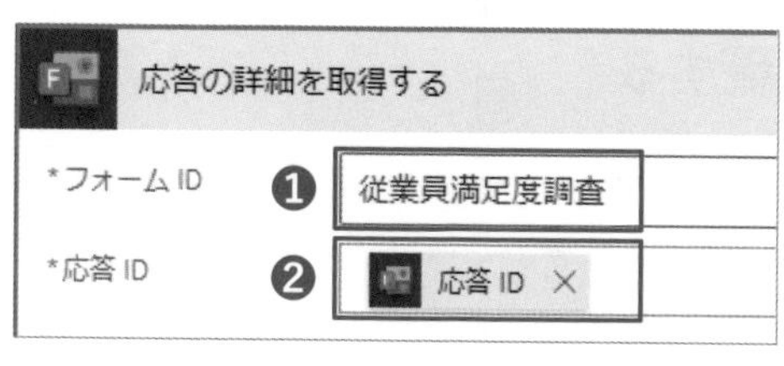

❶[従業員満足度調査]を選択

❷ 動的なコンテンツから[応答ID]を選択

05 Formsトリガー利用時のコツ

［新しい応答が送信されるとき］トリガーを追加した状態で、「さあ、あとはMicrosoft Teamsのチャネルに投稿するだけだ」と、Teamsのアクションを追加してみると、動的なコンテンツにアンケートの設問の回答が表示されないことに気が付きます。Formsの［新しい応答が送信されるとき］トリガーは、限られた情報しか出力しません。そのため、［応答の詳細を取得する］アクションを追加して、フローで設問の回答を利用できるようにしています。**Microsoft Formsのトリガーを利用するときには、ほぼ必ずFormsコネクタの［応答の詳細を取得する］アクションをセットで利用する**ことを覚えておきましょう。

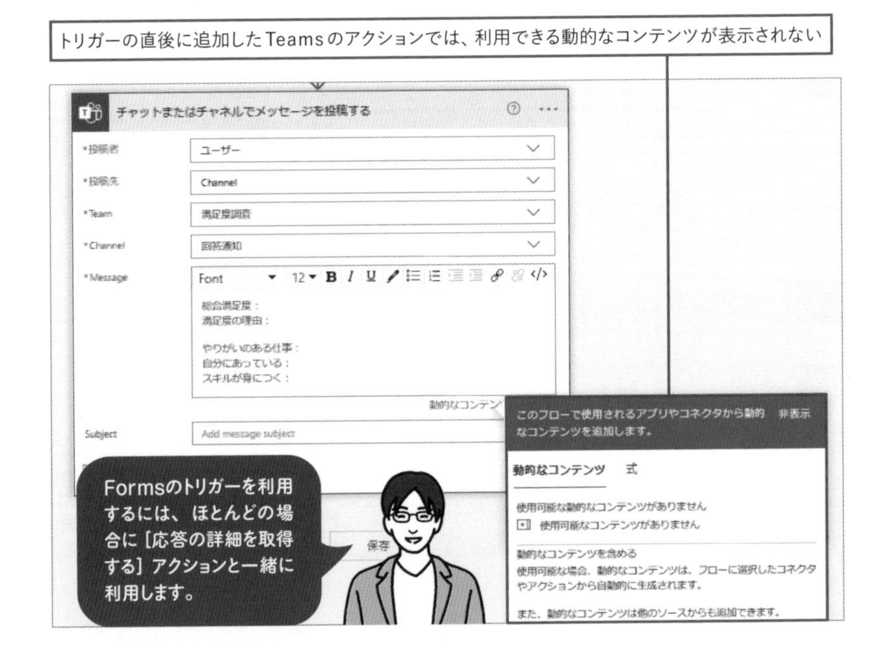

06 Teamsに通知を投稿する

Teamsに通知を投稿するにはTeamsコネクタの［チャットまたはチャネルでメッセージを投稿する］アクションを利用します。このアクションの主な設定項目は次の表の通りです。

■［チャットまたはチャネルでメッセージを投稿する］の主な設定項目

設定項目	設定内容
投稿者	通知の投稿者を設定する。［ユーザー］［フローボット］［Power Virtual Agents(プレビュー)］の3種類から選択でき、［ユーザー］を選択すると、自分自身のアカウントでTeamsに投稿される
投稿先	通知の投稿先を設定する。［Channel］と［Group chat］のいずれかを選択する
Team	投稿先となるチームを選択する
Channel	投稿先のチャネルを選択する
Message	投稿する内容を設定する。手入力で入力された任意の文字列と、動的コンテンツを組み合わせて投稿内容を作成できる。［コードビュー］をクリックすると表示が変わり、Webページの作成で用いられるHTMLを利用して投稿を作成することもできる
Subject	投稿に件名を付けたい場合に設定する

今回は、［投稿者］を自分のアカウントにしたいので［ユーザー］を選択します。［投稿先］は、あらかじめ作成している「満足度調査」チームの「回答通知」チャネルに投稿したいので、［Channel］を選択しましょう。投稿先を選択すると、さらに［Team］や「Channel］を設定できるようになるので、［Team］には「満足度調査」チームを、［Channel］には「回答通知」チャネルをそれぞれ設定します。最後に［Message］で投稿する内容を任意の文字列と、動的なコンテンツになるアンケートの回答の内容を組み合わせて作成します。

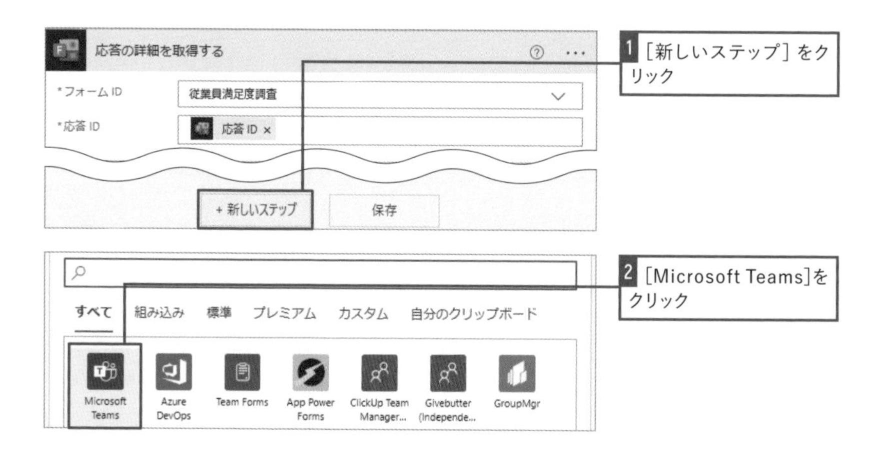

Microsoft Teams

← コネクタとアクションを検索する

トリガー　アクション　もっと見る

チャットの作成
Microsoft Teams

チャットまたはチャネルでメッセージを投稿する
Microsoft Teams

3 [チャットまたはチャネルでメッセージを投稿する]アクションをクリック

■[チャットまたはチャネルでメッセージを投稿する]アクション

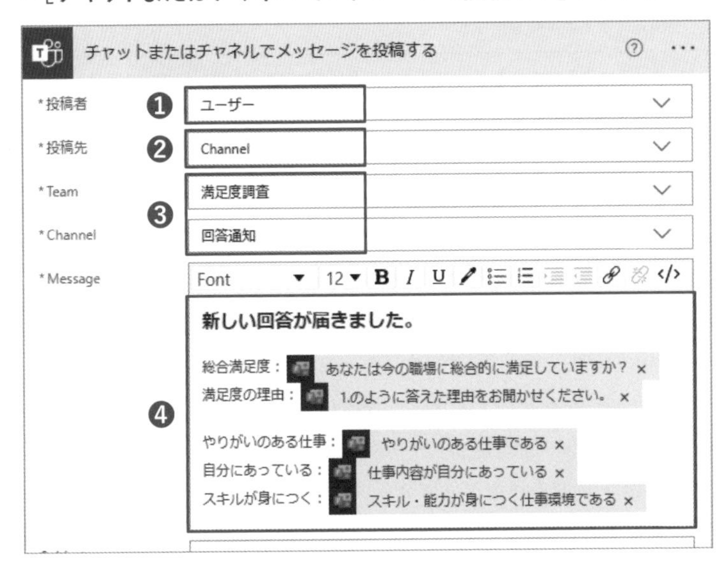

❶ [ユーザー]を選択

❷ [Channel]を選択

❸ 投稿先のチーム[満足度調査]と投稿先のチャネル[回答通知]を選択

❹ 1行目に「新しい回答が届きました。」と入力
2行目に「総合満足度：」と入力し、動的なコンテンツから[あなたは今の職場に総合的に満足していますか?]を選択
3行目に「満足度の理由：」と入力し、動的なコンテンツから[1.のように答えた理由をお聞かせください。]を選択
空白行を入れ、5行目に「やりがいのある仕事：」と入力し、動的なコンテンツから[やりがいのある仕事である]を選択
6行目に「自分にあっている：」と入力し、動的なコンテンツから「仕事内容が自分にあっている」を選択
7行目に「スキルが身につく：」と入力し、動的なコンテンツから[スキル・能力が身につく仕事環境である]を選択

回答結果が［動的なコンテンツ］として利用できる

Formsコネクタの［応答の詳細を取得する］アクションからは、ユーザーが送信した回答が出力され動的なコンテンツとして利用できます。この回答は設問ごとに異なる動的なコンテンツとなっており、設問名がそのまま動的なコンテンツの名前になっています。これらの動的なコンテンツには、回答の値そのものしか含まれていません。そのため通知のような投稿を作成する場合には、どの設問に対する回答なのかがひと目で分かりやすくなるように、説明などを加えて工夫しましょう。

これでフローが完成しました。テスト実行をしてみて、思った通りの通知がチームのチャネルに届くかを確認しましょう。［テスト］をクリックし［手動］でフローのテストを実行したあと、ブラウザーの別ウィンドウでアンケートを開いて回答を送信します。

■ フローをテスト実行する

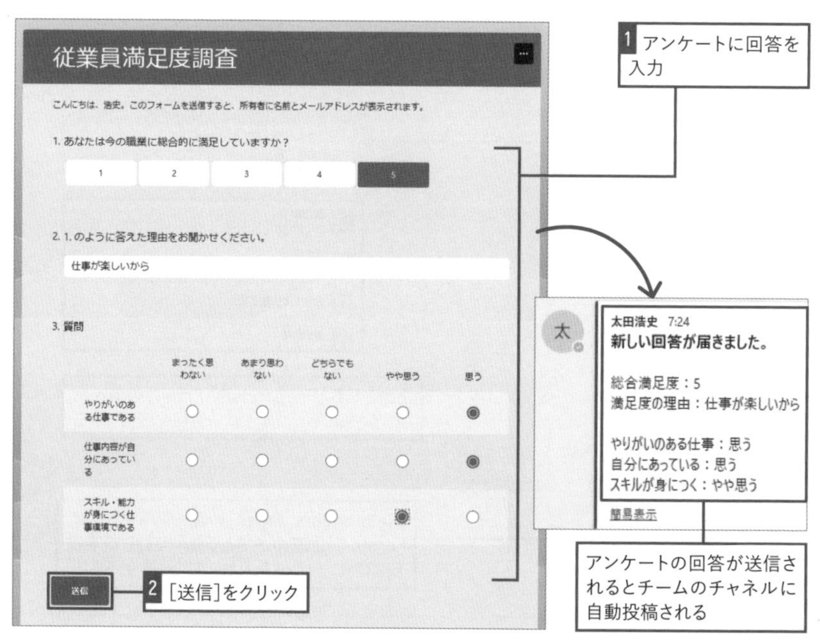

Formsを利用したアンケートのポイント

Formsで社内向けアンケートを作成する場合、回答者の名前を自動的に記録するように設定できます。この設定にしておくことで、[応答の詳細を取得する] アクションの出力には [Responders' Email] として回答者のメールアドレスが含まれるようになります。さらに [Office 365 Users] コネクタの [ユーザープロフィールの取得(V2)] アクションを追加し、[ユーザー(UPN)] としてこの値を指定すると、Microsoft 365に登録されているユーザー情報を取得できます。アンケートの設問として部署名などを入力してもらう必要がないため、設問数を減らすことができ回答の負荷を下げることができます。

[ユーザープロフィールの取得(V2)]アクションを追加する

出力される[Responders' Email]の値を利用してさらに多くのユーザー情報を取得できる

[Responders' Email]の値を利用するには、Formsの[回答の送信と収集]の設定で[名前を記録]にチェックを入れておく必要がある

Formsの機能を活用してさらにひと工夫

Formsでは、スマートフォンから回答フォームを開くための二次元コードを作成できます。その二次元コードを活用して、社内のちょっとした業務を効率化できる例もあります。

例えば、社内のコピー機の紙が切れていたり、会議室の備品であるホワイトボードマーカーのインクが切れていたりした経験はないでしょうか。そうした場合には、総務部の担当者に連絡するなどして補充してもらう必要があるのですが、連絡するのが面倒だと放置されてしまうことも多くあります。そこで、コピー機の本体や会議室などに、備品補充依頼のフォームを開くための二次元コードを貼っておきます。備品の不備に気付いた人は、この二次元コードを読み取って表示されるフォームから、簡単に補充依頼を送ることができます。さらには、Power Automateによって依頼内容が総務部のチームに共有されるため、部内のメンバーがすぐに気が付いて対応できるようになります。

このように、すぐに利用できる標準機能をPower Automateと上手く組み合わせることで、さらに応用できるシーンが広がります。

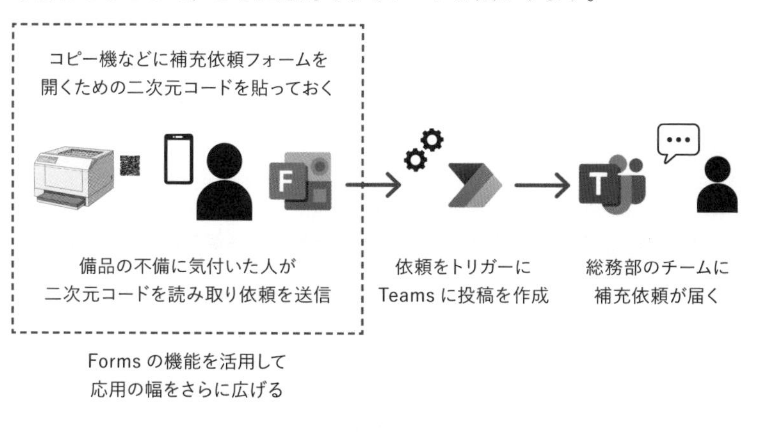

フローから連携するシステムの機能や、使用するデバイスの機能を上手く組み合わせることで、さらにいろいろな場面で利用できるようになります。発想力も大事ですね。

LESSON 11

SharePointライブラリにファイルがアップロードされたら通知する

SharePointもまた、Power Automateを組み合わせて利用しやすいサービスです。まずは、ライブラリと連携する簡単な通知処理を作成します。通知先を自身が利用するスマートフォンにすることで、外出先や移動中でも通知に気づきやすくなります。

01 フローで申請書類の確認をスムーズに

SharePointのライブラリ機能を用いて、ユーザーに申請書類を提出してもらう業務を想定しましょう。このとき、ライブラリに新たな書類が保存されたら、自身のスマートフォンにプッシュ通知が届くフローを作成します。このようにフローからプッシュ通知を受け取るためには、事前にPower Automateアプリをインストールしサインインを済ませておく必要があるので、準備しておきましょう。

02 SharePointサイトとライブラリを作成

まずは、トリガーとなるサービスの準備からはじめましょう。今回のトリガーはSharePointなので、任意のサイトとライブラリを作成します。例として作成した「申請業務サイト」と「申請ライブラリ」を利用して、説明していきます。

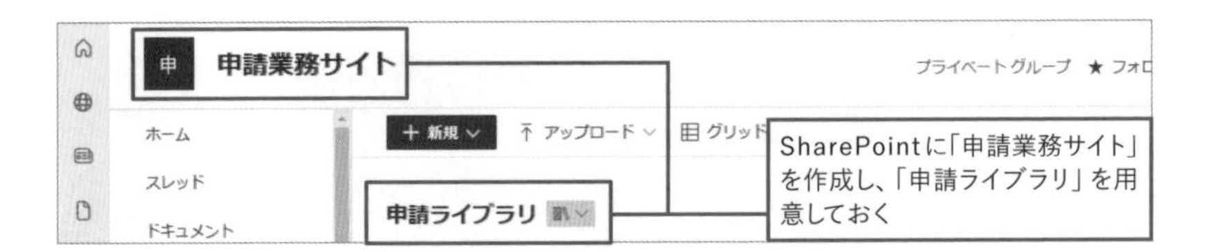

03 SharePointがトリガーのフローを作成

［自動化したクラウドフロー］から作成をはじめます。［自動化したクラウドフローを構築する］ダイアログでは、「SharePoint」のキーワードでトリガーを検索し、［ファイルが作成されたとき（プロパティのみ）］を選択します。このトリガーでは、［サイトのアドレス］と［ライブラリ名］を設定します。「サイトのアドレス」は、ドロップダウンリストでサイトを選択できますが、**一覧に表示されない場合は「カスタム値の入力」としてサイトのURLを指定できます。**［ライブラリ名］には、先ほど作成した［申請ライブラリ］を選択します。

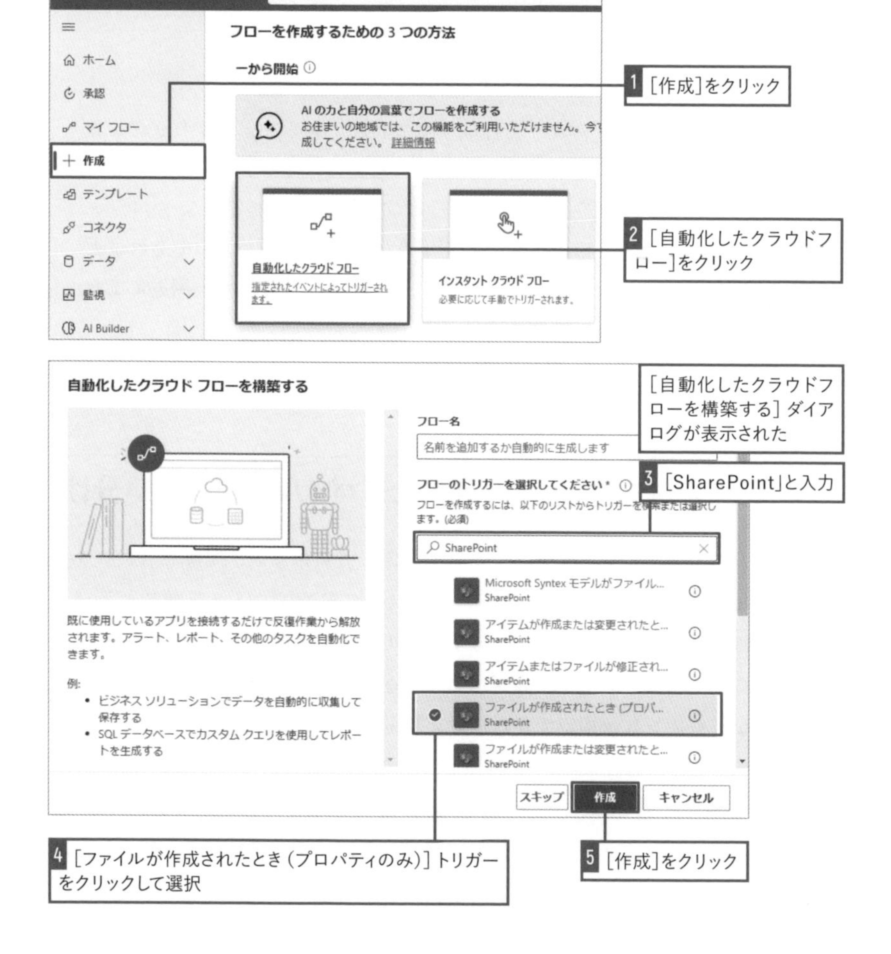

■［ファイルが作成されたとき(プロパティのみ)］トリガー

ファイルが作成されたとき (プロパティのみ)

*サイトのアドレス ❶	申請業務サイト - https://buch255.sharepoint.com/sites/shinsei
*ライブラリ名 ❷	申請ライブラリ
フォルダー	フォルダーを選択するか、ライブラリ全体を空白のままにします

❶ 作成した［申請業務サイト］を選択

❷［申請ライブラリ］を選択

［フォルダー］には何を指定するの?

ライブラリにはフォルダーを作成することができます。いずれかのフォルダーの中にファイルがアップロードされた場合にのみフローを実行させたい場合は、［フォルダー］の設定でそのフォルダーを指定します。［フォルダー］を設定せず空白のままとした場合は、ライブラリの中であればどこにファイルがアップロードされてもフローが実行されます。用途に応じて制限したい場合には、指定するようにしてください。

04 利点を踏まえたメール通知とモバイル通知の使い分け

Power Automateには、通知専用のコネクタとアクションが用意されています。それが［Notifications］コネクタです。このコネクタでは、メール通知とモバイル通知が利用できます。**メール通知はその名の通り、指定した件名や本文のメールが自身に届く通知方法**です。**設定項目も少なく簡単に利用できる一方で、本文には単純なテキストしか指定できないなど制約もあります。**実際の業務での利用には、［Office 365 Outlook］コネクタを利用する機会の方が多いでしょう。

一方の**モバイル通知は、スマートフォンなどのモバイルデバイスにPower Automateアプリをインストールして利用できるプッシュ通知**です。日常的に利用しているほかのアプリ同様に、待ち受け画面に通知を表示することができます。

リンクも設定できるため、アップロードされたファイルにリンクを設定したいような今回の用途にも向いています。

05 スマートフォンに通知を表示する

[モバイル通知を受け取る]アクションでは、以下の表の通り[テキスト][リンク][リンクラベル]の設定が必要です。[リンク]にはURLを設定し、[リンクラベル]にはそのリンク先が何であるかが分かりやすいテキストを指定します。

■[モバイル通知を受け取る]の設定項目

設定項目	設定内容
テキスト	プッシュ通知に表示する文字を指定する
リンク	通知の詳細に表示されるリンクのURLを指定する
リンクラベル	通知の詳細に表示されるリンクのテキストを指定する

通知は限られた情報しか表示できないため、簡潔で分かりやすくあるべきです。必要な情報は、何に対して何が起きたかの2点です。例えば今回の場合は、どのライブラリに何がアップロードされたのかが明確になっているのが好ましいです。そのため「申請ライブラリに出張申請書がアップロードされました」といった通知を作成するために、ファイル名である[名前]をトリガーの動的なコンテンツから利用します。通知の詳細を開いたときには、アップロードされたファイルの内容を確認したくなるはずなので、ファイルへのリンクを含めておきます。動的なコンテンツから[アイテムへのリンク]を選択することで、ファイルを開くためのURLを利用できます。

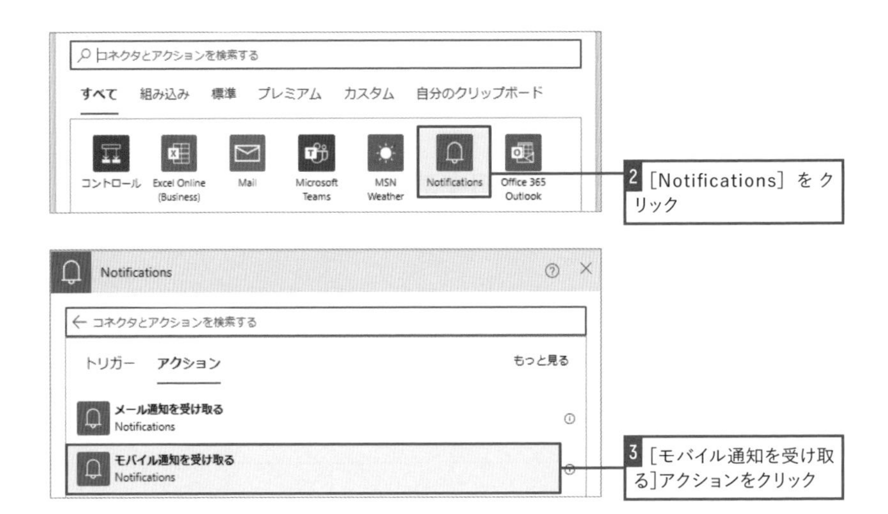

■ [モバイル通知を受け取る] アクション

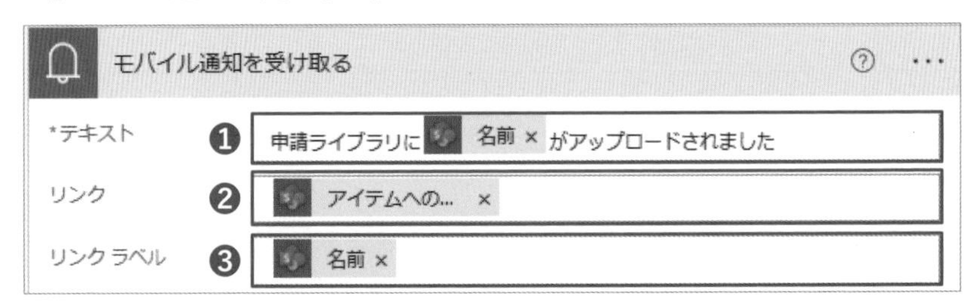

❶「申請ライブラリに」と入力し、動的なコンテンツから [名前] を選択。さらにそのあとに「がアップロード されました」と入力

❷ 動的なコンテンツから[アイテムへのリンク]を選択

❸ 動的なコンテンツから[名前]を選択

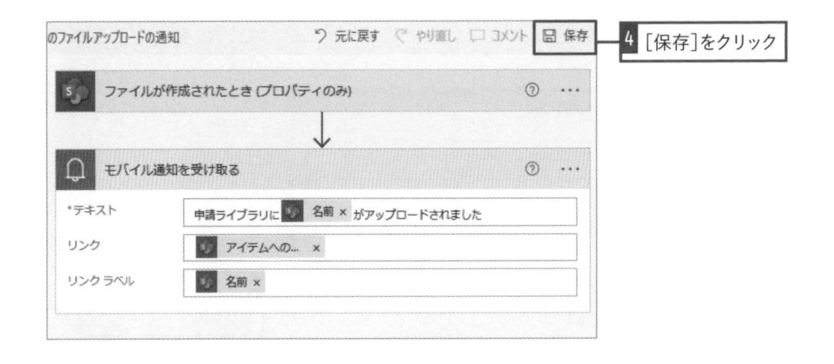

■ フローをテスト実行する

1 ［申請ライブラリ］に練習用ファイル［出張申請書］ファイルをアップロード

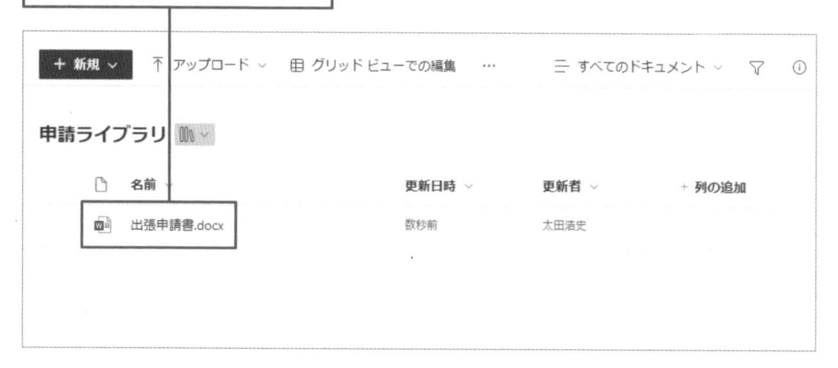

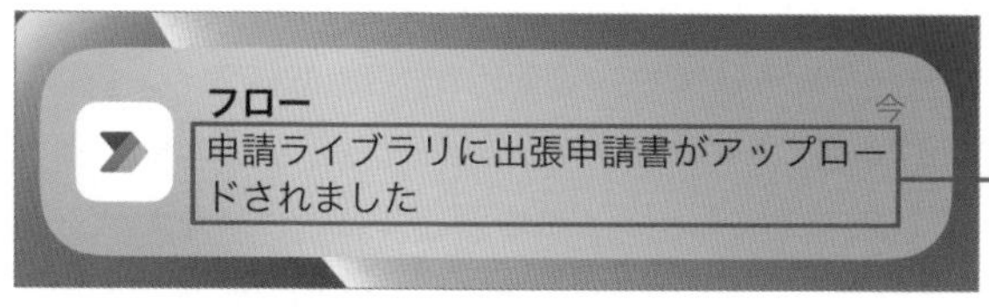

スマートフォンに通知が表示された

通知の内容は簡潔で分かりやすくする

分かりにくい通知の例

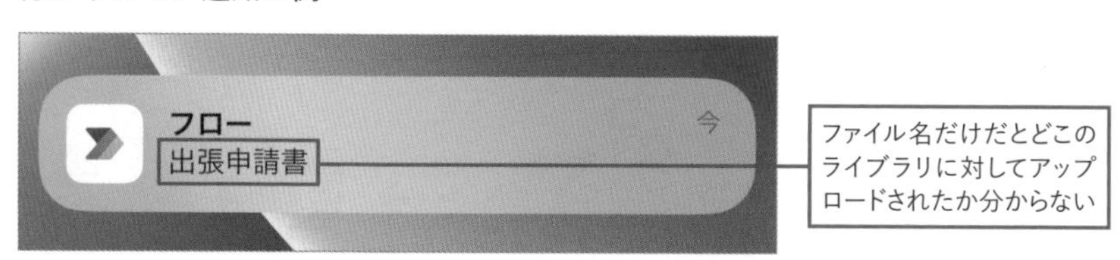

柔軟に機能を使い分けることも大切

今回はPower Automateを利用して、SharePointライブラリにファイルがアップロードされたときに通知を送るフローを作成しました。しかし、SharePointライブラリ自体にも「通知」機能があり、ファイルがアップロードされたときにメール通知を受け取ることができます。SharePoint標準の通知機能で要件を満たすのであれば、わざわざPower Automateでフローを作成する必要はありません。Power Automateを利用するときには、それぞれのサービスの標準機能もしっかりとチェックしましょう。

LESSON 12

気になるニュースをメンション付きでチームに投稿

業務に必要なニュースの情報を、自動的に集めてきてくれたら嬉しいですよね。多くのサイトで提供されているRSSの仕組みを上手に利用することで、これを実現できます。さらにGoogleニュースと組み合わせることで、より多くの最新情報を簡単に集められます。

01 フローで情報収集の手間を削減

社外の情報収集にPower Automateを活用することもできます。顧客企業やパートナー企業の動向、特定のキーワードに関するニュースを自動的にチェックできます。こうした情報を定期的に確認する手間を削減できるため、業務の効率化にもつながります。Teamsで利用しているチームのチャネルに投稿するため、あらかじめ投稿先を準備しておきましょう。こうした通知の投稿先には、専用のチャネルを作成した方がより便利です。

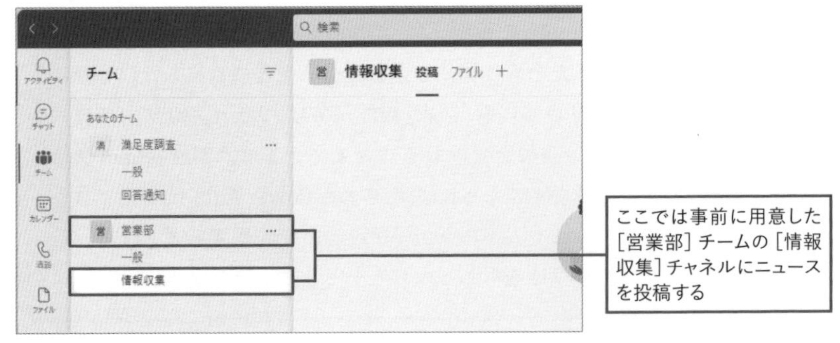

02 RSSを使い情報共有を効率化

多くの企業のWebサイトやニュースサイトには、RSSという仕組みがあります。各サイトから発行されるRSSを、RSSリーダーという専用ツールに登録しておくことで、**わざわざそのサイトにアクセスしなくても、更新情報や新着情報をチェックすることができます。**こうした**RSSをPower Automateから読み込むことで、RSSリーダー代わりにTeamsに通知を送ることができます。**

例えばImpress Watch（https://www.watch.impress.co.jp/）では、トップページにあるオレンジ色のRSSアイコンからURLを取得することができます。RSSのURLを開くと、リーダーに取り込むためのXMLと呼ばれる形式で、更新情報が表示されます。

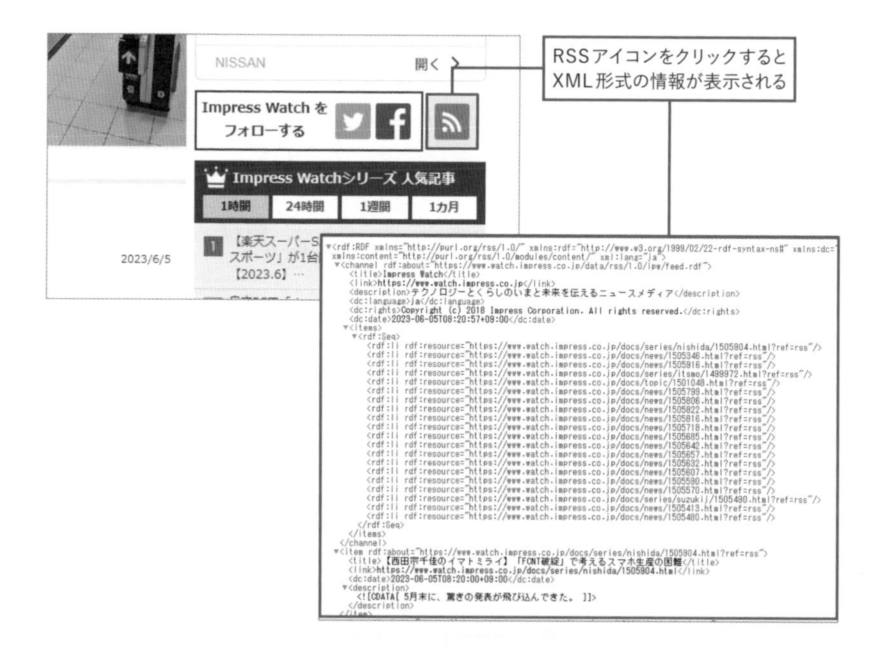

RSSには記事のタイトルやURLなどの情報が、決められた形式で含まれています。次のページからは、Googleニュースを利用してRSSを取得する方法を紹介します。

03 GoogleニュースのRSSを活用

より多くのサイトの更新情報を取得するには、Googleニュース（https://news.google.com/）を利用するのが便利です。Googleニュースを開き、収集したいニュースのキーワードを検索欄に入力します。

また、このとき、1時間以内のニュースを取得するように設定を変更しておきます。**ニュースの検索結果のRSSを取得するには、URLを少し書き換える必要があります。URLのnews.google.comとsearchの間に「/rss/」を追加します。**書き換え後のURLにアクセスすると、XML形式でニュースの検索結果が表示されます。このURLをPower Automateから利用するので、メモしておきましょう。

■ Googleニュース

https://news.google.com/

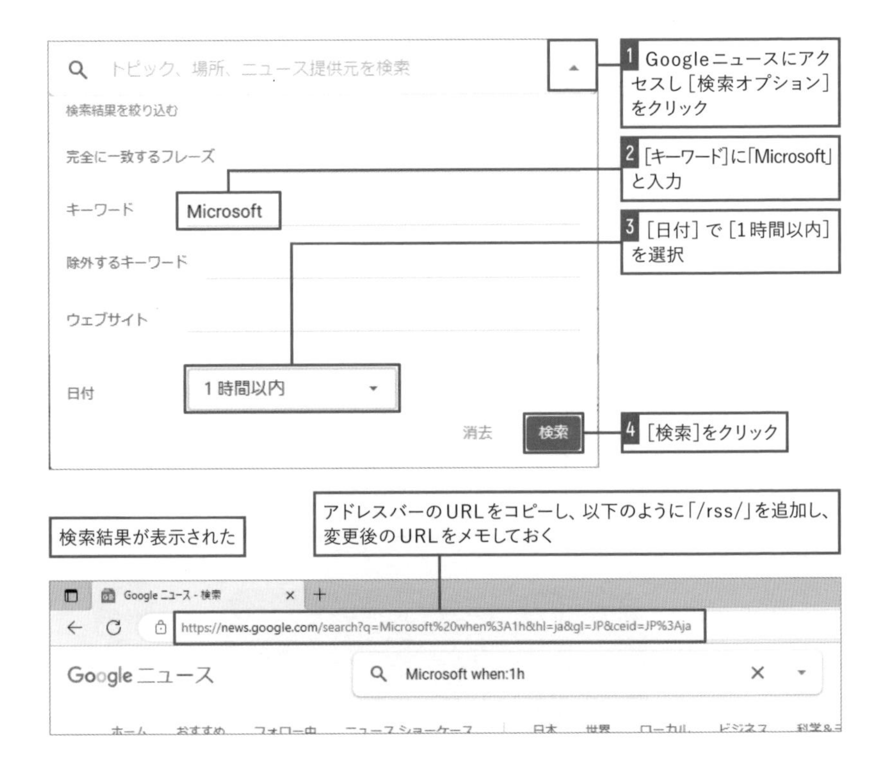

元のURL

https://news.google.com/search?q=Microsoft%20when%3A1h&hl=ja&gl=JP&ceid=JP%3Aja

↓

変更後のRSSのURL

https://news.google.com/rss/search?q=Microsoft%20when%3A1h&hl=ja&gl=JP&ceid=JP%3Aja

news.google.comとsearchの間に「/rss/」を追加

04 RSSがトリガーのフローを作成

RSSの内容が更新されたら、自動的に実行されるフローを作成します。[自動化したクラウドフロー] から作成をはじめて、RSSコネクタの [フィード項目が発行される場合] トリガーを利用します。

RSSトリガーの設定では、[RSSフィードのURL] に、メモしておいたGoogleニュースのRSSのURLを入力します。

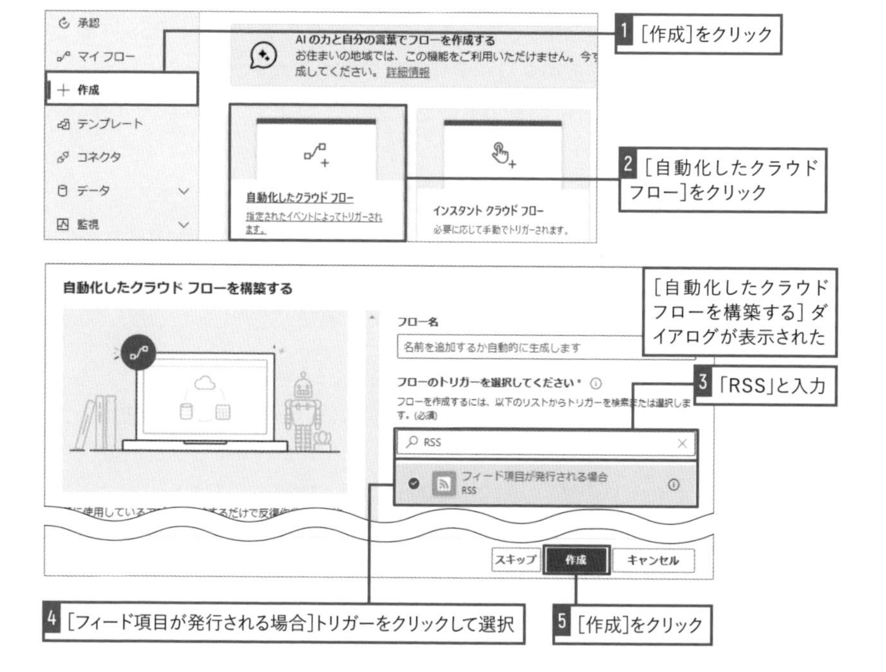

■［フィード項目が発行される場合］トリガー

❶ GoogleニュースのRSSのURLを入力

❷［PublishDate］が選択されていることを確認

「PublishDate」とは？

［選択したプロパティを使用して新しいアイテムを判断します］で設定した［PublishDate］は、RSSに含まれる各記事の公開日の情報を指します。RSSによっては「PubDate」と表記されていることもあります。RSSコネクタのトリガーは、前回のフロー実行時間とRSSに含まれるPublishDateの時間を比較して、新着記事の有無を判断しています。まれにですが、RSSにこの値が含まれていないこともあり、そうした場合にはPower Automateからは利用できないこともあります。

RSSトリガーの更新確認は30分おき

RSSトリガーは、RSSに更新がないかの確認を30分おきに行っています。これは、ポーリングと呼ばれるもので、定期的にアクセスして更新情報を確認する動作です。こうした情報は、Microsoftの公式ドキュメントに記載されています。より詳しく知りたい場合には、確認してみましょう。

■ **RSS - Connectors | Microsoft Learn**
https://learn.microsoft.com/ja-jp/connectors/rss/

05 ユーザーへのメンションを作成

今回は、Teamsの機能であるメンションを利用した投稿を作成します。投稿にメンションを付けることで、新しい投稿があるとTeamsのアクティビティに通知が届くため、より気付きやすくなります。

ユーザーへのメンションを作成するには、[Microsoft Teams]コネクタの[ユーザーの@mentionトークンを取得する]アクションを利用します。このアクションでは、[ユーザー]の設定に、メンションしたい相手のMicrosoft 365のメールアドレスを入力します。自分にメンションしたい場合は、自分のメールアドレスを入力しましょう。

このアクションから出力される動的なコンテンツをチームへ投稿するメッセージに含めることで、メンション付きの投稿が作成できます。

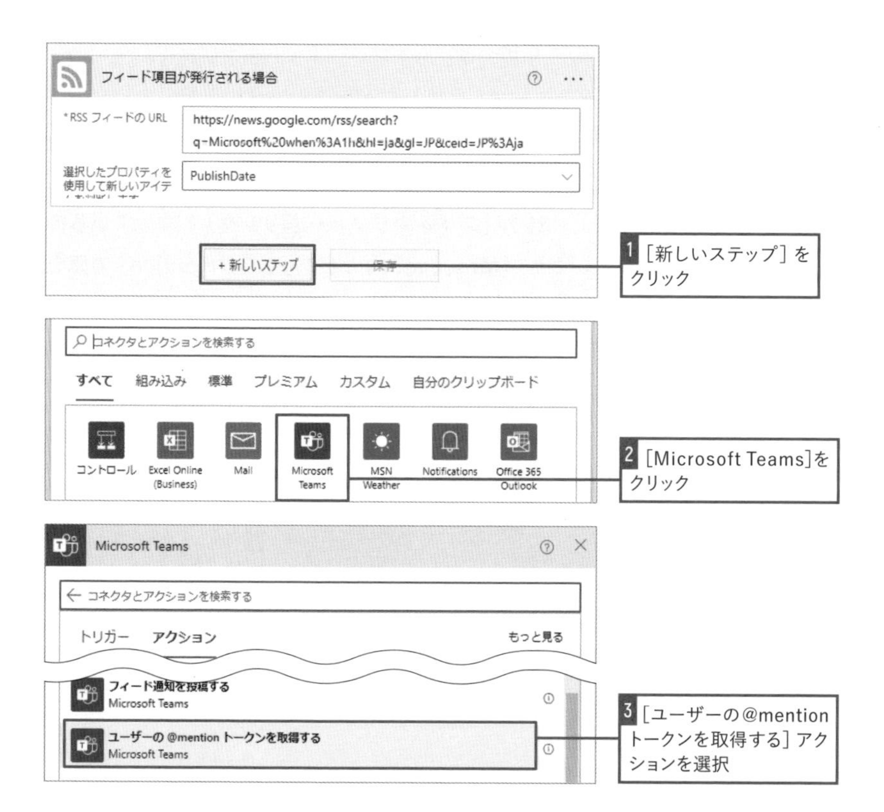

■ [ユーザーの@mentionトークンを取得する] アクション

❶ 自分のメールアドレスを入力

06 チームにニュースの通知を投稿する

チームにニュースの通知を投稿するには、Teamsコネクタの[チャットまたはチャネルでメッセージを投稿する]アクションを利用します。今回は投稿者として[フローボット]を選択します。**フローボットとは、人に代わってチャットを投稿できるロボットのようなアカウント**です。**[ユーザー]を選択すると、自分のアカウントとしてチームに投稿することになるため、アクティビティの通知が届きません。**自分に対するメンションの通知を受け取りたい場合は、必ずフローボットを選びましょう。

あとは、投稿先のチームとチャネルを選択し、[Message]に通知の内容を設定していきます。RSSの情報を含む通知の場合、必要な情報は記事の名前とそのURLでしょう。**RSSトリガーから取得される動的なコンテンツの内、記事の名前が[フィードタイトル]、URLが[プライマリフィードリンク]となっているのでこれらが利用できます。**また、**[Message]内のどこかに[@mention]の値を含めることで、その投稿にはメンションが含まれるようになります。**

さらに、**投稿に含むURLをクリック可能なリンクとするには、[Message]の編集をコードビューに切り替えて行います。**HTMLのaタグを記述することで、リンクを投稿に挿入できます。簡単なHTMLの使い方を少し知っておくだけで、こうした投稿作成時の表現力が高まります。

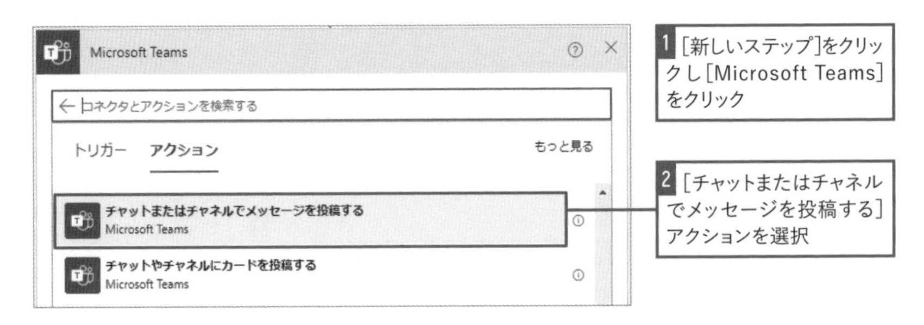

■ ［チャットまたはチャネルでメッセージを投稿する］アクション

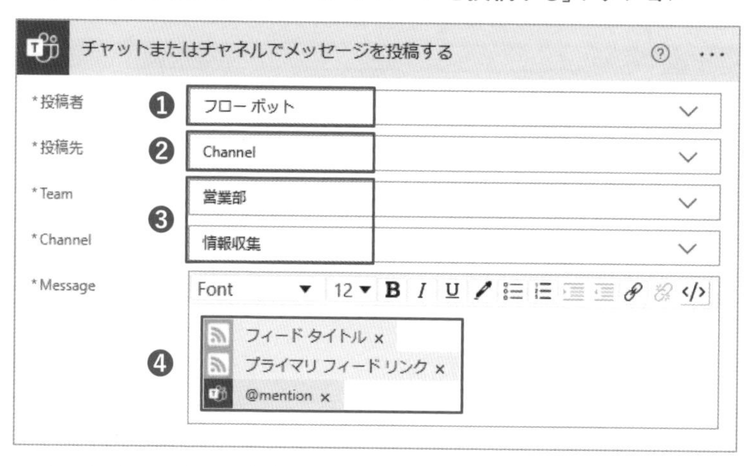

❶［フローボット］を選択

❷［Channel］を選択

❸ 投稿先のチーム［営業部］と投稿先のチャネル［情報収集］を選択

❹ 改行しながら動的なコンテンツから［フィードタイトル］［プライマリフィードリンク］［@mention］を選択

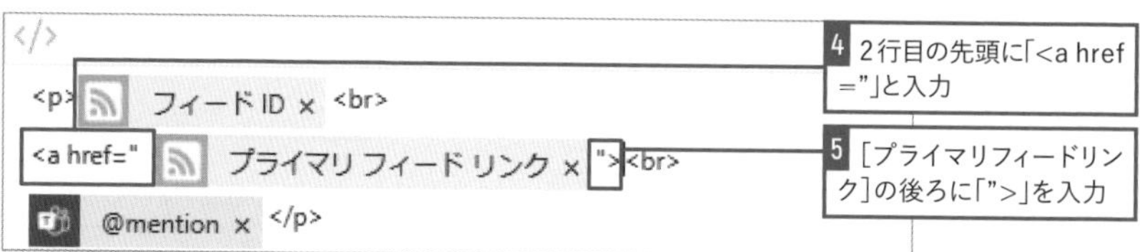

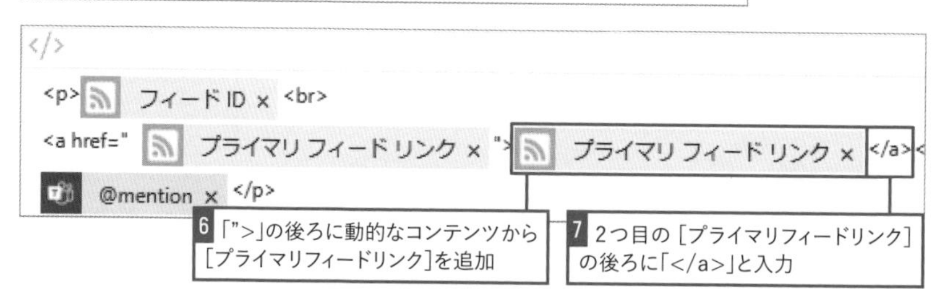

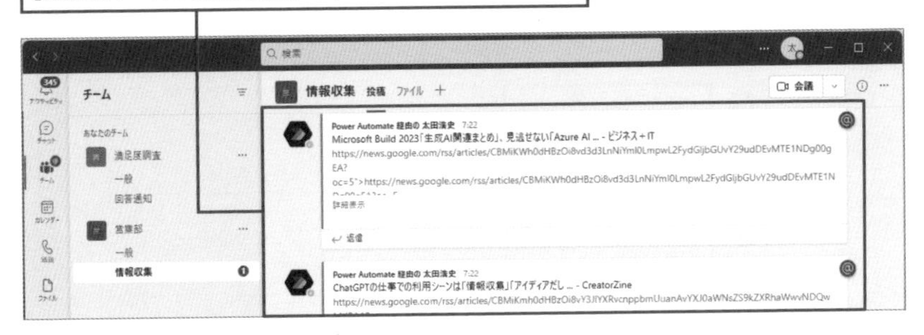

このフローを保存したら、RSSが更新されるまで気長に待ちましょう。RSSに新しいニュースが追加されると、チームのチャネルにメンション付きの投稿が作成されます。

さらに上達!

Teamsの機能を活用し、より多くの人に通知されるようにする

チームに新しい投稿がされたときにアクティビティの通知を受け取るには、メンションを利用する以外にもチャネルに通知設定を行う方法があります。フローボットが投稿するチャネルの通知設定で、すべての新しい投稿を［バナーとフィード］に設定しましょう。この方法は、投稿に対するアクティビティの通知を受け取りたい人が多くいる場合に便利です。チームにニュースを投稿するチャネルを作成しておき、通知を受け取りたい人には個別にチャネルの通知設定を行ってもらうようにしましょう。このように場合によっては、Teamsの機能を上手く組み合わせて、要件を満たせるように工夫することも大切です。

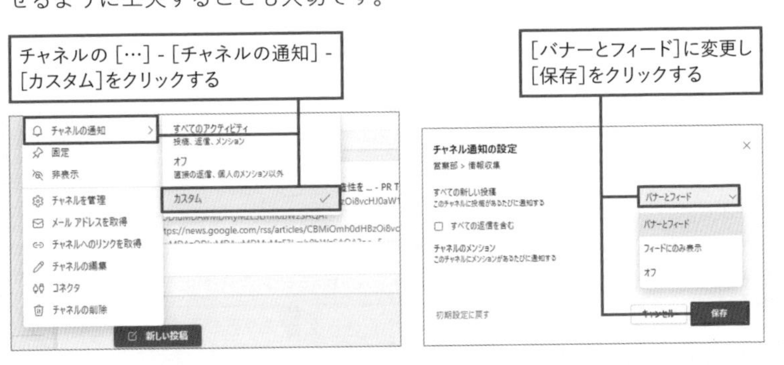

LESSON 13

気になるニュースをメールでまとめて読む

LESSON12では、公開されたニュースごとにTeamsに投稿しました。通知の数が多い場合には、1週間に1回、メールでまとめてほしいこともあります。同様な業務でも要件が少し異なれば、作るべきフローも異なります。違いを意識しながら作成しましょう。

01 月曜日の朝に気になるニュース一覧をチェック

月曜日の朝は気になるニュースのチェックから始めましょう。あらかじめ設定しておいた、特定のキーワードに関するニュースの一覧を作成できます。一覧に含まれるニュースの件数が多い場合には、メールで受信すると見やすいため、LESSON12で紹介したGoogleニュースのRSSで取得できるニュース一覧を、月曜日の朝にメールで受信するフローを作成します。

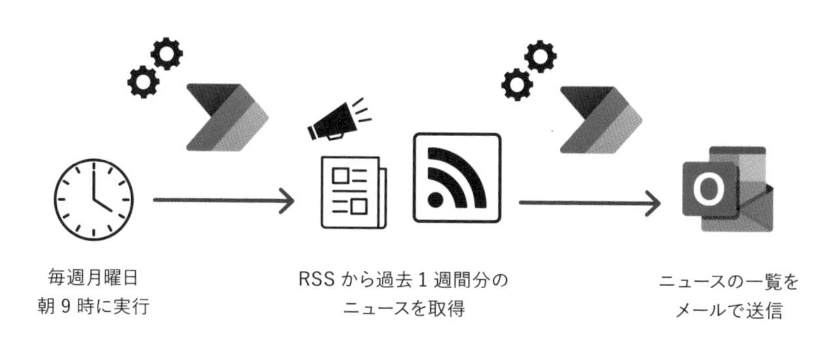

LESSON12とは、ニュースの通知を受け取る方法やタイミングが異なります。それによって、フローの作成方法がどのように異なるかを見ていきましょう。

02 スケジュールトリガーで毎週月曜日の朝に実行

今回のフローは、毎週月曜日の朝9時に定期的に実行してみましょう。こうした場合には、[スケジュール] トリガーを利用します。このトリガーを利用すると、1時間おき、1日おき、1カ月おきなどの指定した間隔で実行できます。ほかに、毎週の月曜日と木曜日に実行するなど、曜日を指定してフローを実行することも可能です。[スケジュール] トリガーは、[スケジュール済みクラウドフロー] で利用できます。

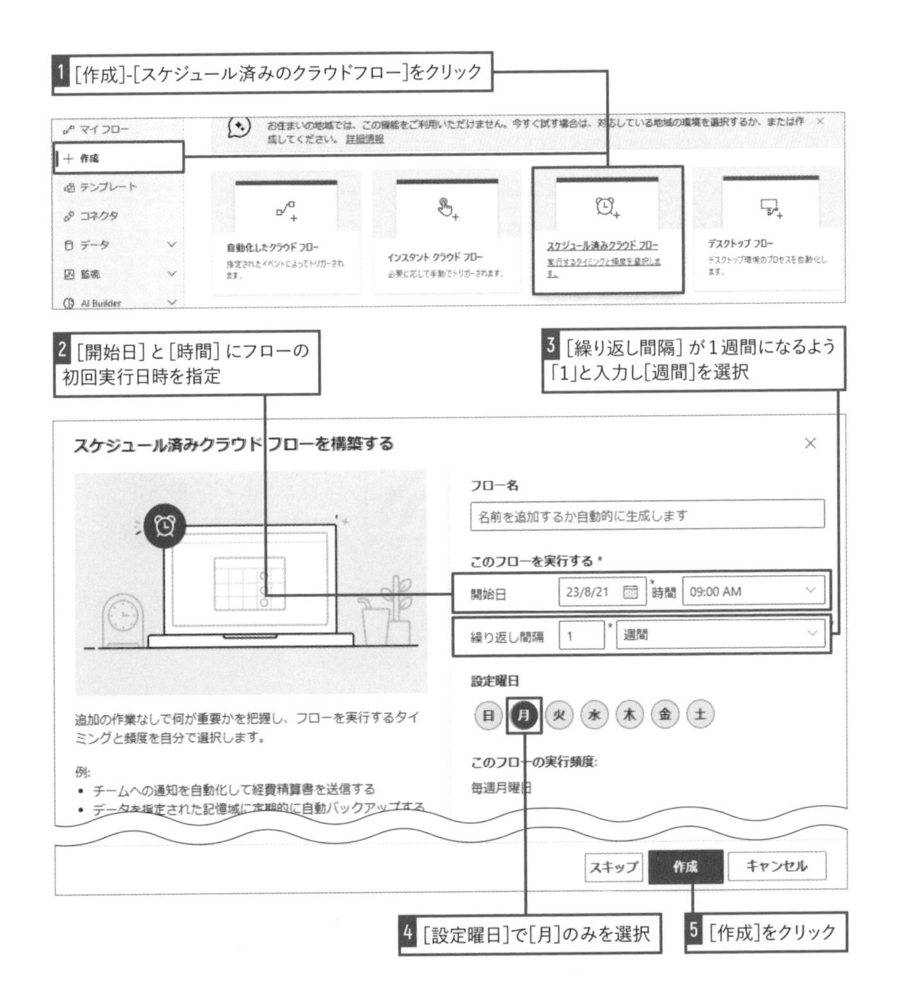

03 RSSで過去1週間のニュースを取得

LESSON12でも紹介したGoogleニュースのRSSを利用し、過去1週間のニュースを取得します。ニュースの検索条件にキーワードを設定するところは同じですが、[日付]の設定では[1週間以内]を選択し、フローの実行間隔に合わせて1週間以内のニュースだけを取得するようにします。そのあとは検索結果画面のURLを書き換え、RSSを取得するためのURLを作成しメモしておきましょう。

フローからRSSを取得するために、[RSS]コネクタの[すべてのRSSフィード項目を一覧表示します]アクションを利用します。このアクションでは、[RSSフィードのURL]に、先ほどメモしておいたRSSを取得するためのURLを設定します。そのほかの設定は、そのままで構いません。

■ Googleニュース

https://news.google.com/

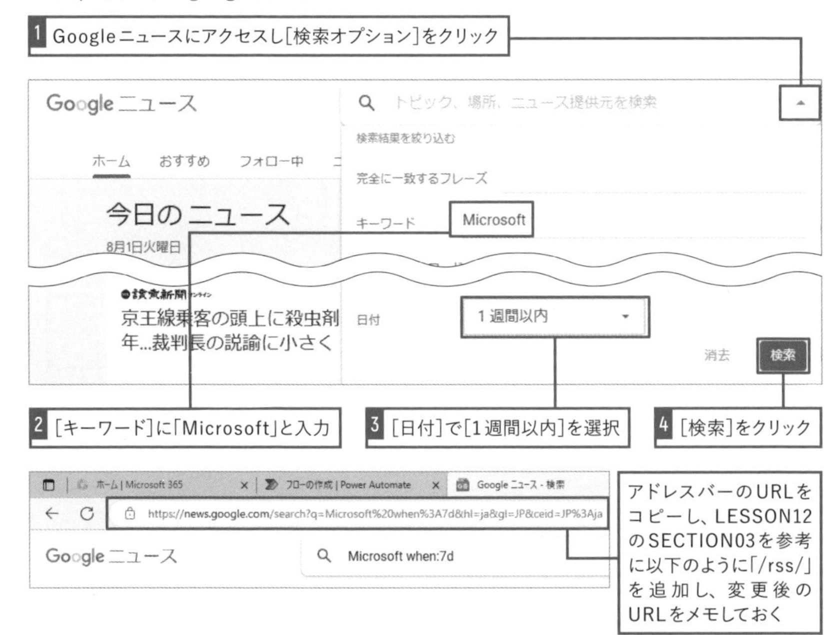

変更後のRSSのURL

https://news.google.com/rss/search?q=Microsoft%20when%3A7d&hl=ja&gl=JP&ceid=JP%3Aja

■ [すべてのRSSフィード項目を一覧表示します] アクション

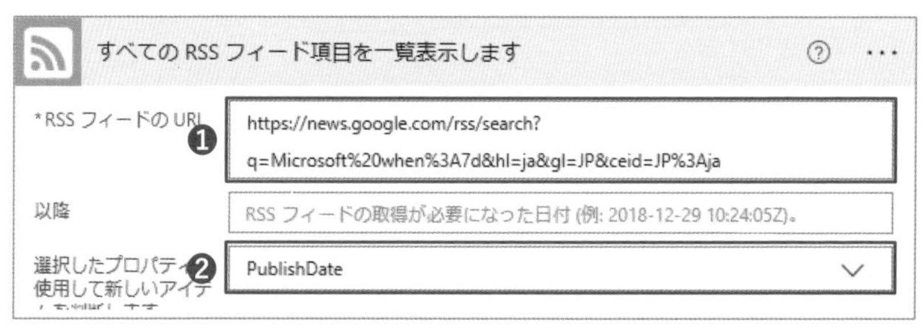

❶ GoogleニュースのRSSのURLを入力

❷ [PublishDate] が選択されていることを確認

ここまでで、フローが実行されたタイミングの過去1週間分のニュースを取得できました。ここから先の手順では、それらのニュースを一覧化したメール本文を作成します。

04 ニュースの一覧を表形式にする

RSSで取得したニュースの一覧を、メールでも見やすくするために表形式に直しましょう。メールに表を挿入するためには、HTMLのテーブルタグを利用しますが、[データ操作] の [HTMLテーブルの作成] アクションを利用すると簡単です。フローにアクションを追加したら、[開始] の設定には動的なコンテンツの[すべてのRSSフィード項目を一覧表示します]から[body]を選択します。さらに、[詳細オプションを表示する] をクリックし、[列] を [カスタム] に変更します。ここでは、テーブルの各項目のタイトル行となる[ヘッダー]と、その項目の[値]をそれぞれ指定できます。このとき、ヘッダーにHTMLのaタグを記述しておき、リンクをクリックできるようにしておくと便利です。

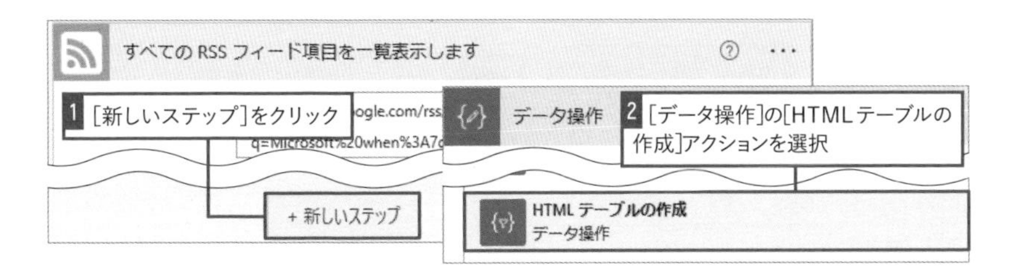

■ [HTMLテーブルの作成] アクション

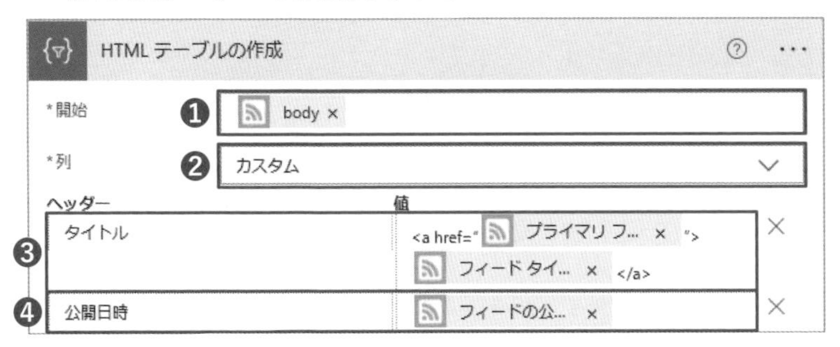

❶ 動的なコンテンツから[body]を選択

❷ [カスタム]を選択

❸ [ヘッダー]に「タイトル」と入力。[値]には次の「ここもポイント!」を参考に「<a href="[プライマリフィードリンク]">[フィードタイトル]</a>」を設定

❹ [ヘッダー]に「公開日時」と入力。[値]には動的なコンテンツから[フィードの公開日付:]を選択

HTMLの入力では事前に作成したテキストを置き換えると楽

[値]に入力したような設定を行う場合は、事前にメモ帳などのテキストエディターでHTMLを書いてコピーすると楽に行えます。テキストエディターで書いた「<a href="リンク">タイトル</a>」のようなHTMLをアクションの設定にコピーし、リンクを動的なコンテンツの[プライマリ フィード リンク]に、タイトルを[フィード タイトル]にそれぞれ置き換えます。

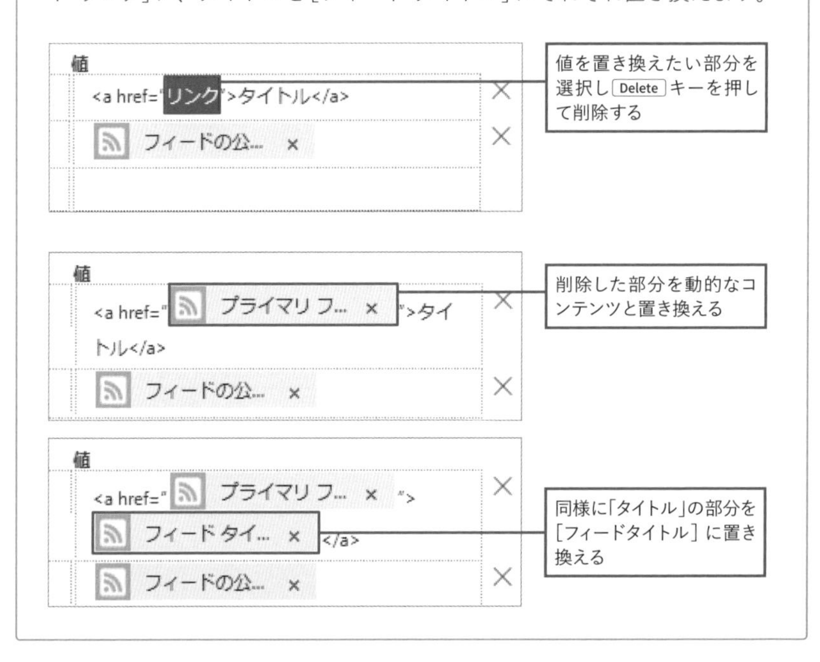

練習用ファイル L013_replace関数.txt

05 テーブルのHTMLタグを修正する

このままでは、せっかく指定したHTMLのaタグが正しく認識されません。それは、記述した「<」や「>」が「<」や「>」に、「"」が「"」に内部的に変換されてしまっているからです。タグとして認識させるためには、これを元の「<」や「>」に戻す必要があります。こうした値の変換には、式を利用するのが便利です。replace関数を利用し、それぞれの文字を置き換えることができます。関数の使い方については、第5章で改めて詳しく紹介します。

```
replace(
   replace(
      replace(
         body('HTML_テーブルの作成'),
         '&lt;',
         '<'
      ),
      '&gt;',
      '>'
   ),
   '&quot;',
   '"'
)
```

この式を利用するために、フローに［データ操作］の［作成］アクションを追加します。アクションの設定では、［入力］に式を指定します。これによって、［作成］アクションからは、修正されたHTMLのタグが出力されます。

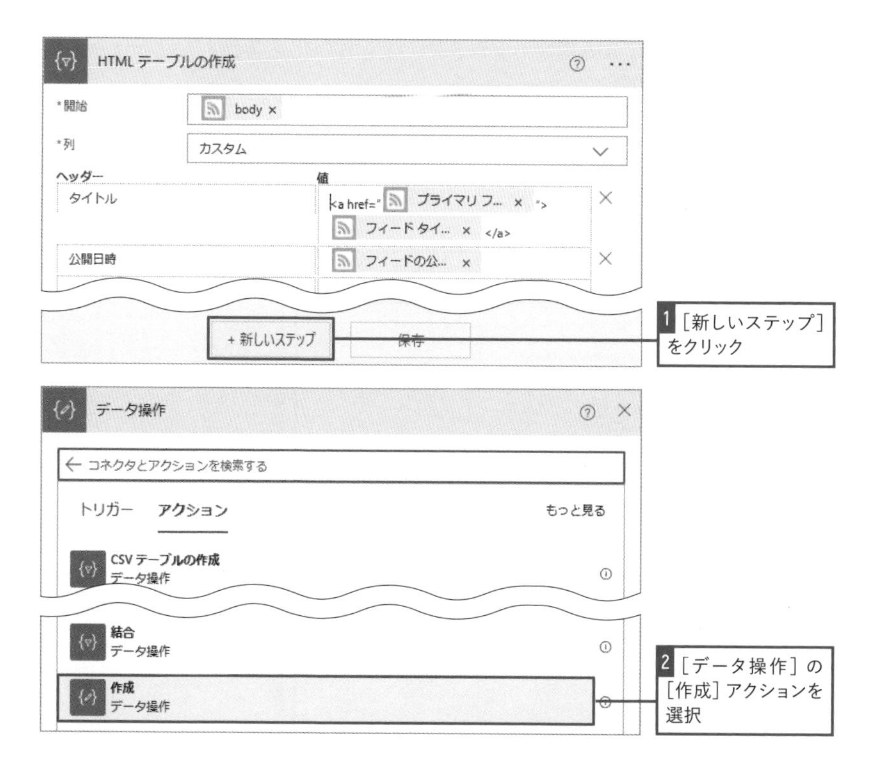

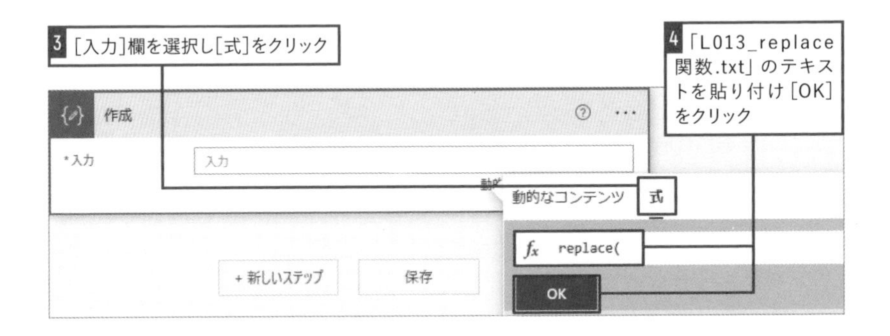

練習用ファイル L013_Styleタグのテキスト

06 スタイルを適用してテーブルを見やすくする

作成したテーブルのHTMLタグをそのままメールに挿入して送った場合、見た目が整えられておらず見づらくなってしまいます。そのため、HTMLのStyleタグを追加して、見た目を整えましょう。フローに［作成］アクションを追加し、次のようなStyleタグを設定します。このようなスタイルは、CSS（Cascading Style Sheets）と呼ばれる書式で書かれており、HTMLを装飾するために一般的に用いられるものです。

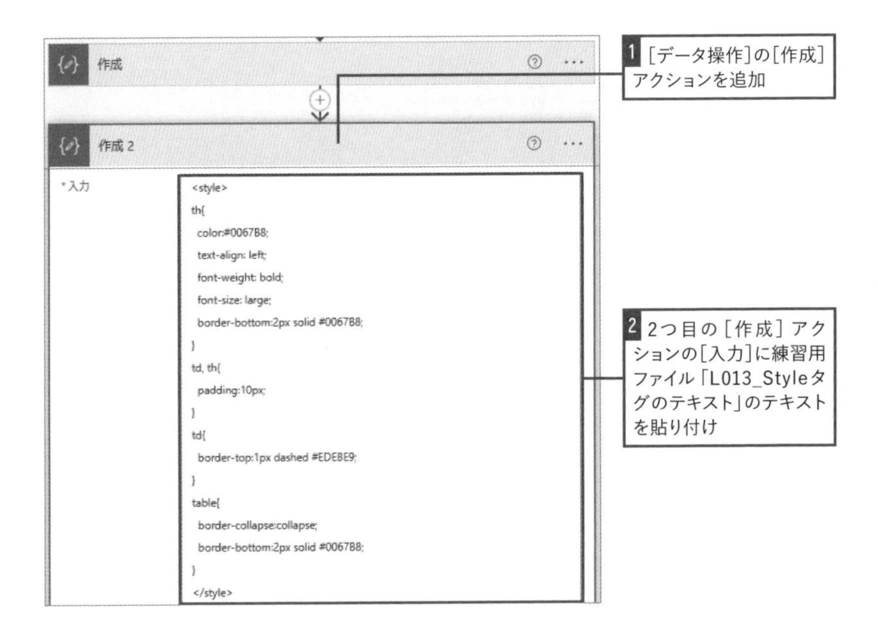

07 テーブルタグとスタイルを挿入したメールを送信

メールを送る準備が整いました。フローの最後に［Office 365 Outlook］コネクタの［メールの送信（V2）］アクションを追加します。［宛先］と［件名］を設定したあとに、［本文］には動的なコンテンツから、はじめに［作成 2］の［出力］を、次に［作成］の［出力］を順に挿入します。テーブルのタグよりもスタイルのタグが先に本文に挿入されるように注意しましょう。

フローが作成できたらテストしてみましょう。［スケジュール］トリガーは、インスタントフローと同様にテストで即時に実行できます。上手く動作すれば、RSSフィードから取得できたニュースの一覧がメールで届くはずです。

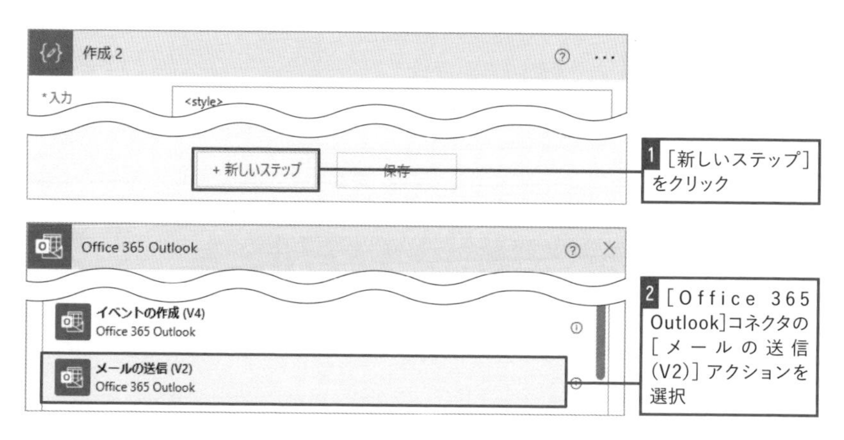

■［メールの送信(V2)］アクション

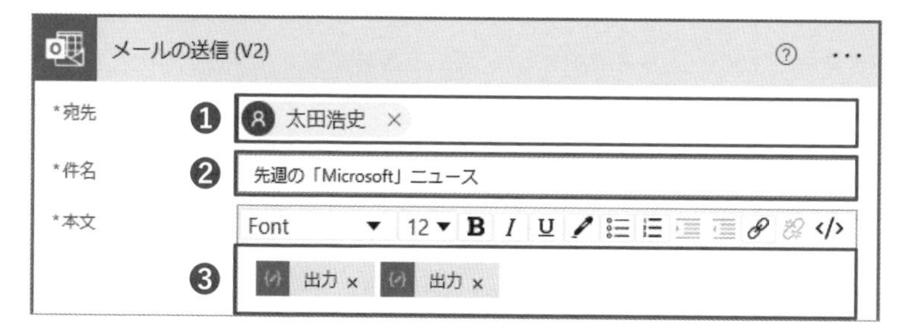

❶ 自分のメールアドレスを指定

❷ メールの内容が分かるよう「先週の「Microsoft」ニュース」と入力

❸ 動的なコンテンツから［作成 2］の［出力］と［作成］の［出力］を順に選択

■ フローをテスト実行する

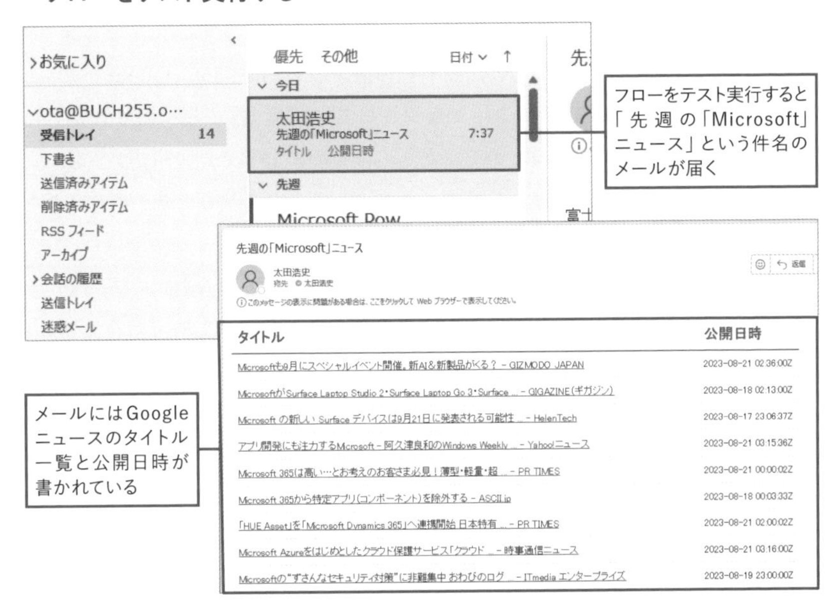

タイトル	公開日時
Microsoftも9月にスペシャルイベント開催。新AI&新製品がくる？ - GIZMODO JAPAN	2023-08-21 02:36:00Z
Microsoftが'Surface Laptop Studio 2'・Surface Laptop Go 3'・Surface ... - GIGAZINE(ギガジン)	2023-08-18 02:13:00Z
Microsoft の新しい Surface デバイスは9月21日に発表される可能性 ... - HelenTech	2023-08-17 23:06:37Z
アプリ開発にも注力するMicrosoft - 阿久津良和のWindows Weekly ... - Yahoo!ニュース	2023-08-21 03:15:36Z
Microsoft 365は高い…とお考えのお客さま必見！薄型・軽量・超 ... - PR TIMES	2023-08-21 00:00:02Z
Microsoft 365から特定アプリ(コンポーネント)を除外する - ASCII.jp	2023-08-18 00:03:33Z
「HUE Asset」を「Microsoft Dynamics 365」へ連携開始 日本特有 ... - PR TIMES	2023-08-21 02:00:02Z
Microsoft Azureをはじめとしたクラウド保護サービス「クラウド ... - 時事通信ニュース	2023-08-21 03:16:00Z
Microsoftの"ずさんなセキュリティ対策"に非難集中 おわびのログ ... - ITmedia エンタープライズ	2023-08-19 23:00:00Z

LESSON12とLESSON13で作成したそれぞれのフローを比べてみましょう。一般的には複数の情報をまとめて扱う場合に、フロー作成の難易度が高くなりやすいです。

少しの違いでフロー作成の難易度が変わる

LESSON12とLESSON13は、Googleニュースの情報を基に通知するフローを作成します。どちらも気になるニュースを通知しますが、ニュースが公開された都度通知するフローと1週間に1回まとめて通知するフローでは、作り方も大きく異なります。しかも、1週間に1回まとめて通知するフローでは、式や関数を利用したり、より詳しいHTMLの知識が必要になったりするなど、作成の難易度も高くなります。

ちょっとした要件の違いで、フロー作成の難易度が大きく変わることがよくあります。知識やスキルを身に付けて、難易度の高いフロー作成に挑戦するのも良いですが、要件を見直してより簡単に作成できるフローでも業務で十分利用できないかを検討することも大切です。

LESSON 14

ウェルカムメッセージを自動投稿する

フローは異なるサービス同士を連携させるだけでなく、1つのサービスにあたかも追加機能を足すような使い方もできます。よく利用するTeamsなどに機能を追加してみましょう。普段利用しているツールに欲しかった機能を追加することで、より便利に利用できます。

01 チームの新メンバーに自動でメッセージを送る

社内でTeamsを利用して情報共有のためのコミュニティを作成している場合、新メンバーを歓迎し発言しやすい雰囲気づくりを行うことが大切です。その施策として、新メンバーをほかのメンバーに紹介するウェルカムメッセージを投稿するなども効果があります。しかし、メンバーの出入りが多くなってくると、その度にモデレーターがウェルカムメッセージをチームに投稿するのは負担になってしまいます。そこで、このウェルカムメッセージの投稿を自動化してみます。このフローを作成するには、あらかじめTeamsにチームを作成しておきましょう。

チームにようこそ!

新しいメンバーが
チームに追加

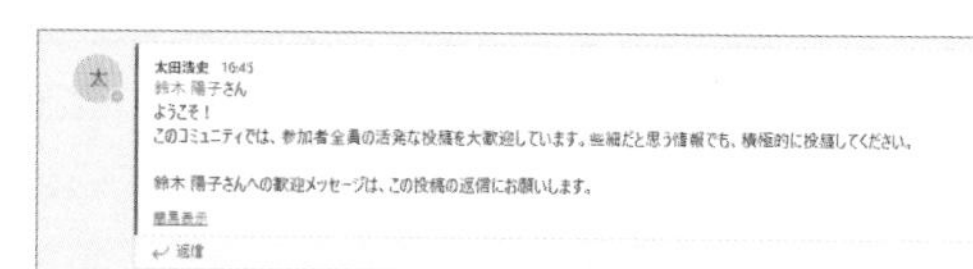

ウェルカムメッセージを
チームに投稿する

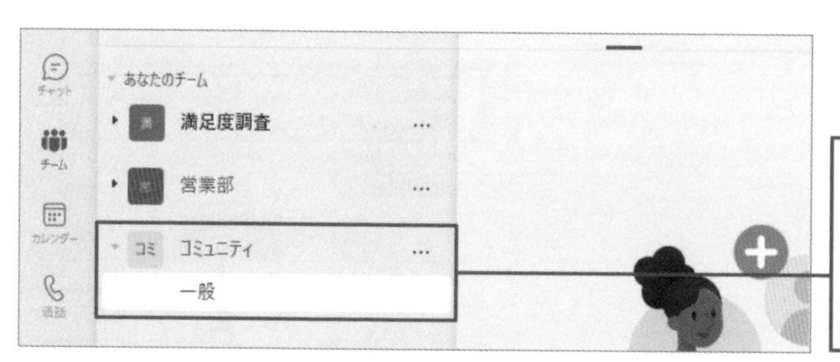

ここでは事前に用意した[コミュニティ]チームの[一般]チャネルにウェルカムメッセージが投稿されるようにする

活用編 第3章 さまざまな通知を作成して情報の見落としを防ぐ

02 メンバーが追加されたらフローを実行

Teamsのトリガーには、チームへメンバーが追加されたときにフローを動作させるものが用意されています。[自動化したクラウドフロー]から作成をはじめ、「メンバー」のキーワードでトリガーを検索し、Teamsの[新しいチーム メンバーが追加されたとき]を選択します。このトリガーでは、[チーム]の設定でウェルカムメッセージを送りたいチームを設定します。ここで選択したチームに新しいメンバーが追加されたときに、このフローが動作します。

また、**このトリガーは、新しいメンバーの確認を15分におきに行っています。そのため実際に利用するときには、メンバーが追加されてからメッセージが投稿されるまでに時間差があります。**

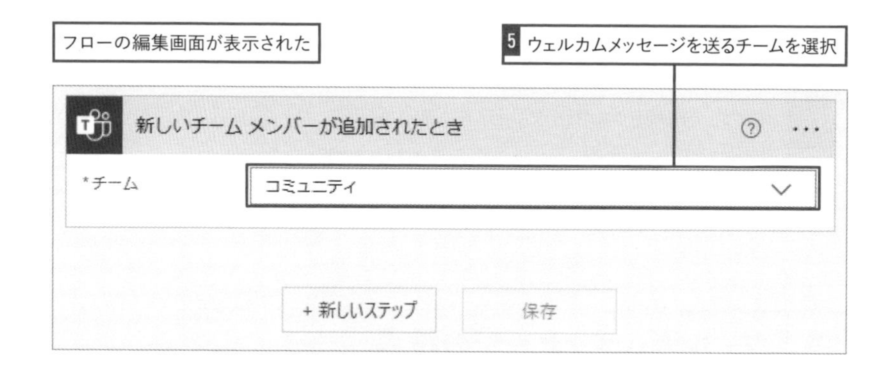

03 新メンバーへのメンションを作成

新メンバーがウェルカムメッセージに気付けるように、また、ほかのメンバーに新メンバーを知ってもらうためにも、投稿するメッセージにはメンションを設定しましょう。[Microsoft Teams] コネクタの [ユーザーの@mention トークンを取得する] アクションを追加します。**アクションの [ユーザー] の設定には、動的なコンテンツから [新しいチームメンバーが追加されたとき] トリガーの出力である [ユーザーID] を設定します。この値には、新メンバーを特定するためのIDが入っています。**

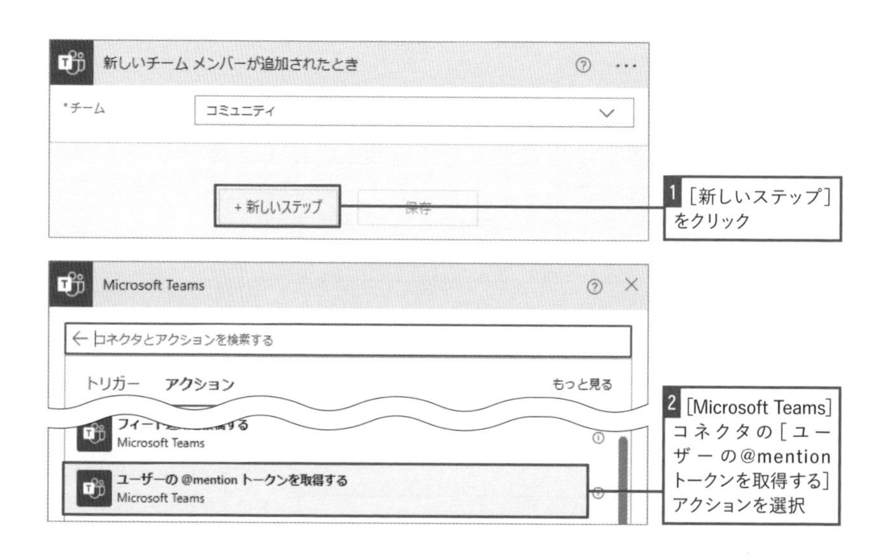

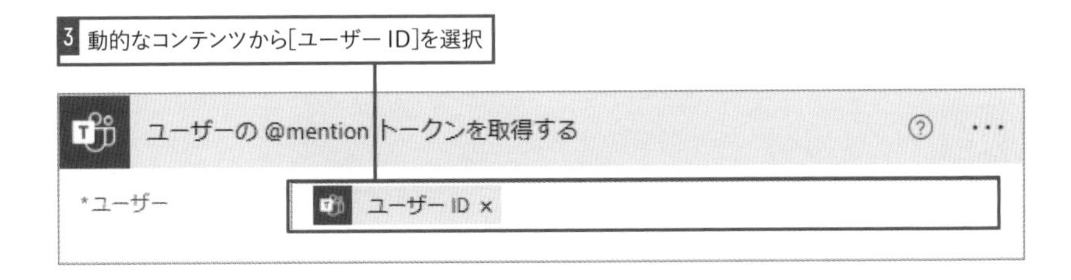

04 ウェルカムメッセージの投稿

それではチームにウェルカムメッセージを投稿しましょう。[Microsoft Teams] コネクタの [チャットまたはチャネルでメッセージを投稿する] アクションを追加します。自分自身のメッセージとして投稿するため、[投稿者] の設定では [ユーザー] を選択します。[投稿先] には [Channel] を選択し、メッセージの投稿先を [Team] と [Channel] で設定します。ウェルカムメッセージとなる [Message] には、新メンバーへのメンションを含めながら設定します。

フローが完成しました。テスト実行をしてみましょう。[テスト] をクリックし、[手動] でフローをテスト実行します。フローが実行されたら、チームにメンバーを追加します。

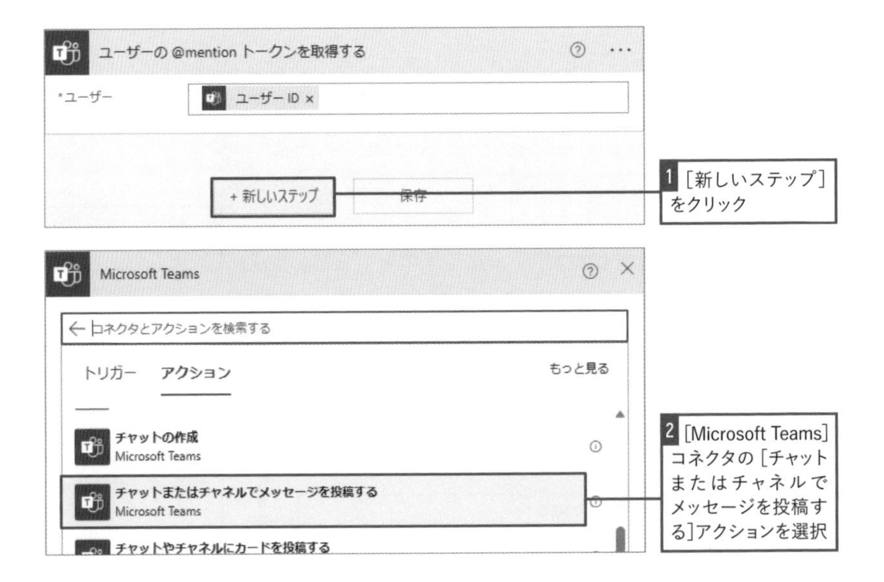

■ [チャットまたはチャネルでメッセージを投稿する] アクション

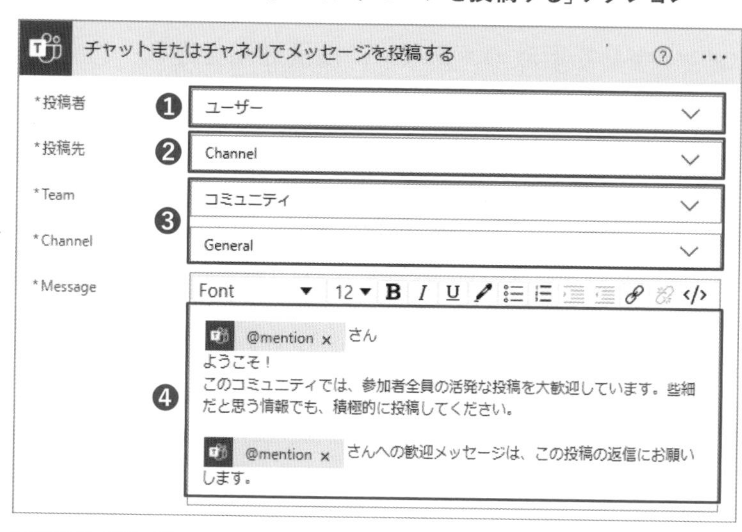

❶[ユーザー] を選択

❷[Channel] を選択

❸[コミュニティ] チームの [一般] チャネルに投稿するため [Team] は [コミュニティ] を、[Channel] は [General] を選択する

❹ 参加歓迎のメッセージを入力。動的なコンテンツの [@mention] は参加したユーザーの値が入っているため、これを利用し名前が投稿に表示されるようにする

■ フローをテスト実行する

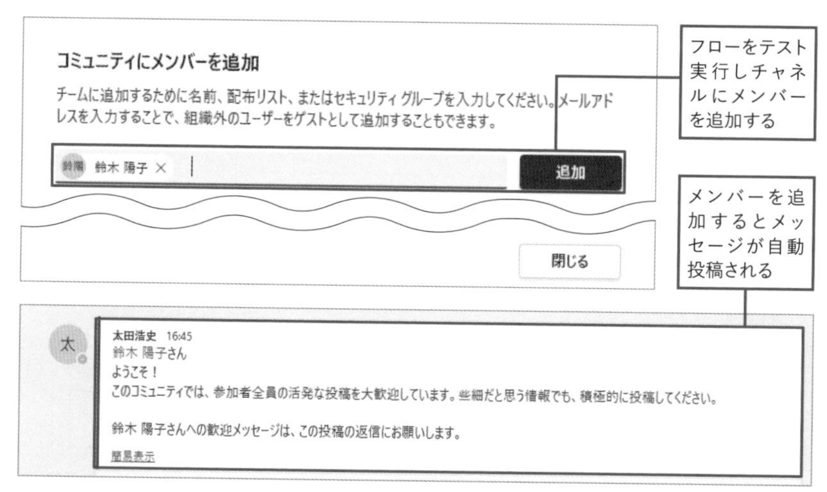

さらに上達!

タグメンションで複数のメンバーに投稿通知を送る

LESSON12やLESSON14では、Teamsのチームのチャネルにメッセージを投稿するときに、ユーザーへのメンションを利用しました。しかしユーザー個別のメンションは、通知したいユーザー数が増えてくると作成も面倒になります。そうしたときには、チームにあらかじめタグを作成しておき、タグメンションを利用すると便利です。フローからタグメンション付きの投稿をする場合は、[チャットまたはチャネルでメッセージを投稿する]アクションの[投稿者]が「ユーザー」を選択したときのみ行えます。

あらかじめチームにタグを作成しておく。ここでは「モデレーター」という名前のタグを作成した

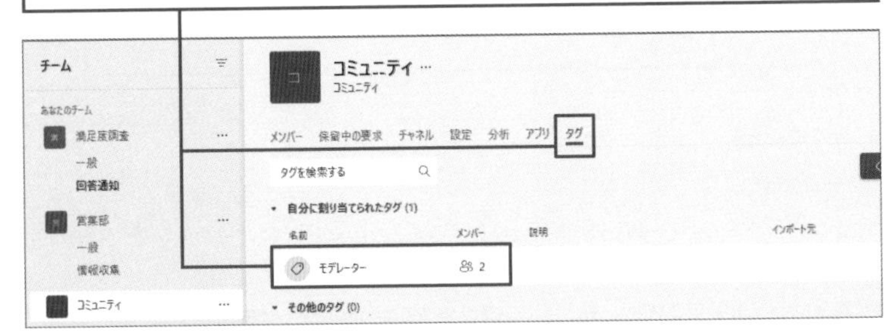

フローに[タグの@mentionトークンを取得する]アクションを挿入し、チームと作成したタグを選択する

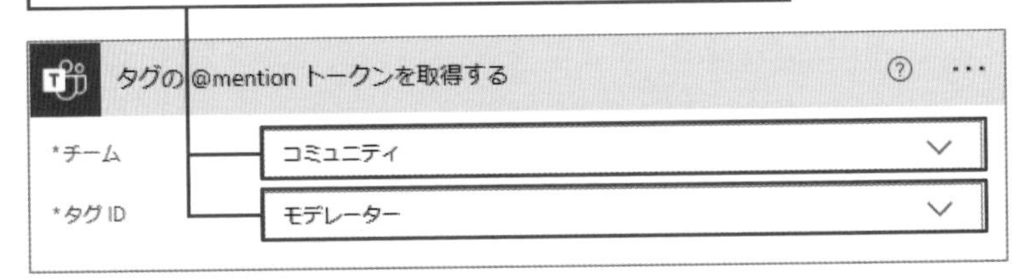

チャネルへの投稿時に本文に[@mentionタグ]を含める

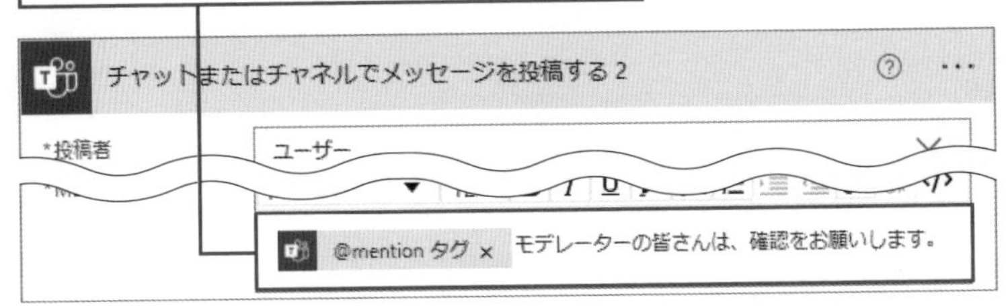

活用編

第4章

身近な業務に役立つフローで効率化

ここからは、身近な業務にも応用できるフローをいくつか紹介します。Power Automateを用いると、承認を伴う簡易なワークフローが作成できます。また、ファイルの変換やデータの転記、SharePointリストの不要なアイテムを削除するなどのメンテナンス作業も自動化できます。少しだけ複雑になりますが、一緒に作成してみましょう。

LESSON 15

Formsを利用した簡易ワークフロー

さまざまな業務で応用できる承認ワークフローは、多くの人がPower Automateで作成してみたいフローの1つでしょう。手軽に利用できるFormsと、フローの承認アクションを組み合わせて、入力フォームを備えた簡易なワークフローを作成してみましょう。

01 上司の承認が伴う業務を自動化する

今回は、多くの企業に同様の業務が存在し、上司から承認をもらうだけとプロセスが単純で、業務の流れもイメージもしやすい「有給休暇の取得申請」を例にフローを作成します。このように承認を得る必要のある業務は、メールが利用されているものも多くあります。しかし、承認に必要な項目をメールに書き忘れたり、上司も数多く届くメールから承認が必要なメールを見落としてしまったりなど、課題もあります。Power Automateを利用することで、こうした業務を改善できます。**申請者は、Formsのフォームによって申請に必要な内容の抜け漏れを防ぐ**ことができます。**上司も、Teamsで承認依頼を一覧で確認できるようになり、承認忘れを防ぐ**ことができます。

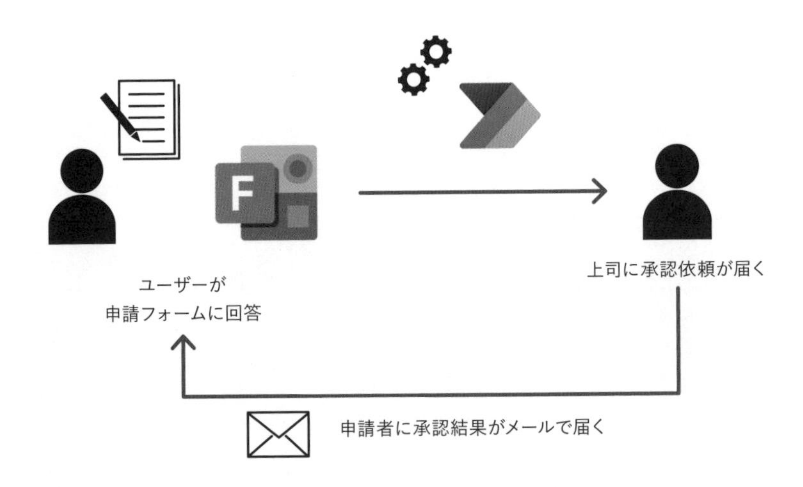

02 Formsに申請フォームを作成

フローを作成する前に、以下のフォームを作成しておきましょう。メールの問題点は、申請者が本文に申請内容を一から書かなければならず、必要な項目の抜け漏れが発生してしまうことにありました。そこで**Formsを利用し、申請に必要な項目を設問として用意することで、必要な内容を忘れることなくより簡単に入力できる**ようにします。**Formsで作成する申請フォームは、スマートフォンからも開いて入力することができ、外出先や移動中などでも利用できて便利**です。

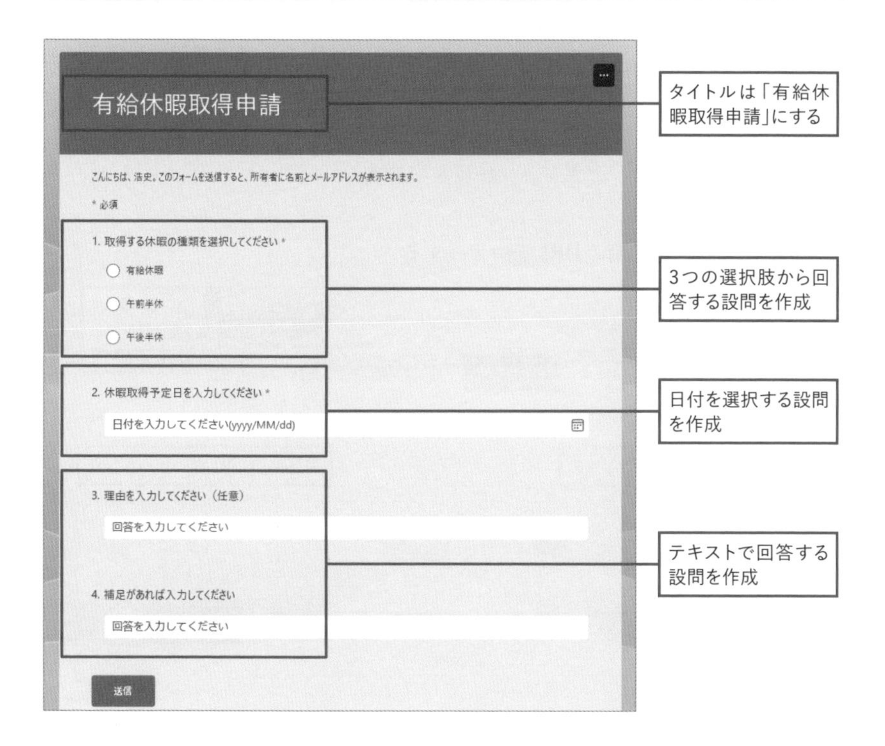

回答形式の種類や必須入力の設定は適切に行う

設問作成時に、選択肢や日付などの種類を適切に選ぶことで、フロー実行時に意図しない値が入力されることを避けられます。また、必須入力に設定することで、値が空であることを避けられます。

Teamsの共有フォームをPower Automateで利用する方法

Formsのトリガーやアクションなどで、Teamsのチームのチャネルにタブで作成した「共有フォーム」を選択できないという質問がよくあります。たしかに、トリガーやアクションの設定のドロップダウンからは選択できませんが、[カスタム項目の追加] を利用して共有フォームを指定することができます。カスタム値として指定するには、作成されたフォームを一意に特定するためのフォームIDが必要です。フォームIDの値は、回答フォームを開くためのURLに埋め込まれています。以下の手順で表示される回答用のURLをコピーします。このURLは、次のようになっており、「?id=」よりあとの部分が必要なフォームIDです。このフォームIDをコピーして、Formsのトリガーやアクションに設定します。

■ フォームの回答用のURLをコピーする

コピーしたURLは [メモ帳] アプリなどに貼り付け、以下のフォームID部分だけをさらにコピーする

https://forms.office.com/Pages/ResponsePage.aspx?id=09DcajjN10WEGFJGTxttsQunns0orc1MkLgXa4TMFT1UQkVXWDRMNUhSVFJPMk1IWDQzREhUV0ZNUiQlQCN0PWcu

フォームID

■取得したフォームIDをPower Automateで利用する

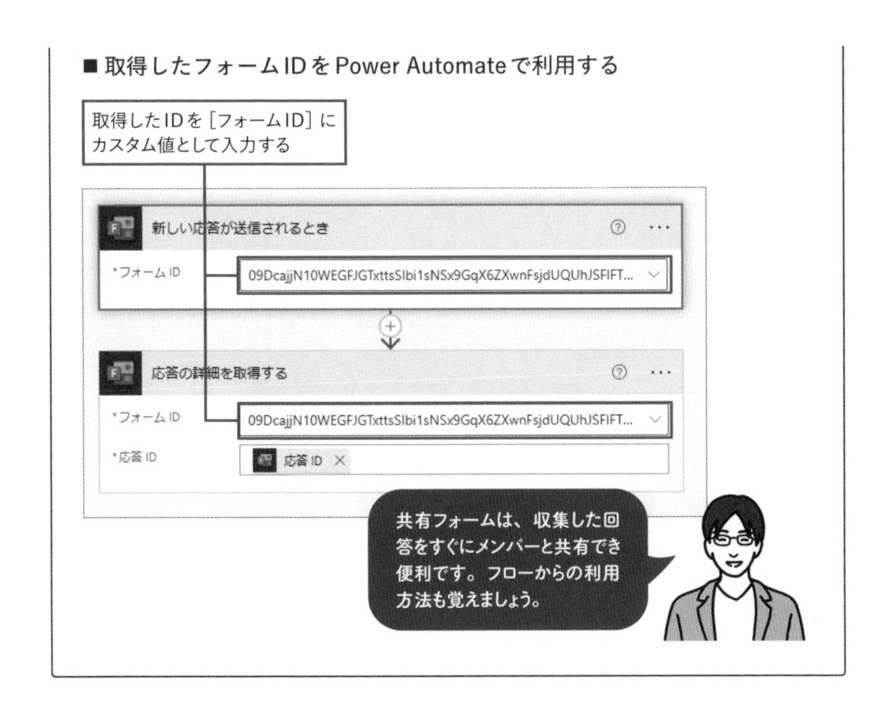

03 フローに承認アクションを追加する

LESSON10のSECTION04～05を参考にFormsをトリガーとしたフローを作成し、［応答の詳細を取得する］アクションの設定までを終えておきましょう。次に、このフローに承認のための［開始して承認を待機］アクションを加えます。

［承認の種類］を選択すると、アクションの追加設定項目が表示されます。［タイトル］には、承認者が見てひと目で依頼内容が分かるものにします。［担当者］には、承認者となるユーザーのメールアドレスを指定しますが、複数のユーザーを割り当てることができます。今回は、**承認の種類として「すべてのユーザーの承認が必須」のものを選択**しました。この場合、**［担当者］に入力されたユーザー全員から承認を受ける必要があり、誰か一人でも「拒否」した場合には、申請が却下されます。**ほかには、承認者が申請内容を把握できるように、［詳細］にFormsで作成した申請書に入力された内容を入れます。ここまでフローの作成を進めたら、一度保存してテスト実行してみましょう。申請書のフォームから申請を送信すると、承認者へメールやTeamsの通知で承認依頼が届くはずです。

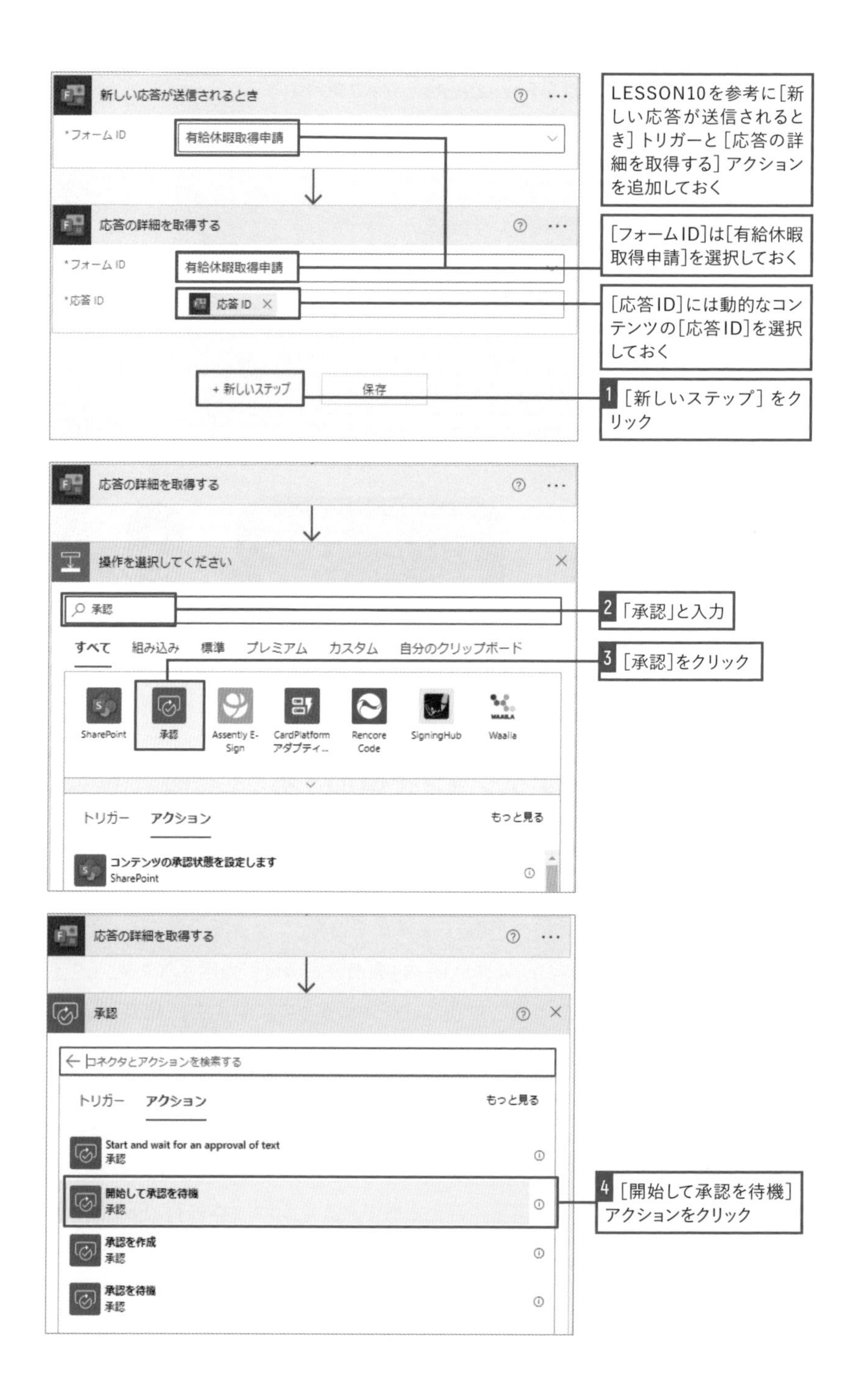
新しい応答が送信されるとき
*フォーム ID
有給休暇取得申請
応答の詳細を取得する
*フォーム ID
有給休暇取得申請
*応答 ID
応答 ID
+ 新しいステップ
保存
LESSON10を参考に[新しい応答が送信されるとき]トリガーと[応答の詳細を取得する]アクションを追加しておく
[フォームID]は[有給休暇取得申請]を選択しておく
[応答ID]には動的なコンテンツの[応答ID]を選択しておく
1 [新しいステップ]をクリック
応答の詳細を取得する
操作を選択してください
承認
すべて
組み込み
標準
プレミアム
カスタム
自分のクリップボード
SharePoint
承認
Assently E-Sign
CardPlatform アダプティ...
Rencore Code
SigningHub
Waalia
トリガー
アクション
もっと見る
コンテンツの承認状態を設定します
SharePoint
2 「承認」と入力
3 [承認]をクリック
応答の詳細を取得する
承認
コネクタとアクションを検索する
トリガー
アクション
もっと見る
Start and wait for an approval of text
承認
開始して承認を待機
承認
承認を作成
承認
承認を待機
承認
4 [開始して承認を待機]アクションをクリック

■［開始して承認を待機］アクション

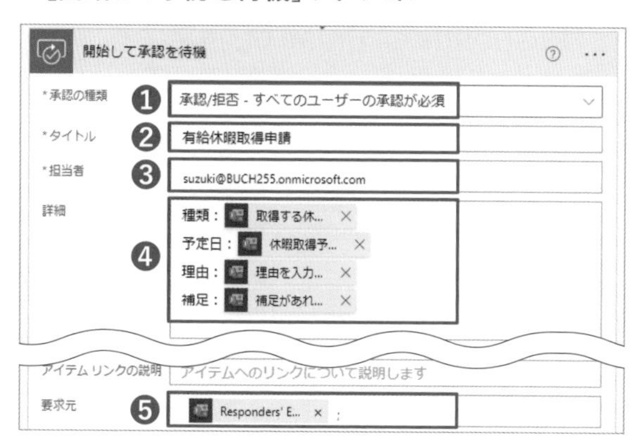

❶［承認/拒否-すべてのユーザーの承認が必須］を選択

❷「有給休暇取得申請」と入力

❸ 承認者となるユーザーのメールアドレスを入力

❹ 1行目に「種類：」と入力し、動的なコンテンツから［取得する休暇の種類を選択してください］を選択
2行目に「予定日：」と入力し、動的なコンテンツから［休暇取得予定日を入力してください］を選択
3行目に「理由：」と入力し、動的なコンテンツから［理由を入力してください］を選択
4行目に「補足：」と入力し、動的なコンテンツから［補足があれば入力してください］を選択

❺ 動的なコンテンツから［Responders' Email］を選択

■フローをテスト実行する

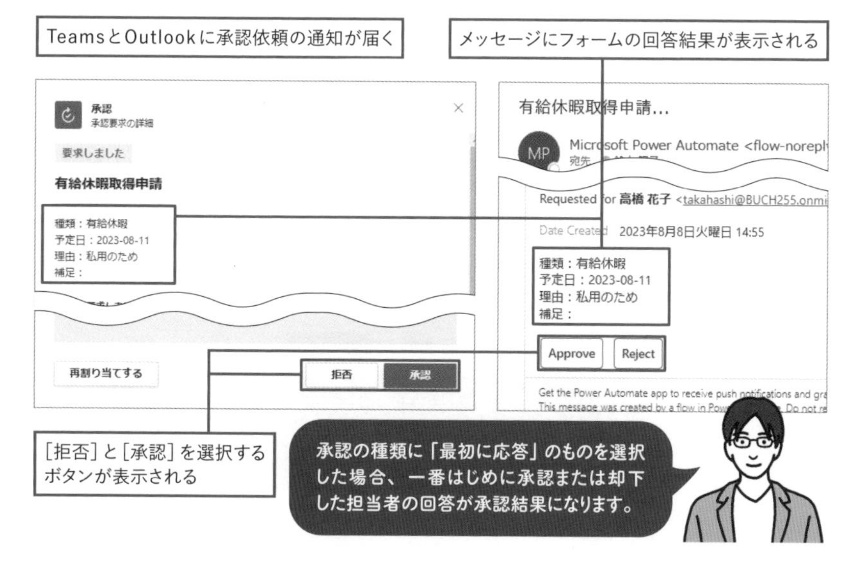

［要求元］には［Responders' Email］を指定する

［開始して承認を待機］アクションの詳細オプションの［要求元］を設定せずにフローを実行すると、承認依頼に記載される［要求者］は常にフローの作成者になります。本来は、申請フォームから申請を行ったユーザーが承認の［要求者］として表示されるべきです。この問題を解決するために、［要求元］にFormsコネクタの［応答の詳細を取得する］アクションから出力される［Responders' Email］を指定します。この動的なコンテンツは、Formsのフォームに回答を送信したユーザーのメールアドレスになっています。

こうした設定の必要性は、作成したフローの動作確認を注意深く行うことで気が付きます。動作確認は実際の利用シーンを想定し、それに近い状況で行いましょう。今回のような承認を含むフローの場合は、まわりの同僚などに声を掛けて、自分以外の数人に申請を行ってもらうようにします。そうすることで、フローの設定漏れや間違いに気付きやすくなります。

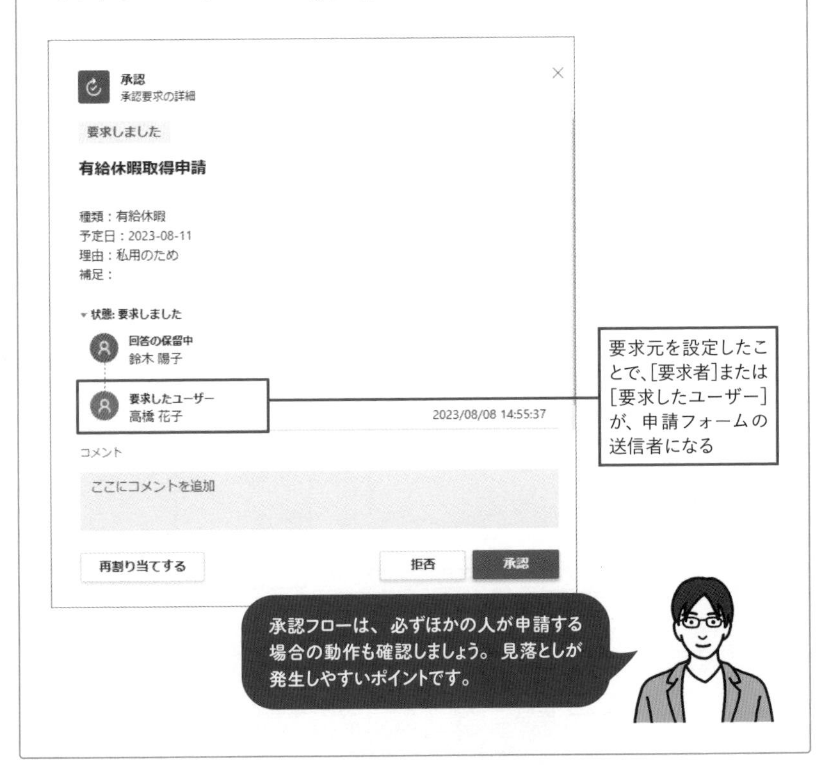

04 承認結果を利用して条件分岐を行う

［開始して承認を待機］アクションの下に［条件］アクションを追加し、承認結果に応じて処理が分かれるようにします。Power Automateの承認アクションは、条件分岐とセットで利用することがほとんどです。**承認者による承認が終わると、［開始して承認を待機］アクションからは、承認結果が［結果］という値で出力され、動的なコンテンツとして利用できます。**これには、**承認結果が「Approve」または「Reject」の値で入っているため、承認した場合の動作と却下された場合の動作をそれぞれ作ることができます。**

［条件］アクションを追加し、設定の左の値には［開始して承認を待機］アクションから出力される［結果］を指定します。さらに右の値には、直接「Approve」とテキスト入力します。真ん中の選択肢は、右と左の値を比較する方法を選択するもので、［次の値に等しい］を選びます。これによって、承認の結果が「Approve」の場合には、条件の［はいの場合］のアクションが実行されるようになります。

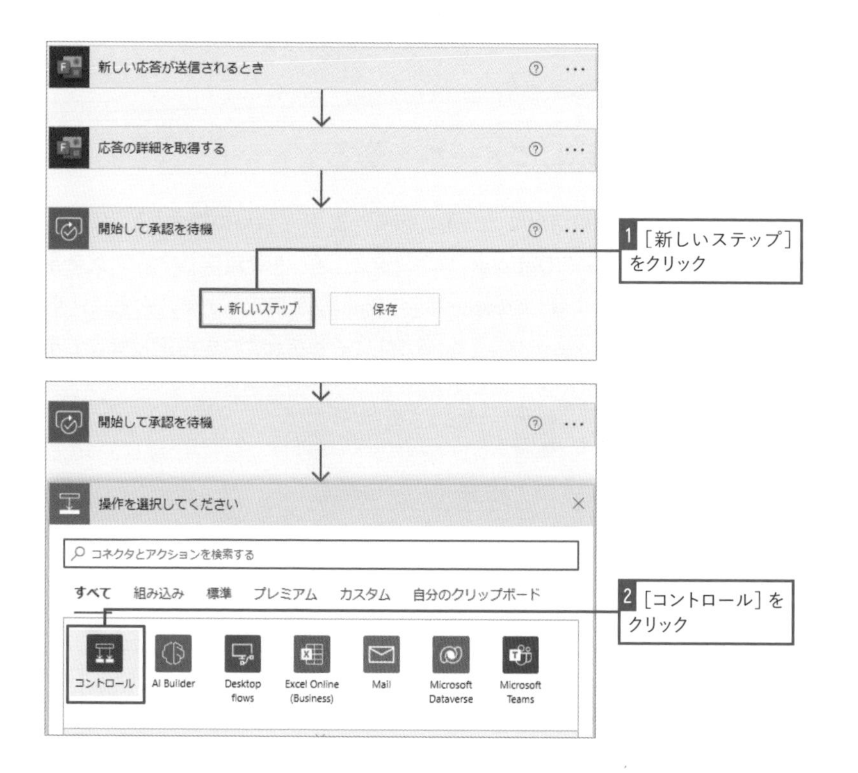

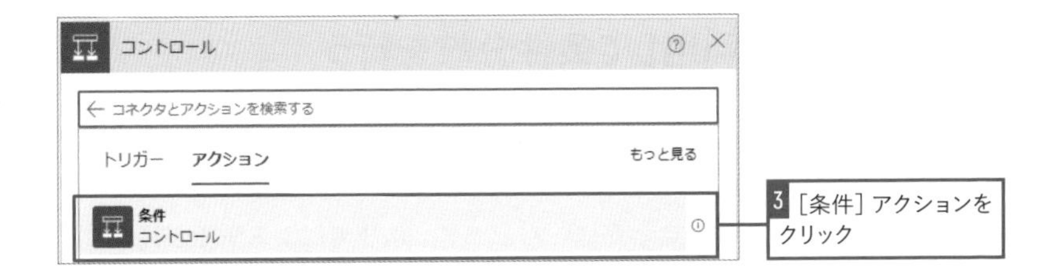

■ [条件] アクション

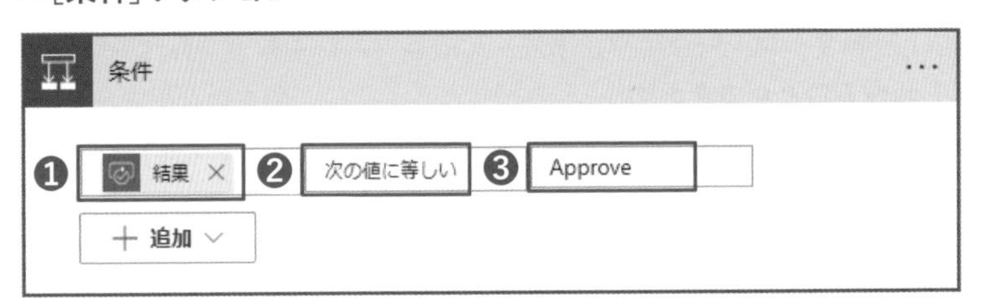

❶「値の選択」に動的なコンテンツの[開始して承認を待機]から[結果]を選択

❷[次の値に等しい]を選択

❸「値の選択」に「Approve」と入力

05 承認結果に応じてメールを送る

今回は、承認の結果を申請者にメールで知らせます。**[はいの場合]と[いいえの場合]の中に、[Office 365 Outlook]コネクタの[メールの送信(V2)]アクションを追加**します。[宛先]には、[Responders' Email]を指定します。あとは、承認結果が分かりやすいように、[件名]や[本文]にそれぞれ文言を指定しましょう。

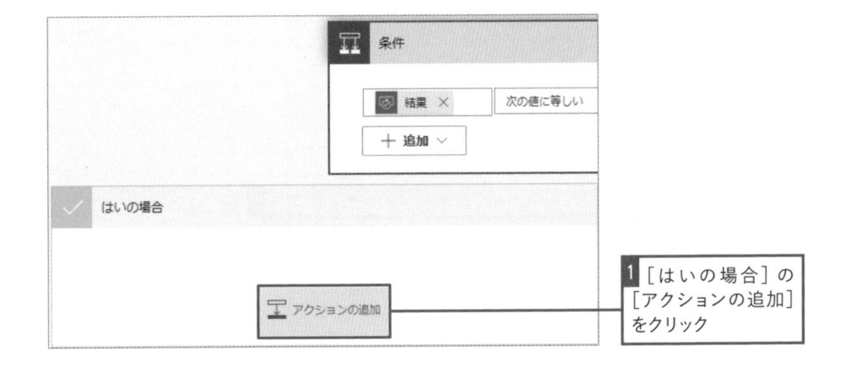

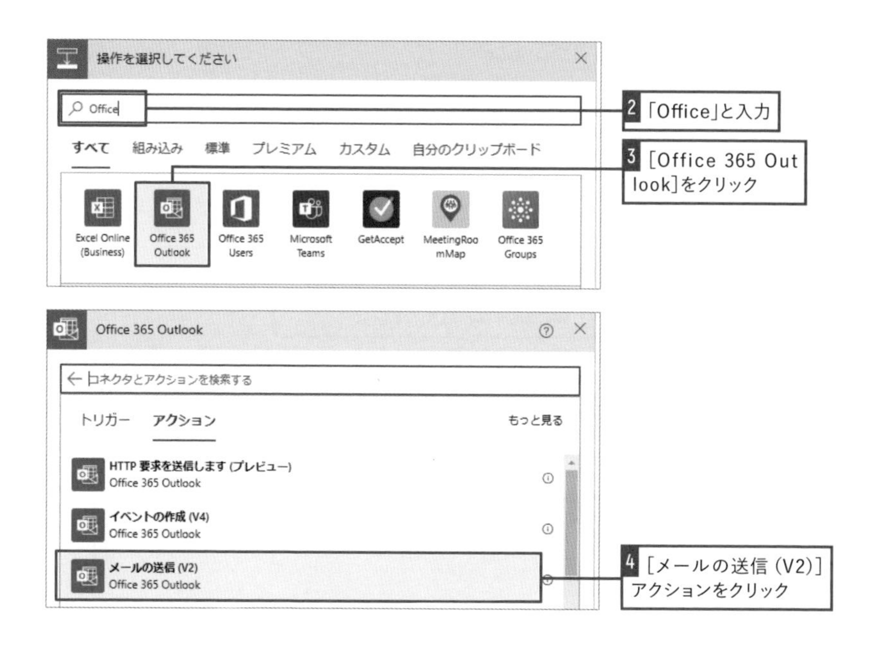

■ [メールの送信(V2)] アクション

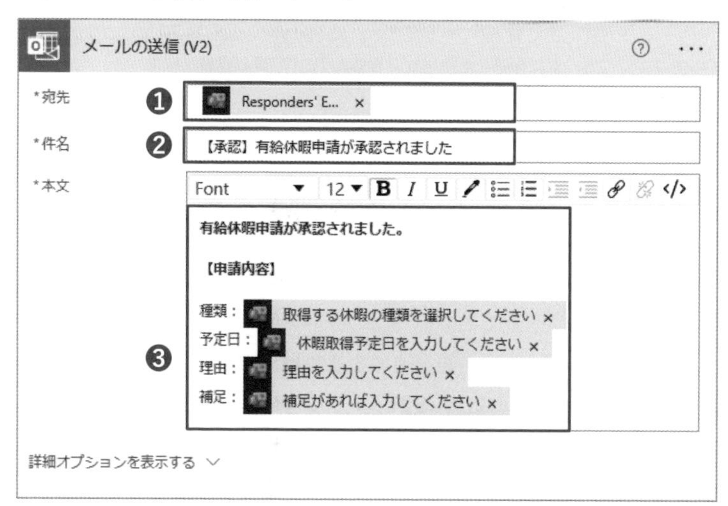

❶ [応答の詳細を取得する] アクションの動的なコンテンツから [Responders' Email] を選択

❷ 申請が承認されたことが分かる件名をテキストで入力

❸ メールの本文を入力。フォームに回答した結果が分かるように [応答の詳細を取得する] アクションの動的なコンテンツを使う

■［メールの送信(V2)］アクション

同様に［いいえの場合］の［アクションの追加］をクリックし、［Office 365 Outlook］コネクタの［メールの送信(V2)］アクションを追加する

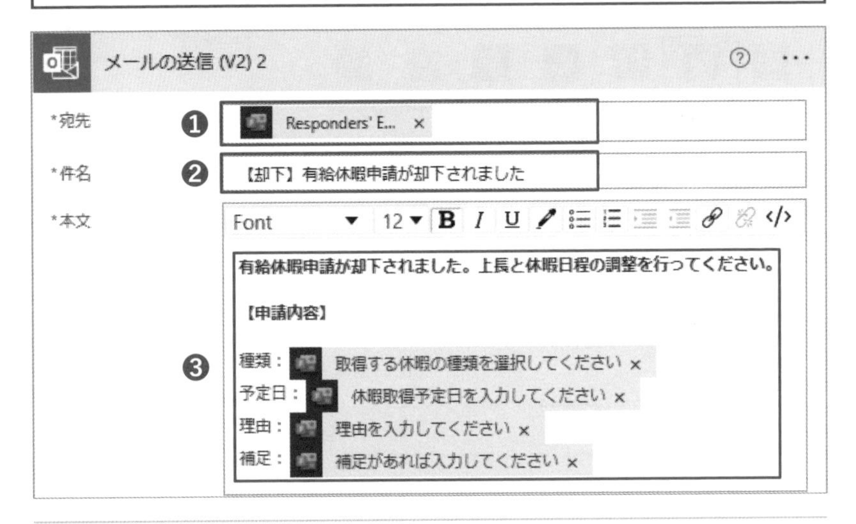

❶［応答の詳細を取得する］アクションの動的なコンテンツから［Responders' Email］を選択

❷ 申請が却下されたことが分かる件名をテキストで入力

❸ メールの本文を入力。フォームに回答した結果が分かるように［応答の詳細を取得する］アクションの動的なコンテンツを使う

06 「〇〇様」のようにメールに申請者名を入力する

さらにメールの冒頭には、「〇〇様」のように申請者の名前を入れてみましょう。しかし、ここまでの手順で取得できている動的なコンテンツには、そうした申請者の名前がありません。**メールに名前を追加するには、［Office 365 Users］コネクタの［ユーザープロフィールの取得(V2)］アクションを利用して、事前にユーザー情報を取得しておく必要があります。**

このアクションを、［開始して承認を待機］アクションの上に挿入したら**［ユーザー(UPN)］に［Responders' Email］を指定**します。これによって、申請フォームで申請を行ったユーザーのMicrosoft 365に登録されているユーザー情報を取得できます。送信するメールの［本文］を編集し、［ユーザープロフィールの取得(V2)］アクションの動的なコンテンツから［表示名］を本文の最初に入れましょう。

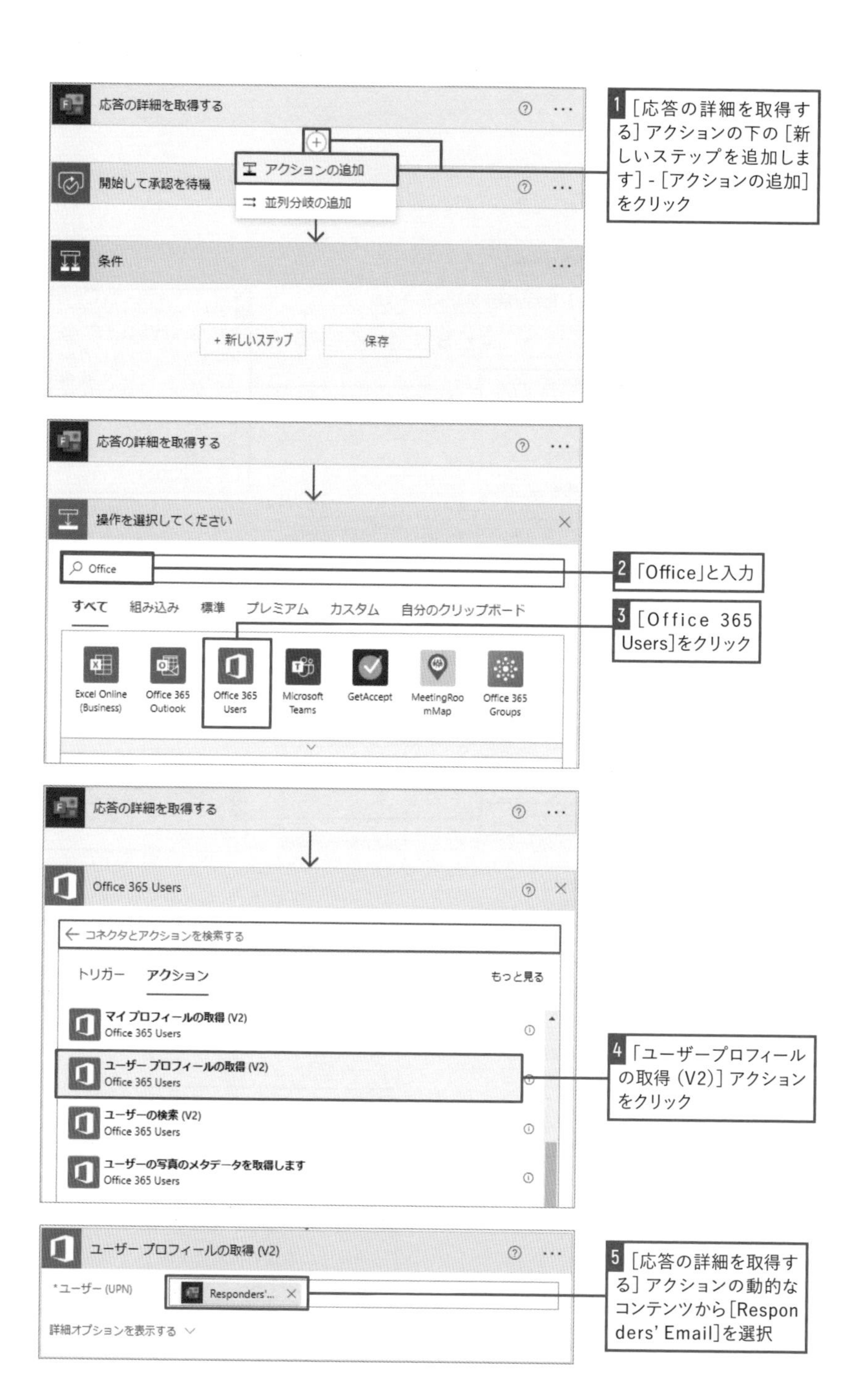

活用編 第4章 身近な業務に役立つフローで効率化

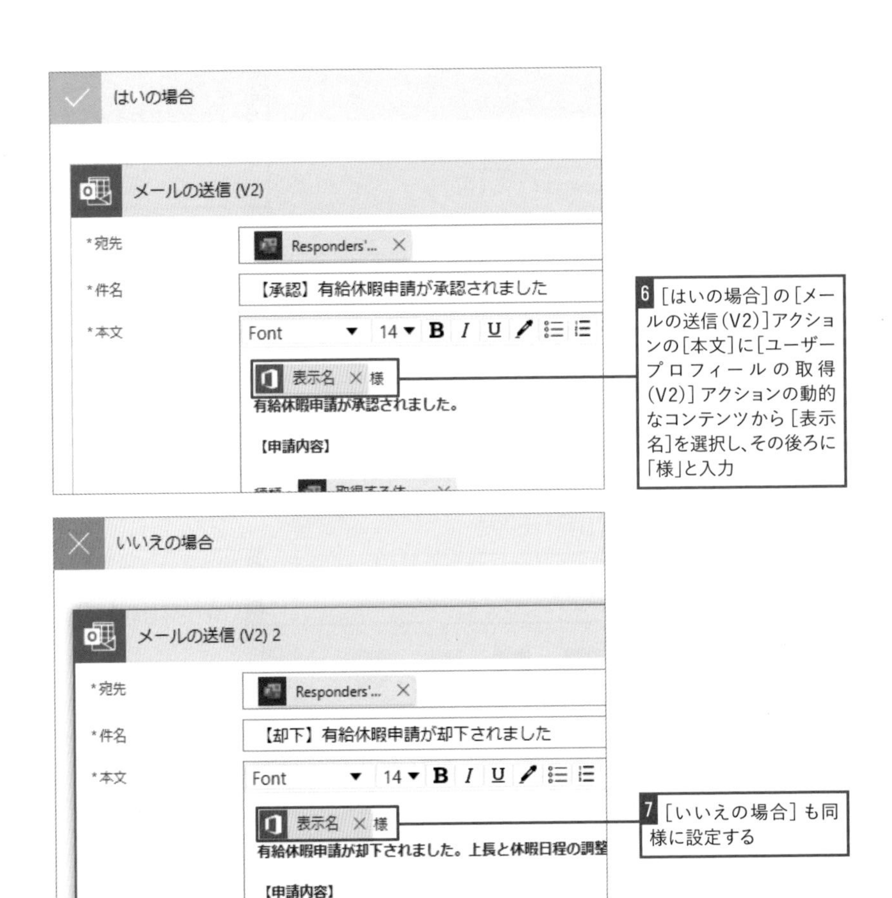

■ フローをテスト実行する

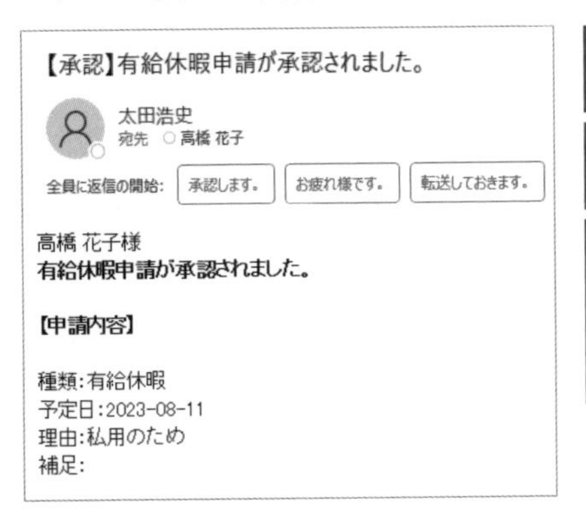

申請が承認されると申請者にメールが通知される

メールの差出人はフローを作成した自分のアドレスになる

[ユーザープロフィールの取得(V2)] アクションで取得したユーザー情報を用いて、メールの本文に申請者の名前を挿入できる

ここもポイント！

メールの送信元を自分以外のアドレスにするには

こうしたワークフローを作成し利用する場合、メールの送信元がワークフローであることを明確にするため、自分以外のアドレスから送信させたいという要望がよくあります。こうした要望に応えるには、Exchange Onlineで作成できる「共有メールボックス」を利用する方法があります。Power Automateで共有メールボックスを利用できる、[Office 365 Outlook] コネクタの [共有メールボックスからメールを送信する (V2)] アクションが用意されています。アクションの設定の [元のメールボックスのアドレス] に、共有メールボックスのメールアドレスを設定するのがポイントです。Exchange Onlineに対する共有メールボックスの作成は、Microsoft 365の管理者などしか行えません。必要な場合には、IT部門に相談してみるのが良いでしょう。

[共有メールボックスからメールを送信する(V2)]アクションの[元のメールボックスのアドレス]に共有メールボックスのアドレスを指定する

共有メールボックスからメールを送信する (V2)
*元のメールボックスのアドレス　work
*宛先　提案されているユーザー　アドレスをセミコロンで...
ワークフロー
workflow@BUCH255.on...
*件名
*本文　Font　14　B　I　U
メールの本文を指定します
詳細オプションを表示する

TeamsやOutlookと連携して動作する簡易なワークフローをすぐに作ることができるのは、Power Automateならではの特徴ですね。

LESSON 16

OneDriveにあるファイルをPDFに変換してSharePointに保存

SharePointでファイルを共有するとき、毎回サイトを開きアップロードするのは手間も時間も掛かります。アップロード先が決まっているのであれば、フローで自動化してみましょう。OneDriveコネクタを利用し、ファイルをPDFに変換する方法も紹介します。

01 PDFへの変換やファイルのアップロードの手間を減らす

作成したファイルのPDFへの変換と、SharePointへのアップロードの作業を自動化するフローを作成します。例えば、ある部署では、担当者が業務の手順書をPowerPointで作成し、できあがった手順書をPDFに変換した上で社内ポータルにある手順書ライブラリにアップロードし、社内に公開していたとします。この場合、新しく作成したり修正したりする度にPowerPointで資料を開き、PDFで保存し直してから、ファイルをアップロードする必要があります。今回のフローではこのような手間を削減できます。なお、このフローを作成するには、SharePointサイトが必要です。あらかじめサイトを作成し、ドキュメントライブラリをサイト内に作成しておきましょう。

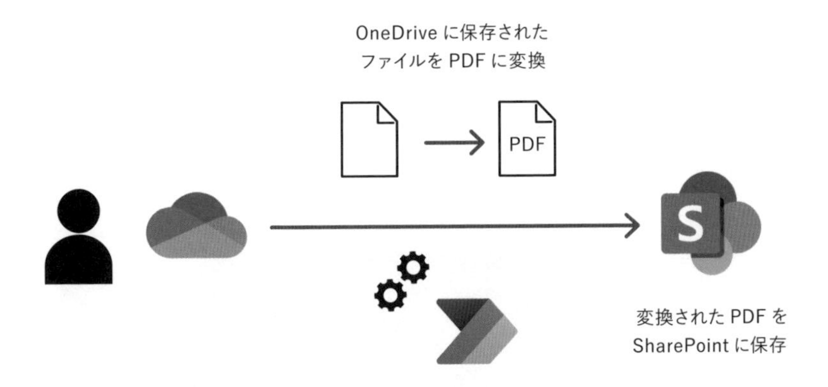

02 選択したファイルに対して動作させるトリガーを利用

［OneDrive for Business］コネクタの［選択したファイルの場合］トリガーを利用し、フローを作りはじめましょう。**このトリガーを利用すると、自身のOneDrive for Businessをブラウザーで開いて選択したファイルに対し、フローを手動で実行できます。**

［選択したファイルの場合］トリガーの設定では、実行時の入力を追加することができます。ここでは、ファイルをSharePointに保存するときの「ファイル名」を入力できるようにしましょう。そのためには、［入力の追加］から［テキスト］を選択し、値の名前を「変換後のファイル名」と変更しておきましょう。

また、作成したフローの名前は「ファイルをPDFに変換してSharePointに保存」としておきます。

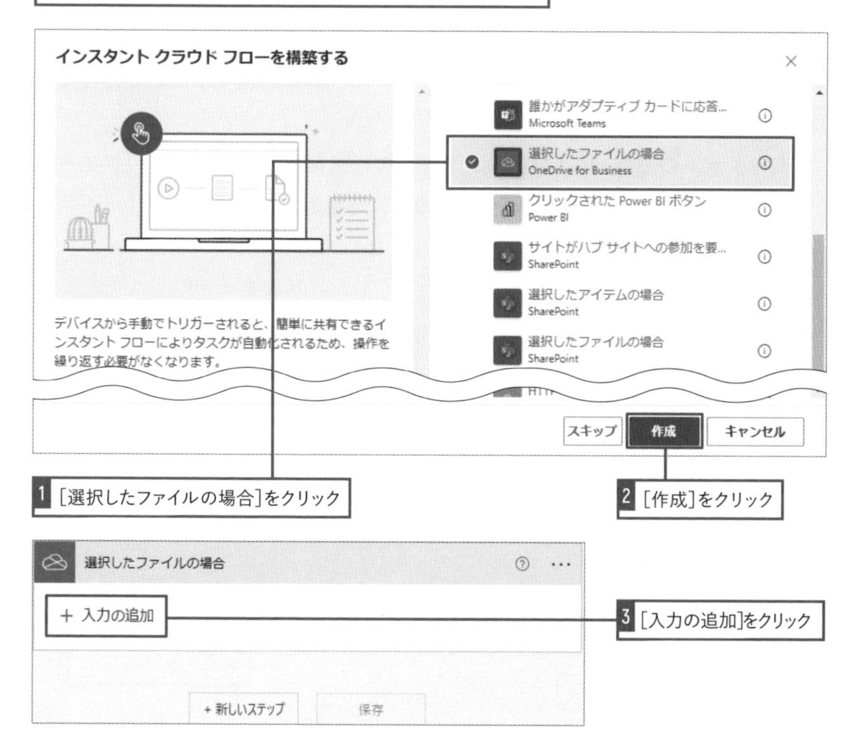

活用編 第4章 身近な業務に役立つフローで効率化

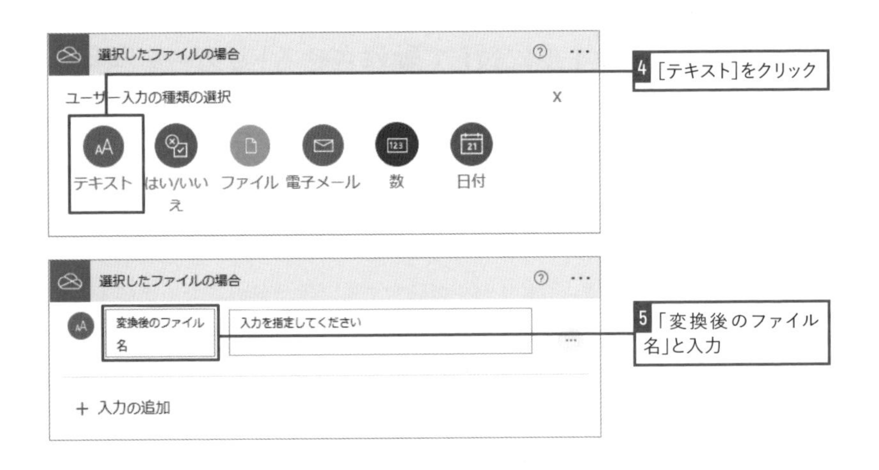

03 ファイルをPDFに変換する

[OneDrive for Business] コネクタは、ファイルの形式を変換できる [パスを使用したファイルの変換(プレビュー)]アクションが利用できます。このアクションを利用することで、今回のようにファイルをPDFに変換するなどの処理を実現できます。

[ターゲットの種類] は変換後のファイルの形式を選択する項目で、[ファイルパス] には変換前のファイルを開くためのパスを指定します。ここでは、[選択したファイルの場合] トリガーの出力として、[filePath] が動的なコンテンツに含まれているので、それを指定しましょう。

このアクションはファイルを変換するだけで、変換後のファイルをどこにも保存しません。そのため、ファイルを保存する処理を追加する必要があります。

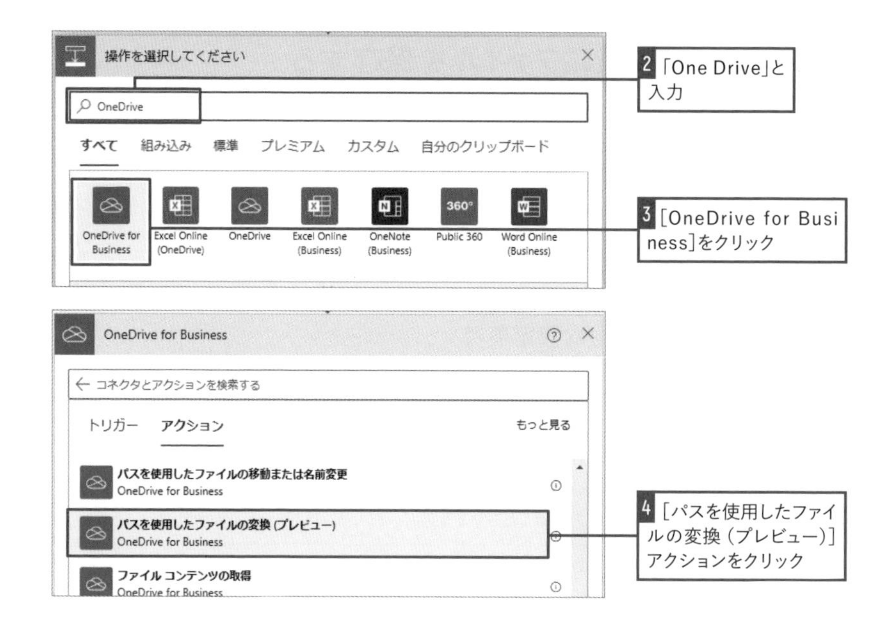

■[パスを使用したファイルの変換(プレビュー)]アクション

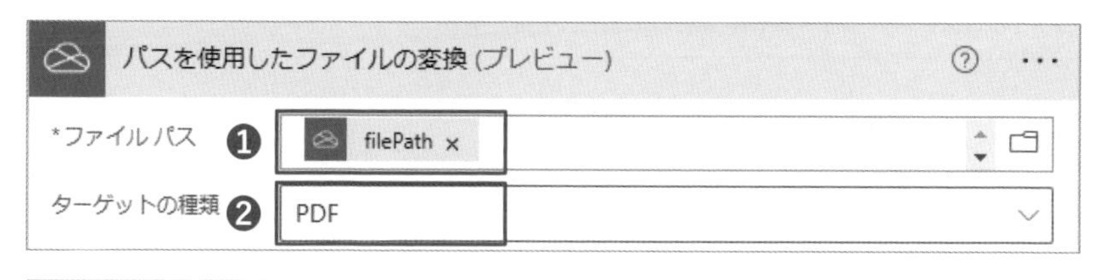

❶ 動的なコンテンツから[filePath]を選択

❷[PDF]を選択

アクション名にある「(プレビュー)」の意味

アクション名に「(プレビュー)」と表示されているのは、このアクションはMicrosoftで現在も開発中であることを示しています。動作としては現時点でも十分利用できるものになっていますが、今後の開発状況によっては動作が変更されるなどの可能性もあります。そうした点を理解して利用しましょう。

04 SharePointにファイルを保存する

[パスを使用したファイルの変換(プレビュー)]アクションによってPDFに変換されたデータを、ファイルとしてSharePointのライブラリに保存します。ファイルの保存には、[SharePoint]コネクタの[ファイルの作成]アクションが利用できます。主な設定項目は以下の表の通りです。

■[ファイルの作成]の主な設定項目

設定項目	設定内容
サイトのアドレス	ファイルを作成するサイトを選択する。目的のサイトがドロップダウンの一覧に見当たらない場合は、[カスタム項目の追加]をクリックすることで、直接サイトのURLを入力することもできる
フォルダーのパス	ファイルを作成するフォルダーを選択する。設定入力欄の右側にある🗀をクリックして保存先を選べる
ファイル名	保存するファイルの名前を設定する
ファイルコンテンツ	ファイルの中身を示すデータを指定する

アクションを追加したら、[サイトのアドレス]に変換後のPDFファイルを保存したいサイトを選択します。ここではあらかじめ用意しておいた「情報共有サイト」の「共有ライブラリ」を指定します。[フォルダーのパス]を設定するときに、フォルダー名の候補が並んで表示されますが、どれを選ぶべきか少し戸惑ってしまうかもしれません。**選択すべき値はどれであるかを調べるときには、保存先のSharePointライブラリのURLを確認しましょう。**SharePointのURLは、次のような構成になっています。この**ライブラリを示す文字列が、設定の選択肢に表示されています。**

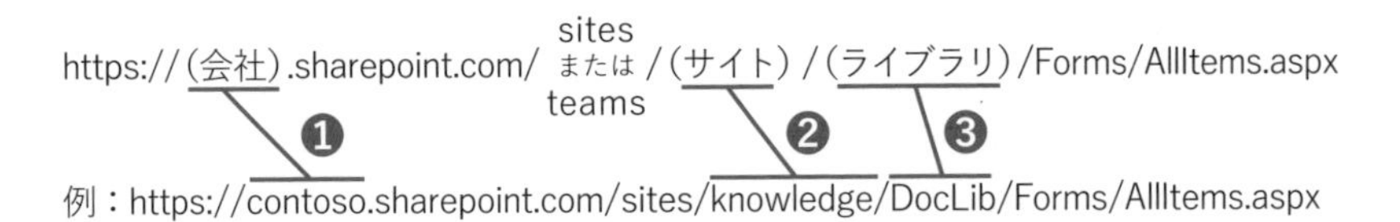

残りの設定には、これまでのトリガーやアクションから出力される値が利用できます。[ファイル名]には、[選択したファイルの場合]トリガーで設定した[変換後のファイル名]の値を指定します。このとき、**PDFファイルであることを示す拡張子の「.pdf」をファイル名のあとに追加**しておきます。[ファイル コンテンツ]には、[パスを使用したファイルの変換(プレビュー)]アクションの出力にある[ファイルコンテンツ]をそのまま指定します。ここで指定した[ファイルコンテンツ]は、変換後のPDFファイルデータです。

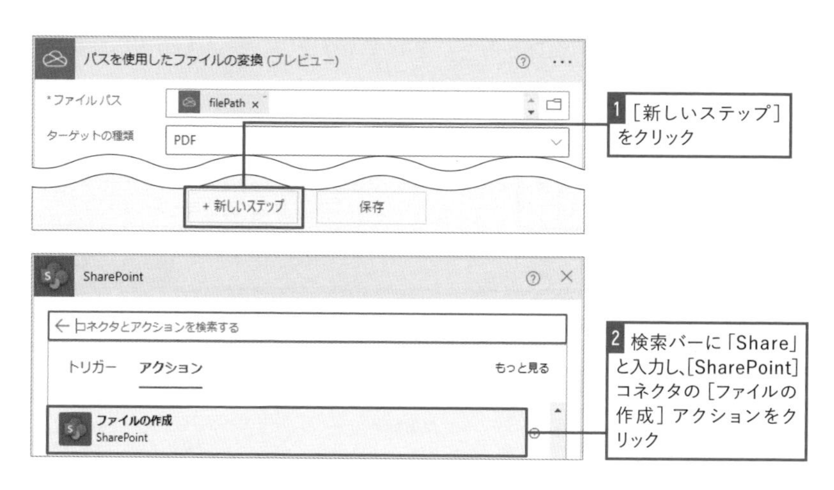

■[ファイルの作成]アクション

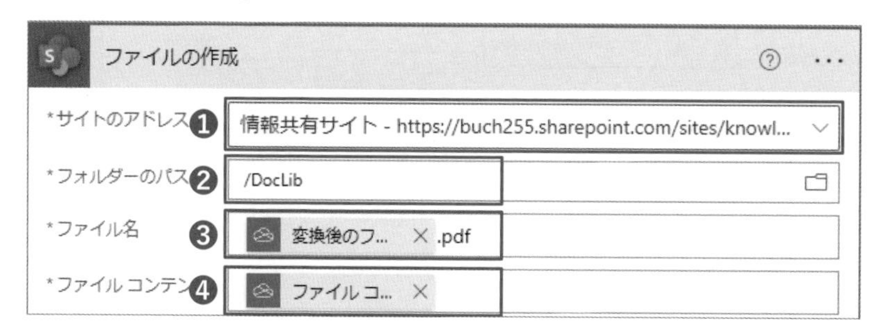

❶ 変換後のファイルを保存するサイトを選択

❷ [ピッカーの表示]をクリックしてファイルの保存先を指定。SharePointのフォルダー名の調べ方は前のページを参照

❸ [選択したファイルの場合]トリガーの動的なコンテンツから[変換後のファイル名]を選択し、「.pdf」と入力

❹ [パスを使用したファイルの変換(プレビュー)]アクションの動的なコンテンツから[ファイルコンテンツ]を選択

05 OneDrive for Businessからフローを実行

作成したフローをテスト実行してみましょう。**今回使用している［選択したファイルの場合］トリガーは、初回のテスト実行はPower Automateの画面から行うことができません。**ブラウザーでOneDrive for Businessを開き、PDFに変換して保存したいファイルを選択したのち、［自動化］から作成したフローを選択して実行します。フローが正しく実行されれば、指定したSharePointのライブラリにPDFファイルが新しく保存されているはずです。このテストの実行結果は、フローの実行履歴でも確認できます。

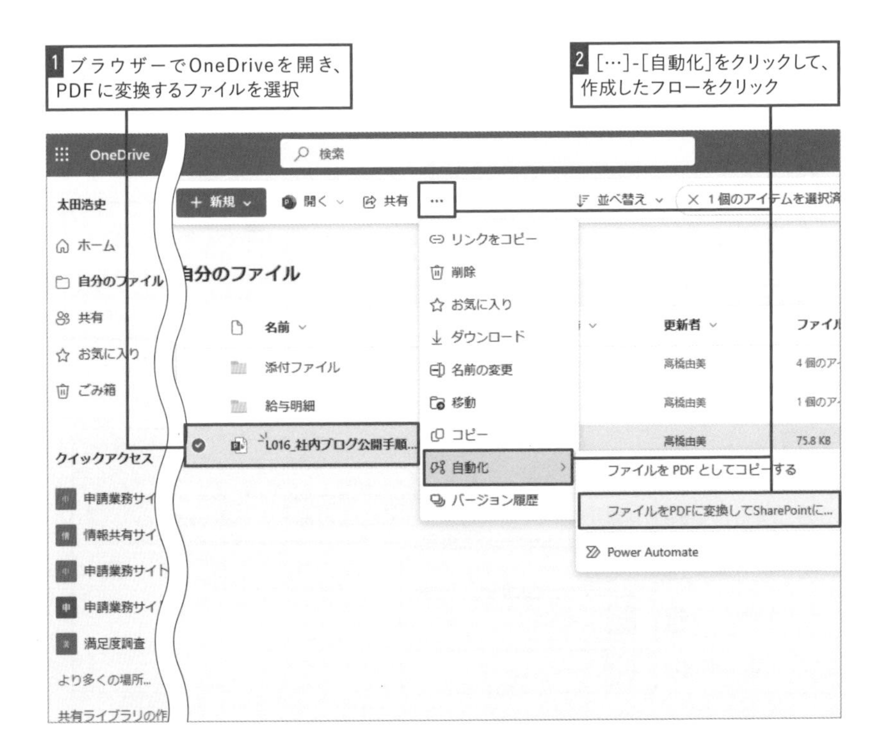

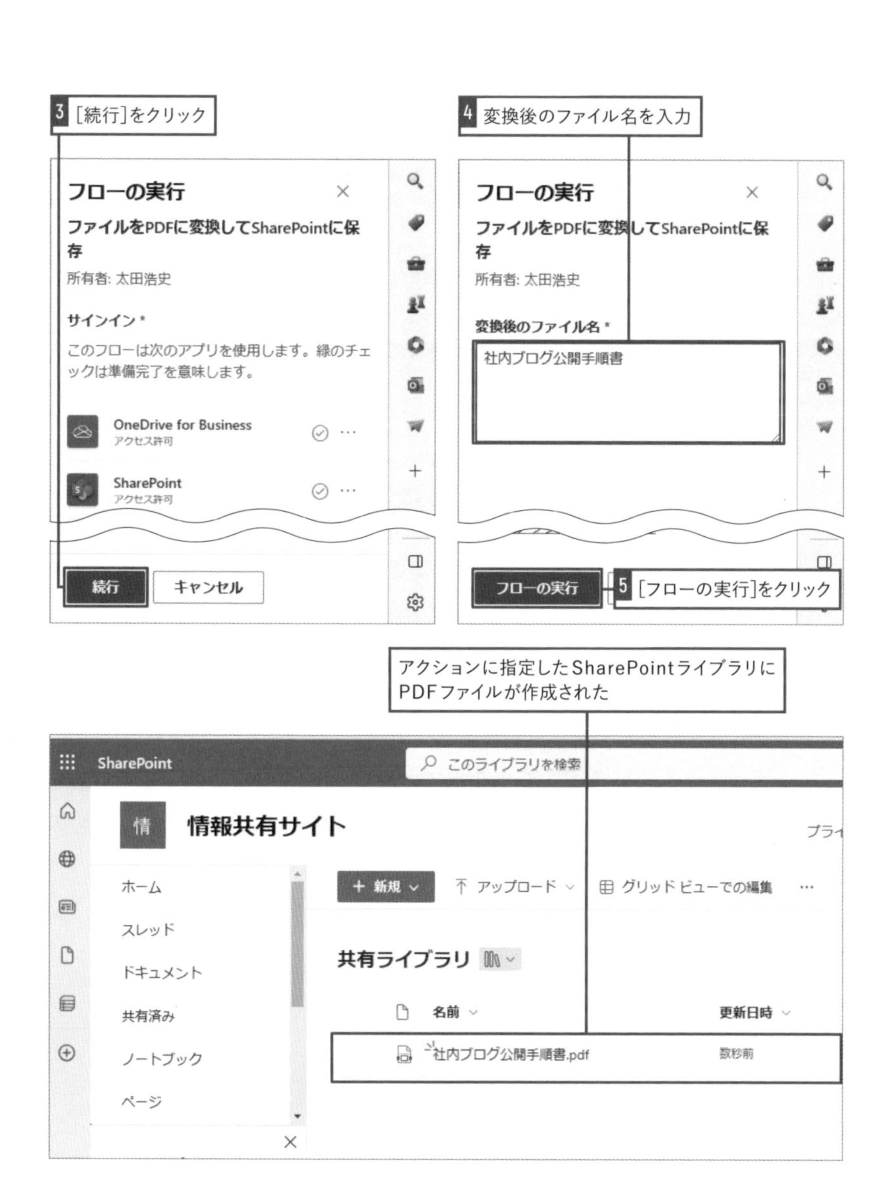

ちょっとした作業を自動化するフローを作成しましょう。簡単なフローでも大きな効果を生む場合もあります。

LESSON 17

Excelファイルの内容をSharePointリストに転記

方眼紙のようにしたExcelファイルを業務で利用している例も多くあります。そのようなファイルをフローで処理するには、ファイルに対する工夫が必要です。これまでの業務で利用してきたファイルも使いながら、作業を自動化できる方法を紹介します。

01 Excelで作成された申請書の内容を転記する

社内の業務では、Excelで作成された申請書を利用するものもあります。こうした申請書は、担当者がメールなどで収集したあと、入力内容を転記し一覧化していることもあります。こうした単純作業の繰り返しで手間も掛かる転記作業を、自動化するフローを作成します。また、本LESSONでは申請書の内容をSharePointリストに転記する業務を想定しています。自由にリストを作成できるSharePointサイトと、処理対象となるファイルをまとめて保存するフォルダーをOneDrive for Businessに作成しておきましょう。リストの作成方法はSECTION03で解説します。

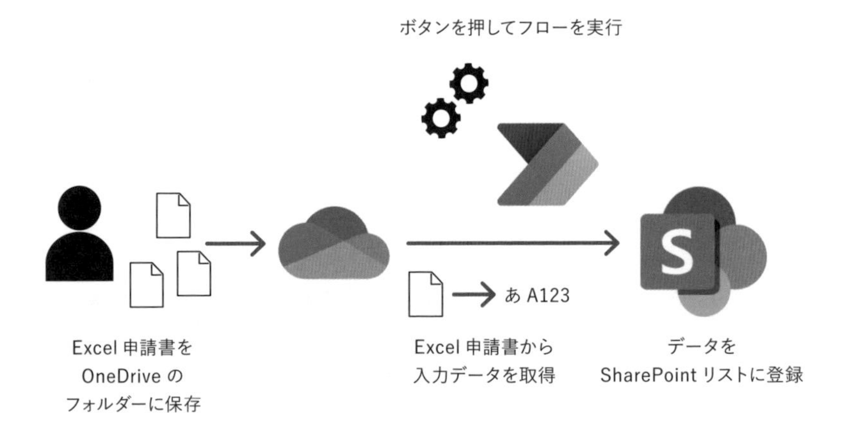

02 Excelで作られた申請書をテーブルにする

残念ながら**Excelで作られたままの申請書の内容をPower Automateで読み取ることはできません。Power AutomateからExcelを利用するには、データを「テーブル」にする必要があります。**ここで使用する練習用ファイル「申請書_できる花子.xlsx」は［申請フォーム］シートの内容を［申請データ］シートにテーブルでまとめています。**ポイントはPower Automateから読みたい項目名がテーブルの項目となるように横並びで入力している点**です。また、テーブルの一行目のデータは、申請書の各セルを参照させ自動的に入力されるようにしています。セル参照は値を入力したいセルを選択して数式バーに「=」を入力し、［申請データ］シートのセルを選択して Enter キーを押すだけで設定できます。

■［申請データ］シート

■［申請フォーム］シート

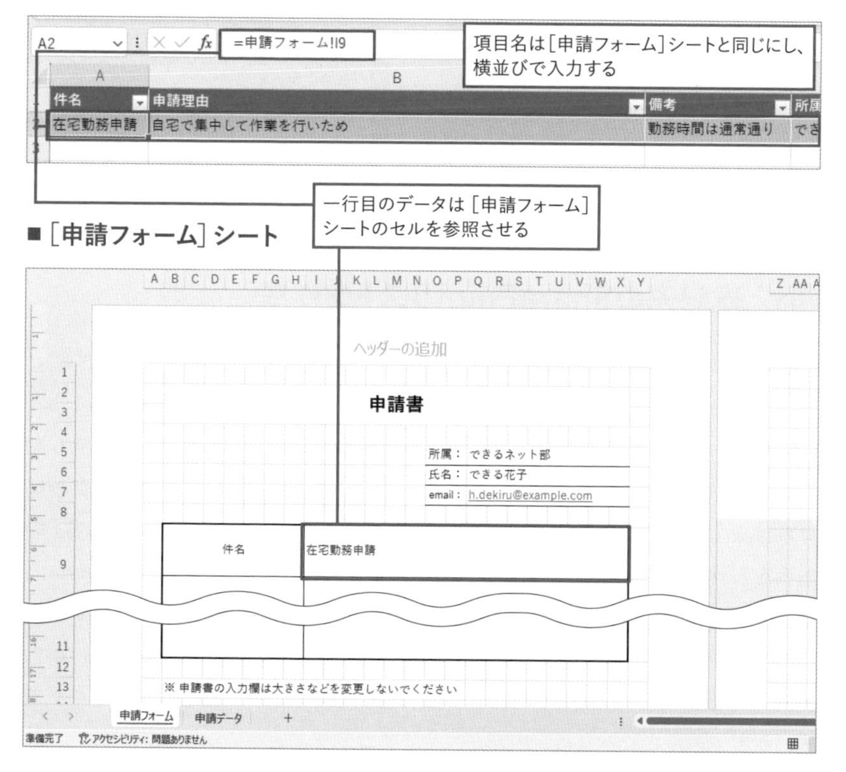

テーブルを作成するには

入力した項目を選択し、以下の手順でテーブルに変換します。このとき、[先頭行をテーブルの見出しとして使用する] にチェックを入れるのを忘れないようにしましょう。

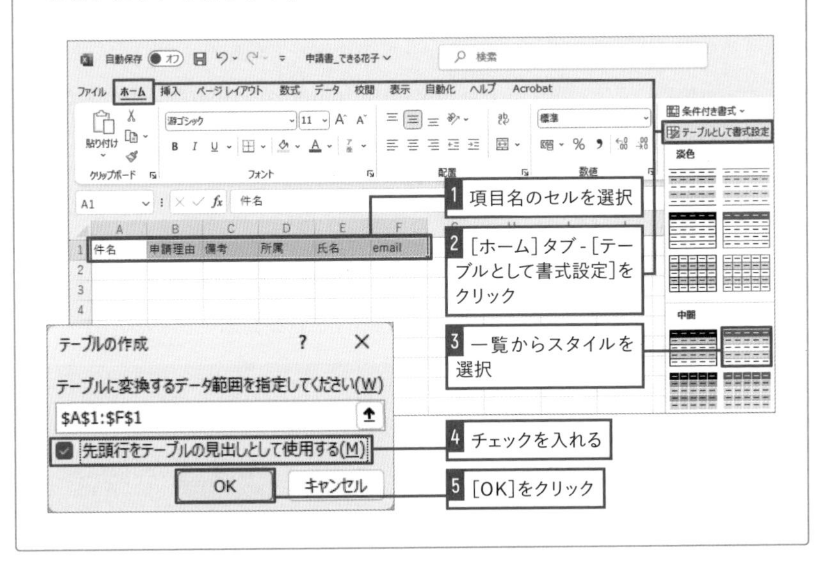

03 転記先のSharePointリストを作成

次に、申請書のデータを転記するSharePointリストを作成していきます。ここでの説明は、「申請業務サイト」というSharePointサイトに、「申請リスト」というリストがあらかじめ作成されている状態からはじめます。リストを作成した直後は、[タイトル] 列のみが含まれます。**[タイトル] 列は、必ずリストに含めなければならない特殊な列**です。今回は、**[タイトル] 列には、申請書の「件名」の内容を入れるものとして、そのまま利用**します。そのほかの**[所属][氏名][email]を「1行テキスト」で作成し、[申請理由][備考]を「複数行テキスト」で作成**します。「1行テキスト」や「複数行テキスト」の使い分けは、入力される内容に改行が含まれるかどうかです。改行が含まれる場合は、「複数行テキスト」は改行されたままの状態で表示されるため、内容が見やすくなります。

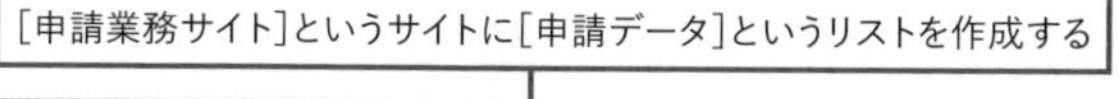
[申請業務サイト]というサイトに[申請データ]というリストを作成する

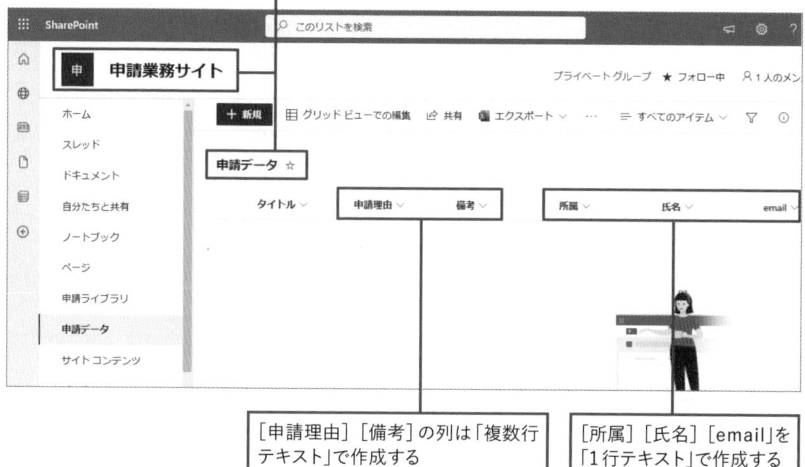
SharePoint
このリストを検索
申請業務サイト
プライベートグループ ★ フォロー中 1人のメン
ホーム
スレッド
ドキュメント
自分たちと共有
ノートブック
ページ
申請ライブラリ
申請データ
サイトコンテンツ
＋ 新規
グリッド ビューでの編集
共有
エクスポート
すべてのアイテム
申請データ ☆
タイトル
申請理由
備考
所属
氏名
email
[申請理由][備考]の列は「複数行テキスト」で作成する
[所属][氏名][email]を「1行テキスト」で作成する

■ リストに列を追加する

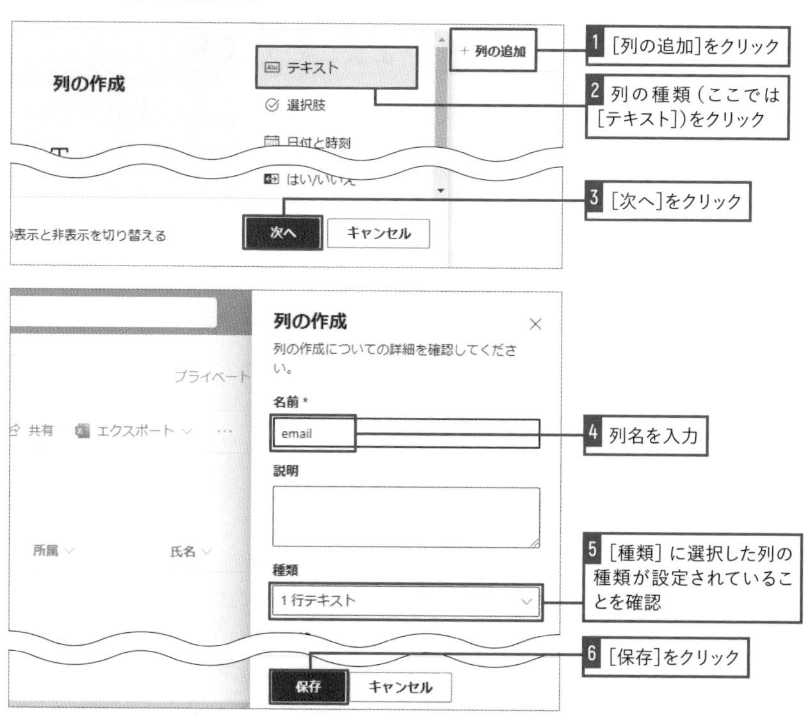
列の作成
テキスト
選択肢
日付と時刻
はい/いいえ
＋ 列の追加
1 [列の追加]をクリック
2 列の種類(ここでは[テキスト])をクリック
3 [次へ]をクリック
表示と非表示を切り替える
次へ
キャンセル
列の作成
列の作成についての詳細を確認してください。
名前 *
email
4 列名を入力
説明
プライベート
共有
エクスポート
所属
氏名
種類
1行テキスト
5 [種類]に選択した列の種類が設定されていることを確認
6 [保存]をクリック
保存
キャンセル

04 手動実行トリガーを利用する

今回の業務は、複数の申請書のファイルがフォルダーに溜まったころを見計らって、任意のタイミングでまとめて処理を行うことを想定しています。そのため、作成するフローには、[手動でフローをトリガーします]トリガーを利用します。このフローでは、トリガーの追加設定は行いません。

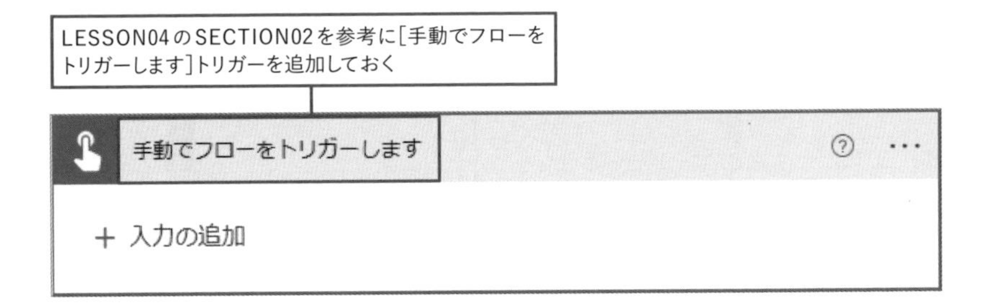

05 フォルダー内のファイルをまとめて取得

処理が必要な申請書のExcelファイルは、OneDrive for Businessの中の特定のフォルダーにまとめて保存しておきます。そのためフローからは、そのフォルダーの中にあるファイル一覧を取得します。これには、[OneDrive for Business]コネクタの[フォルダー内のファイルのリスト]アクションが利用できます。**このアクションの[フォルダー]の設定で、ファイル一覧を取得したいフォルダーを指定**します。ここではあらかじめ用意した[処理対象申請書]フォルダーのファイルを取得します。

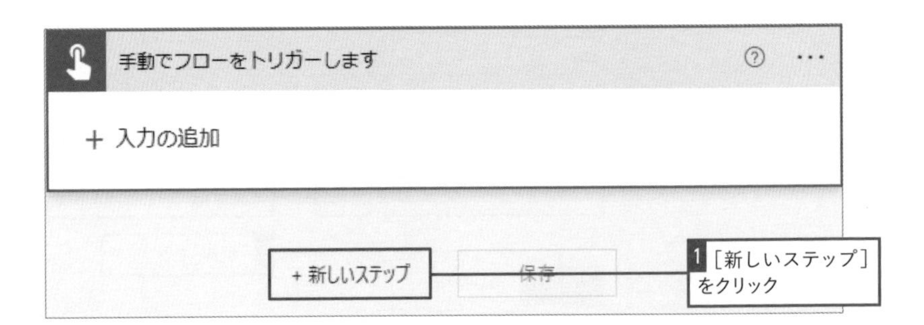

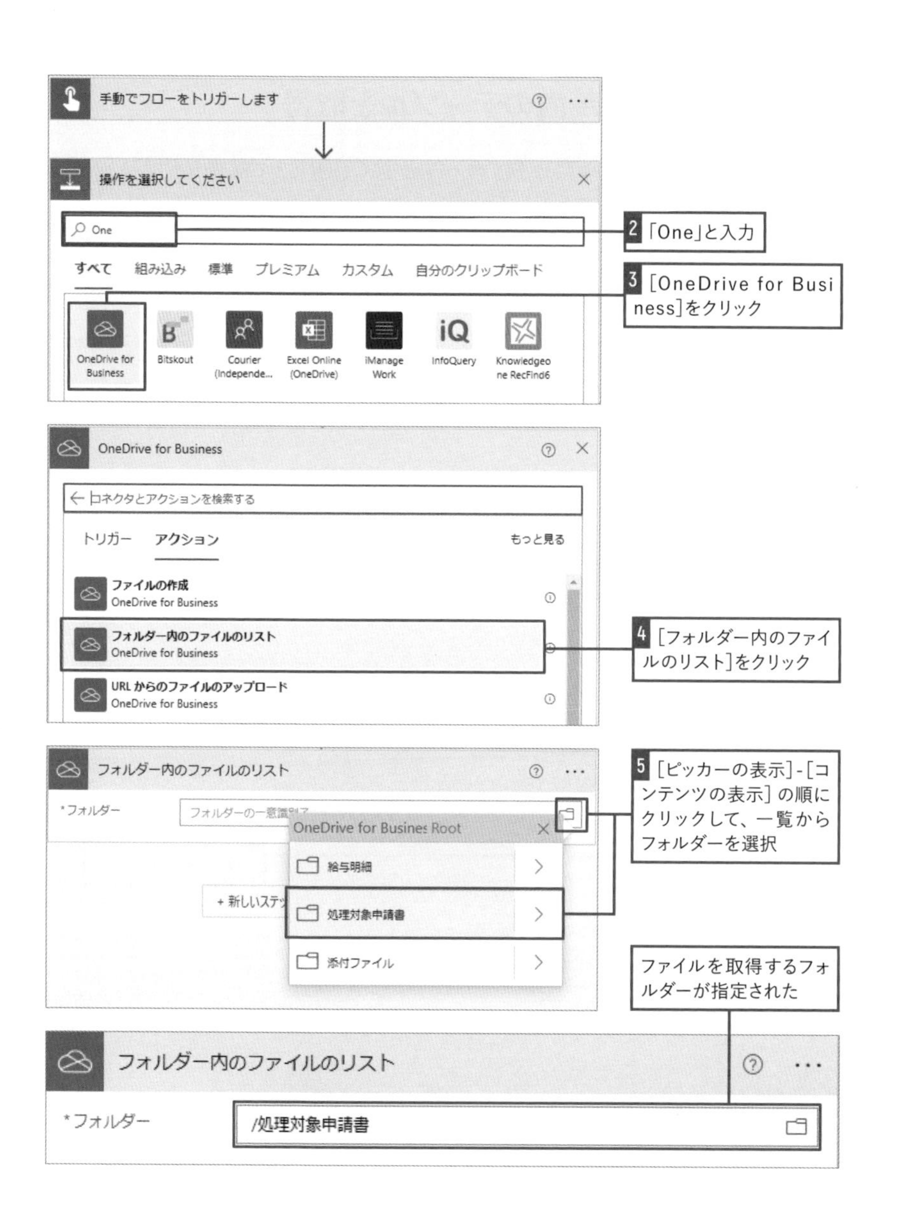
手動でフローをトリガーします
操作を選択してください
One
すべて
組み込み
標準
プレミアム
カスタム
自分のクリップボード
OneDrive for Business
Bitskout
Courier (Independe...
Excel Online (OneDrive)
iManage Work
InfoQuery
Knowledgeone RecFind6
2 「One」と入力
3 [OneDrive for Business]をクリック
OneDrive for Business
コネクタとアクションを検索する
トリガー
アクション
もっと見る
ファイルの作成
OneDrive for Business
フォルダー内のファイルのリスト
OneDrive for Business
URL からのファイルのアップロード
OneDrive for Business
4 [フォルダー内のファイルのリスト]をクリック
フォルダー内のファイルのリスト
*フォルダー
OneDrive for Busines Root
給与明細
処理対象申請書
添付ファイル
+ 新しいステッ
5 [ピッカーの表示]-[コンテンツの表示] の順にクリックして、一覧からフォルダーを選択
ファイルを取得するフォルダーが指定された
フォルダー内のファイルのリスト
*フォルダー
/処理対象申請書

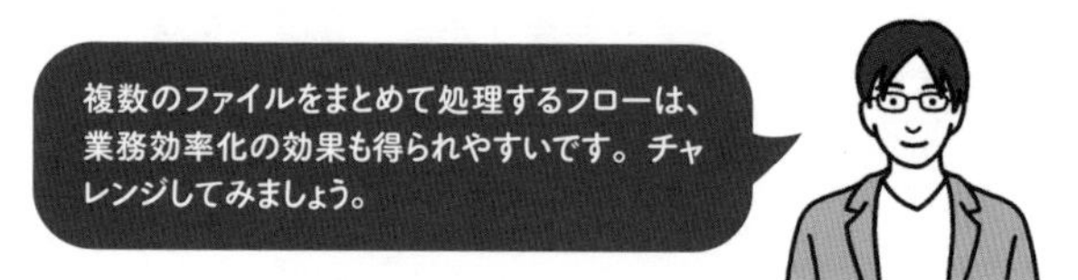
複数のファイルをまとめて処理するフローは、業務効率化の効果も得られやすいです。チャレンジしてみましょう。

06 Excelファイル内のテーブルを取得

それぞれのファイルの中には143ページのSECTION02で解説したようなテーブルがあるため、[Excel Online (Business)] コネクタの [テーブルの取得] アクションで、そのテーブルの情報を取得します。アクションの設定では、[場所] に [OneDrive for Business] を選択し、[ドキュメントライブラリ] には [OneDrive] を選択します。**[ファイル] の設定では、テーブルの取得対象のExcelファイルを指定しますが、前のアクションで取得したファイル一覧の情報を利用**します。ここでは [フォルダー内のファイルのリスト] アクションから出力される [ID] を選択しましょう。

ここで**取得できるテーブルの情報は、テーブルを特定するためのIDや、Excelで設定したスタイルやオプションの値になっています。**この**テーブルに含まれる行データは、さらに別のアクションで取得する必要があります。**

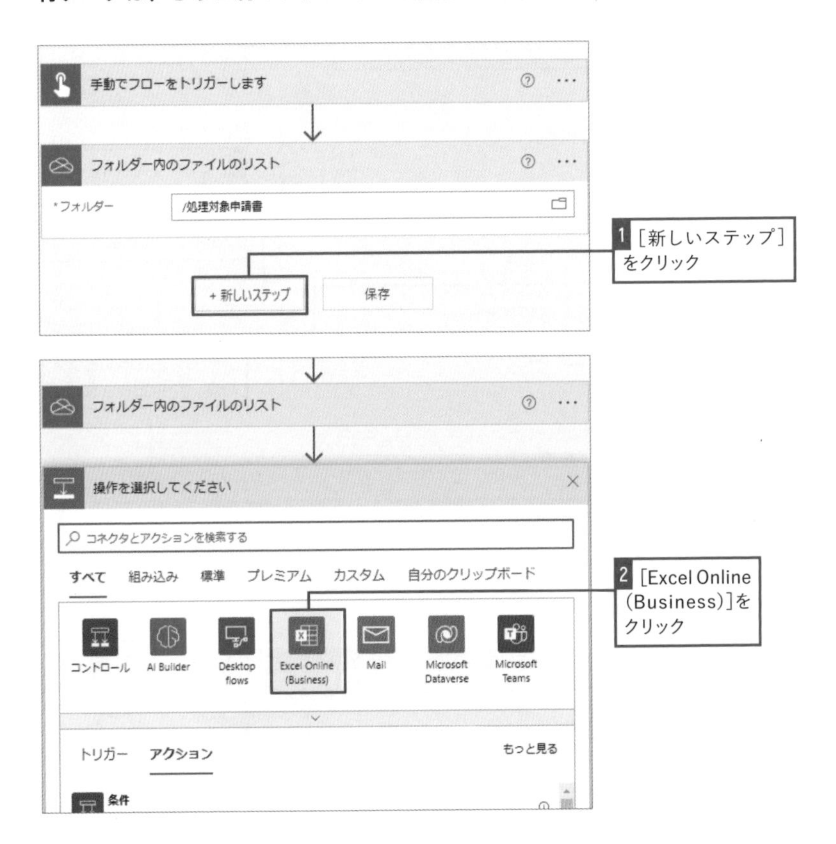

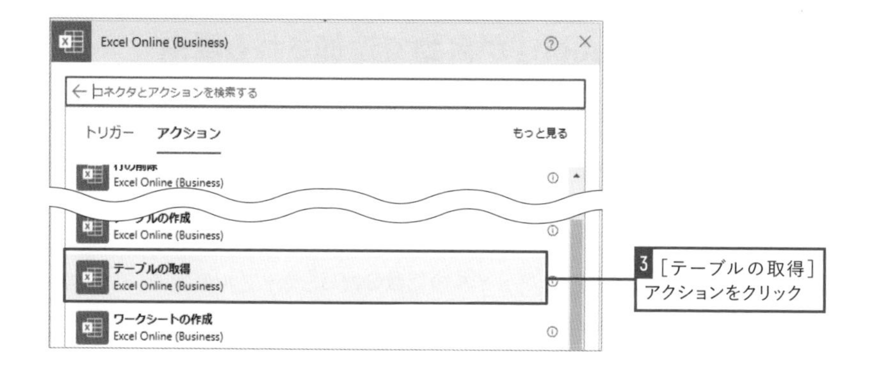

■[テーブルの取得] アクション

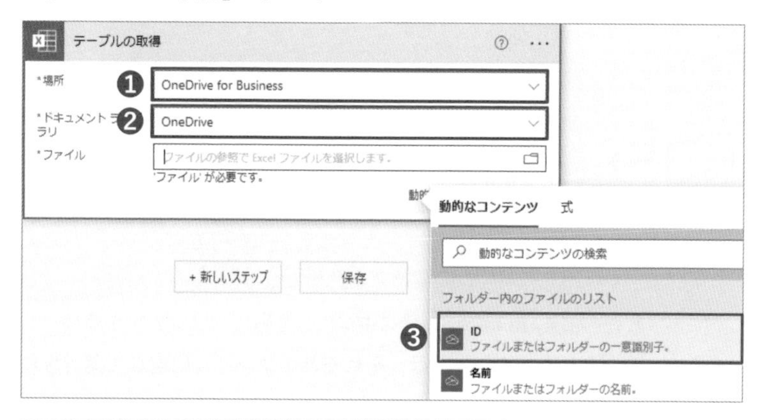

❶[場所]に[OneDrive for Business]を選択

❷[ドキュメントライブラリ]に[OneDrive]を選択

❸[ファイル]は[フォルダー内のファイルのリスト]アクションから出力される[ID]を選択

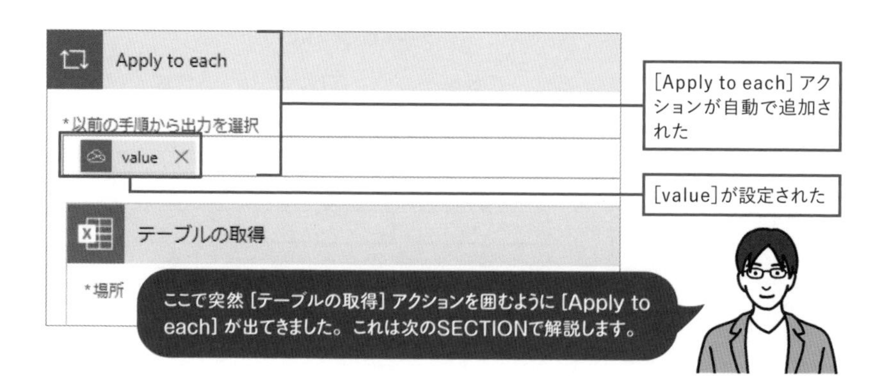

07 [Apply to each]が自動で追加される理由

自動で[Apply to each]が追加されたのは、さきほど[テーブルの取得]アクションの[ファイル]に設定した[ID]が、複数のファイルの情報を含む値になっているからです。しかしながら、[テーブルの取得]アクションは、同時に1つのファイルからしかテーブルの情報を取得することができません。そのため、**[Apply to each]の反復処理を利用し、ファイルの個数分だけ[テーブルの取得]アクションを繰り返すことを意味しています。**

[Apply to each]の[以前の手順から出力を選択]には、[Value]が設定されています。この値は、[フォルダー内のファイルのリスト]アクションから出力される、複数のファイルの一覧情報になっています。

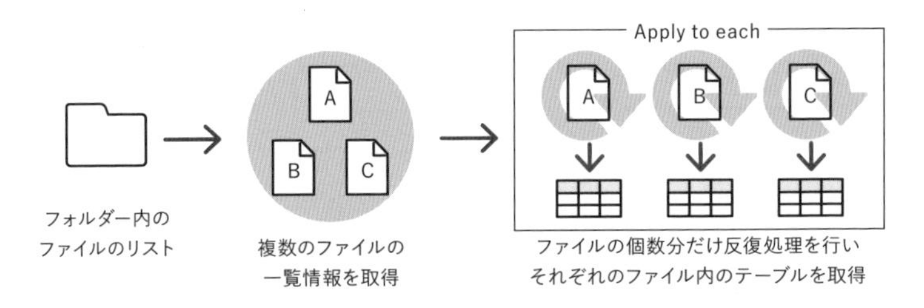

さらに、挿入された[Apply to each]の枠の中には、さらにアクションを追加することができます。**追加されたアクションは、それぞれのファイルに対して実行されます。**編集画面上では1つにまとめられて表示されていますが、実行されたときにはファイルの個数分だけ複製されるイメージを持つと良いでしょう。

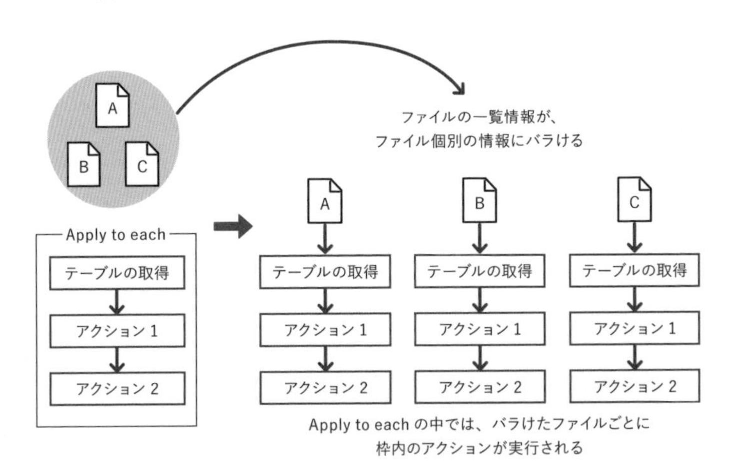

こうした動作は、実行履歴からも確認することができます。[Apply to each]の履歴は、それぞれのファイルごとの処理を個別に確認できるようになっています。

ここでの**注意点は、ファイル個別の情報を動的なコンテンツとして利用できるのは、[Apply to each]の枠の中だけであること**です。枠の外からは、個々のファイルの情報を利用することはできません。

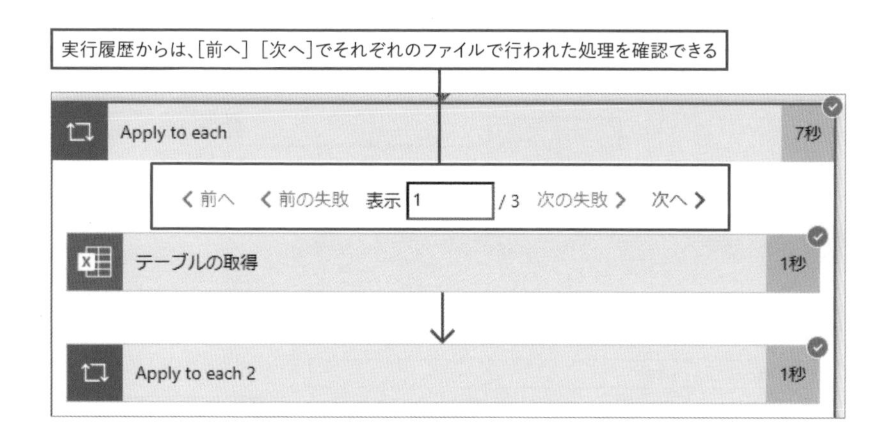

08 テーブルからデータを取得

[テーブルの取得] アクションによって、データが入力されているテーブルを特定するためのIDを取得できました。ここからは、このIDを利用してテーブルの中にある行データを取得していきます。この行データが、申請書の入力データになっています。

ファイル内のテーブルに含まれるデータを取得するためのアクションは、[Apply to each] の枠内に追加していく必要があります。 枠内の [アクションの追加] をクリックし、[Excel Online (Business)] コネクタの [表内に存在する行を一覧表示] を選択します。

このとき、**また新たに [Apply to each 2] の枠でアクションが囲まれます。これはExcelファイルの中にはテーブルは何個でも自由に作成でき、[テーブルの取得] アクションで取得できるテーブルの数も、1つではなく複数になる可能性があるからです。** 複数のテーブルを処理できるよう、自動的にPower Automateが反復処理を追加してくれています。

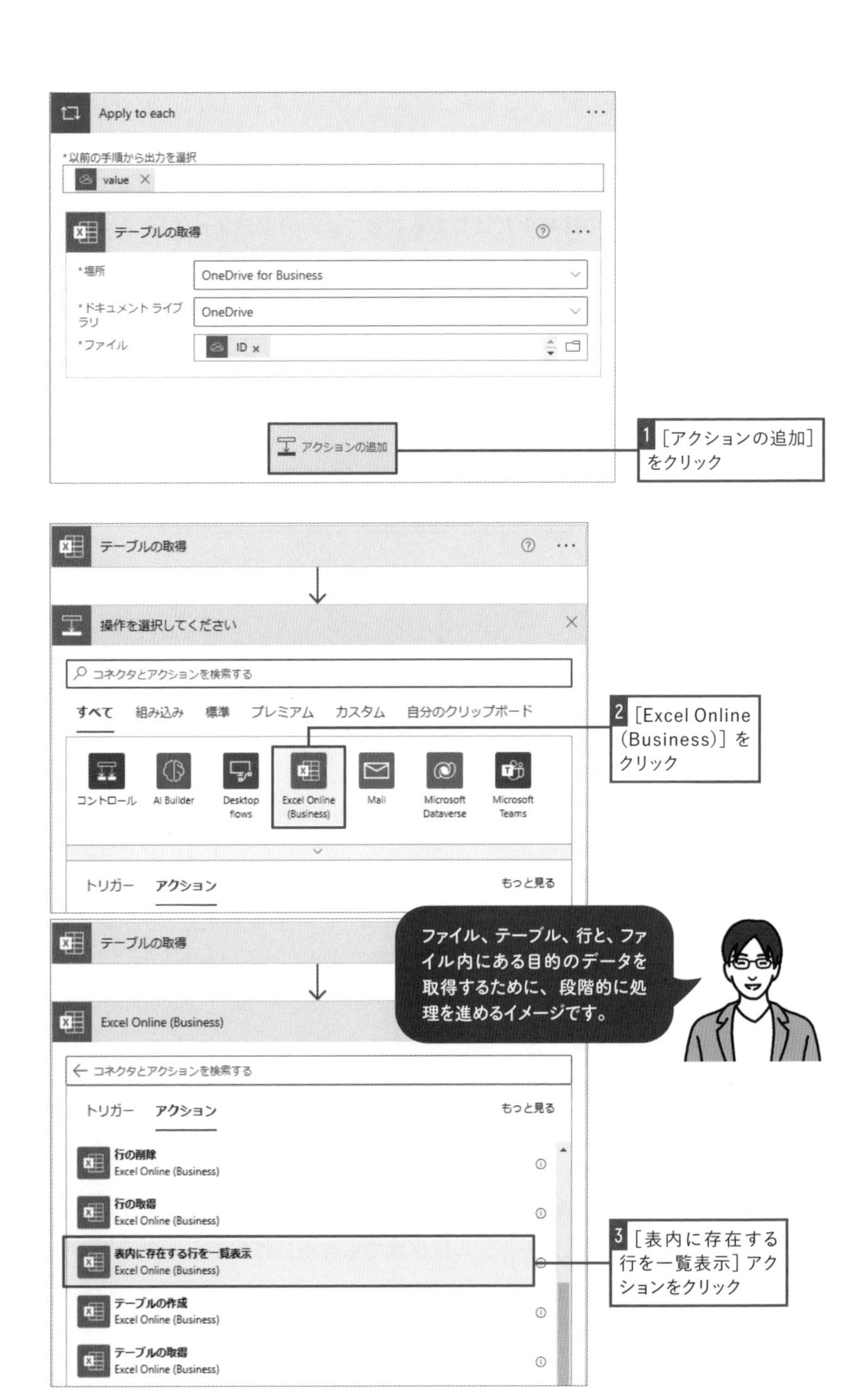
Apply to each
*以前の手順から出力を選択
value
テーブルの取得
*場所
OneDrive for Business
*ドキュメント ライブラリ
OneDrive
*ファイル
ID
アクションの追加
1 [アクションの追加]をクリック
テーブルの取得
操作を選択してください
コネクタとアクションを検索する
すべて 組み込み 標準 プレミアム カスタム 自分のクリップボード
コントロール
AI Builder
Desktop flows
Excel Online (Business)
Mail
Microsoft Dataverse
Microsoft Teams
トリガー アクション もっと見る
2 [Excel Online (Business)]をクリック
ファイル、テーブル、行と、ファイル内にある目的のデータを取得するために、段階的に処理を進めるイメージです。
テーブルの取得
Excel Online (Business)
コネクタとアクションを検索する
トリガー アクション もっと見る
行の削除
Excel Online (Business)
行の取得
Excel Online (Business)
表内に存在する行を一覧表示
Excel Online (Business)
テーブルの作成
Excel Online (Business)
テーブルの取得
Excel Online (Business)
3 [表内に存在する行を一覧表示]アクションをクリック

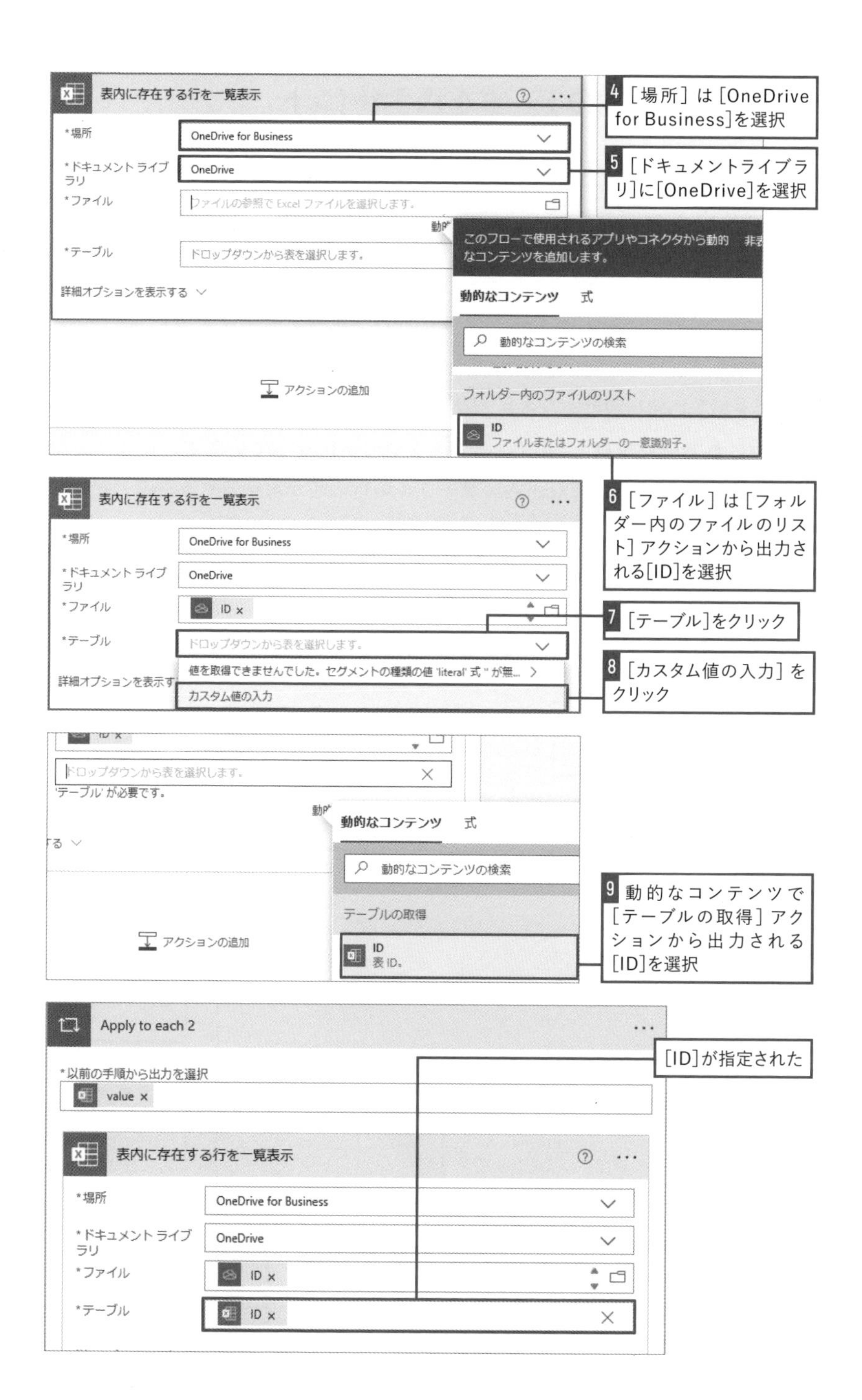

表内に存在する行を一覧表示
*場所
OneDrive for Business
*ドキュメント ライブラリ
OneDrive
*ファイル
ファイルの参照で Excel ファイルを選択します。
*テーブル
ドロップダウンから表を選択します。
詳細オプションを表示する
アクションの追加
このフローで使用されるアプリやコネクタから動的なコンテンツを追加します。
動的なコンテンツ
式
動的なコンテンツの検索
フォルダー内のファイルのリスト
ID
ファイルまたはフォルダーの一意識別子。
4 [場所]は[OneDrive for Business]を選択
5 [ドキュメントライブラリ]に[OneDrive]を選択
6 [ファイル]は[フォルダー内のファイルのリスト]アクションから出力される[ID]を選択
表内に存在する行を一覧表示
*場所
OneDrive for Business
*ドキュメント ライブラリ
OneDrive
*ファイル
ID
*テーブル
ドロップダウンから表を選択します。
値を取得できませんでした。セグメントの種類の値 'literal' 式 '' が無...
カスタム値の入力
7 [テーブル]をクリック
8 [カスタム値の入力]をクリック
ドロップダウンから表を選択します。
'テーブル' が必要です。
動的なコンテンツ
式
動的なコンテンツの検索
テーブルの取得
ID
表 ID。
アクションの追加
9 動的なコンテンツで[テーブルの取得]アクションから出力される[ID]を選択
Apply to each 2
*以前の手順から出力を選択
value
表内に存在する行を一覧表示
*場所
OneDrive for Business
*ドキュメント ライブラリ
OneDrive
*ファイル
ID
*テーブル
ID
[ID]が指定された

09 JSON形式のデータを扱うポイント

ここまでの手順を終えればあとはそのデータを転記先のSharePointリストに書き込むだけと思われるかもしれませんが、もうワンステップ必要です。

現状を確認するためにも、まずはここまで作成したフローを一度テスト実行してみます。[フォルダー内のファイルのリスト] アクションで設定したOneDrive for Business内のフォルダーに、SECTION02で確認した申請書のExcelファイルを保存し、テストを行いましょう。

テスト結果の実行履歴を見ると、[表内に存在する行を一覧表示] アクションから出力されるデータは、[value] という1つの値になっています。さらにこの **[value] をよく見ると、Excel内のテーブルの行の値が角括弧や波括弧で囲まれている**のが分かります。このように表記される値のことをJSON形式の値と呼びます。**JSON形式の値に含まれるそれぞれの個別の値を動的なコンテンツとして扱うためには、[JSONの解析] アクションを利用**します。次のSECTIONでアクションの設定に使うため [value] の値はコピーしておきましょう。

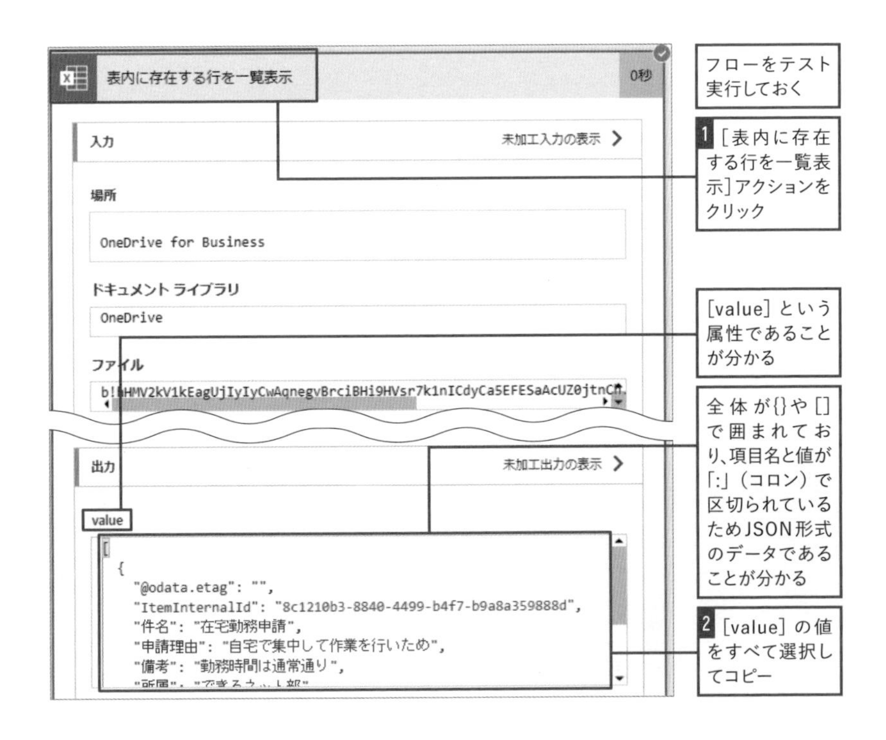

10 JSONを解析してテーブルのデータを扱えるようにする

まずは、画面を再び編集モードに切り替えて、[表内に存在する行を一覧表示]アクションの下に、[データ操作]の[JSONの解析]アクションを追加します。

アクションが追加できたら、**[コンテンツ]には[表内に存在する行を一覧表示]アクションの[value]を指定**します。これは先ほど確認した、JSON形式の出力です。次に、[スキーマ]の設定を行います。**[スキーマ]とは、解析するJSON形式の値がどういった構造であるかを示すもの**です。複雑に見えますが、スキーマを簡単に設定できるサポート機能があります。

以下の手順のように**[サンプルJSONペイロードの挿入]ダイアログに先ほど実行履歴からコピーしておいた、[value]の値を貼り付けて[完了]をクリックすると、必要なスキーマが自動生成されて設定に入ります。**

JSON形式のデータは、苦手意識を持たれる人も多くいます。しかし、ここで紹介した[JSONの解析]アクションの使い方を知っておくだけでも、複雑に見えるJSON形式のデータを簡単に扱えるようになります。JSON形式に関しては第5章以降でも詳しく解説します。

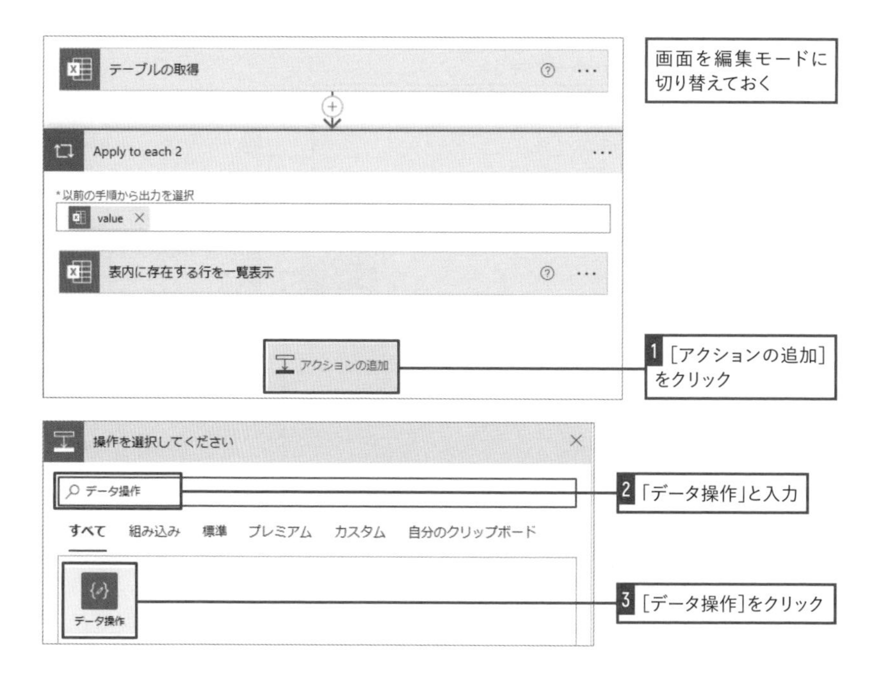

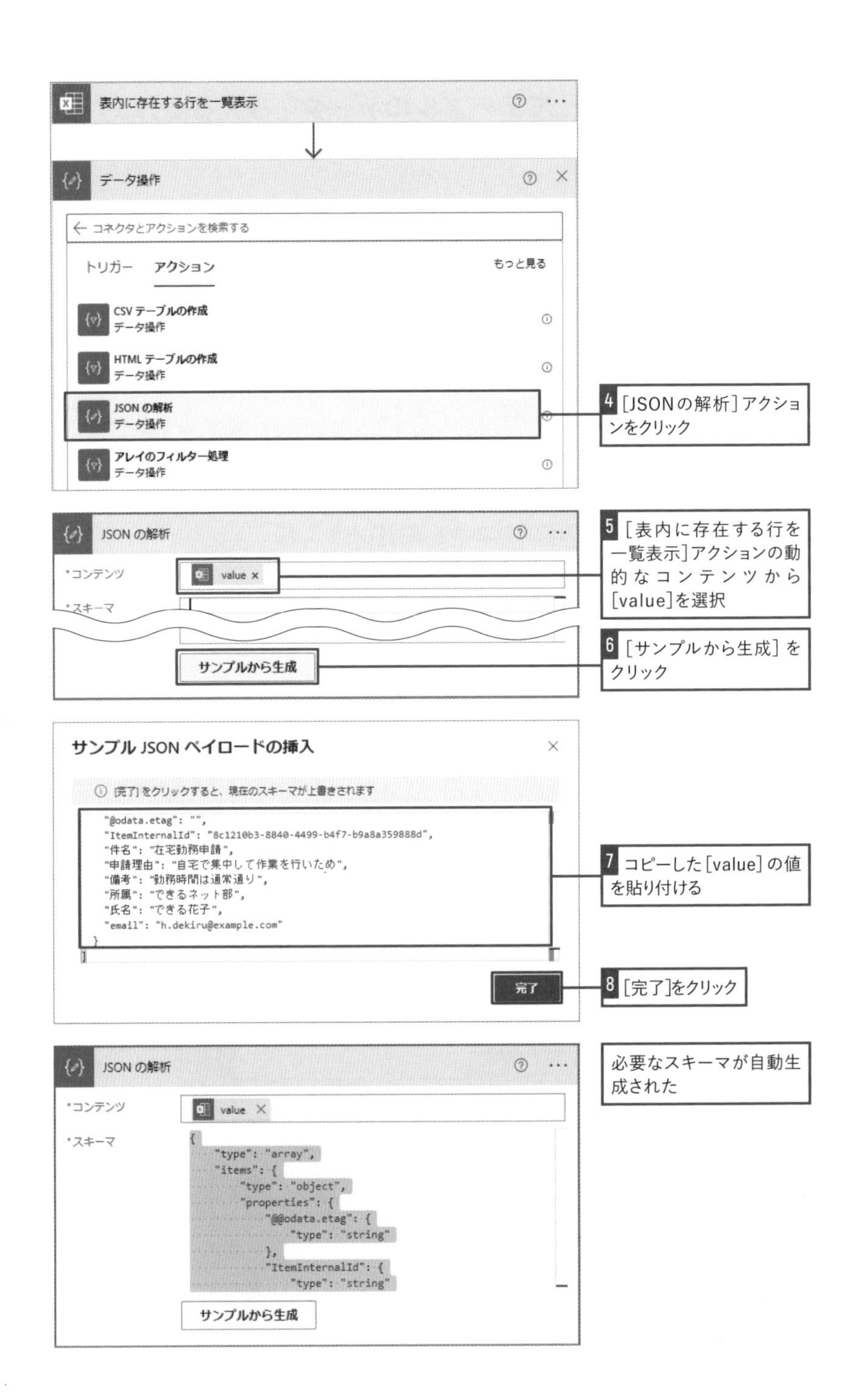

表内に存在する行を一覧表示
データ操作
コネクタとアクションを検索する
トリガー
アクション
もっと見る
CSV テーブルの作成
データ操作
HTML テーブルの作成
データ操作
JSON の解析
データ操作
アレイのフィルター処理
データ操作
4 [JSONの解析]アクションをクリック
JSON の解析
*コンテンツ
value
*スキーマ
5 [表内に存在する行を一覧表示]アクションの動的なコンテンツから[value]を選択
サンプルから生成
6 [サンプルから生成]をクリック
サンプル JSON ペイロードの挿入
[完了] をクリックすると、現在のスキーマが上書きされます
"@odata.etag": "",
"ItemInternalId": "8c1210b3-8840-4499-b4f7-b9a8a359888d",
"件名": "在宅勤務申請",
"申請理由": "自宅で集中して作業を行いため",
"備考": "勤務時間は通常通り",
"所属": "できるネット部",
"氏名": "できる花子",
"email": "h.dekiru@example.com"
7 コピーした[value]の値を貼り付ける
完了
8 [完了]をクリック
JSON の解析
*コンテンツ
value
*スキーマ
{
"type": "array",
"items": {
"type": "object",
"properties": {
"@@odata.etag": {
"type": "string"
},
"ItemInternalId": {
"type": "string"
サンプルから生成
必要なスキーマが自動生成された

11 SharePointリストにデータを登録する

それでは、いよいよSharePointリストにデータを登録してみましょう。[JSONの解析]アクションのすぐ下に、[SharePoint]コネクタの[項目の作成]アクションを追加します。データを登録する先のサイトを[サイトのアドレス]に指定し、リストを[リスト名]で選択します。

リストを選択したタイミングでリストに作成しておいた列の情報が取り込まれ、それぞれの列に値を入力することができます。ここには、[JSONの解析]アクションから出力されるそれぞれの値を設定しましょう。このときも、新たに[Apply to each3]がPower Automateによって自動的に追加されます。

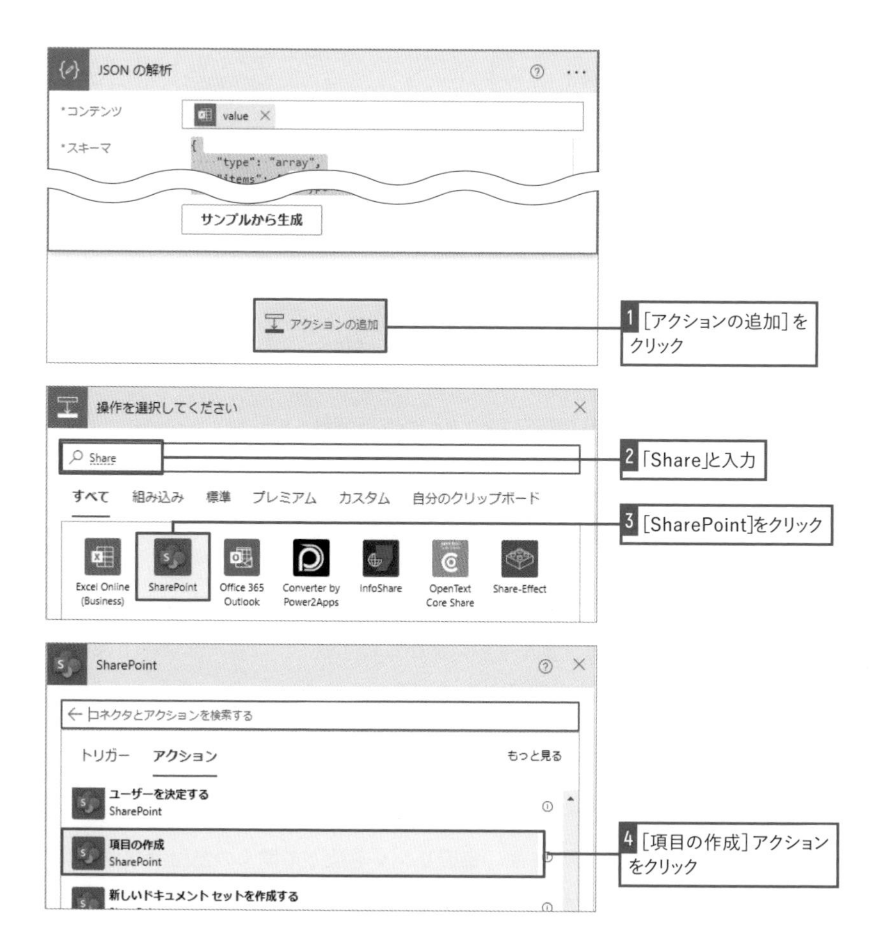

■［項目の作成］アクション

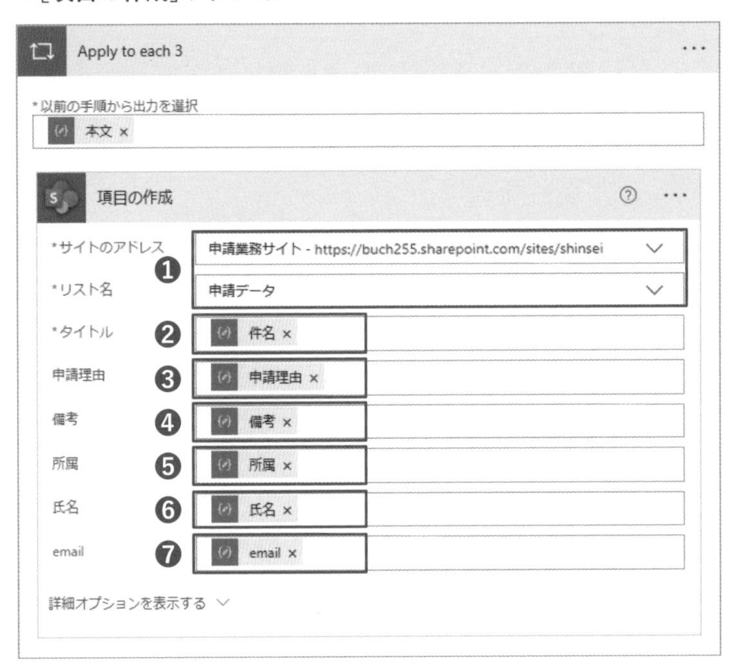

❶ 転記先のSharePointリストがあるサイトとリスト名を選択

❷［JSONの解析］アクションの動的なコンテンツから［件名］を選択

❸［JSONの解析］アクションの動的なコンテンツから［申請理由］を選択

❹［JSONの解析］アクションの動的なコンテンツから［備考］を選択

❺［JSONの解析］アクションの動的なコンテンツから［所属］を選択

❻［JSONの解析］アクションの動的なコンテンツから［氏名］を選択

❼［JSONの解析］アクションの動的なコンテンツから［email］を選択

これでフローの完成です。［L017］フォルダー内にある練習用のファイルをOneDrive for Businessのフォルダーに保存した状態で、フローをテスト実行してみましょう。正常に動作が完了すれば、SharePointリストに、Excel申請書のデータが転記されているのを確認できるはずです。

好きなタイミングで実行できる［手動でフローをトリガーします］トリガーを利用したフローは、［マイフロー］の一覧かフローの詳細画面の［実行］ボタンをクリックすることで実行できます。**毎回リンクを辿って開くのが面倒な場合は、フローの詳細画面をブラウザーのお気に入りに追加しておくと便利**です。

[L017] フォルダー内にある練習用ファイルを処理対象となるOneDrive for Businessのフォルダーに保存しておく

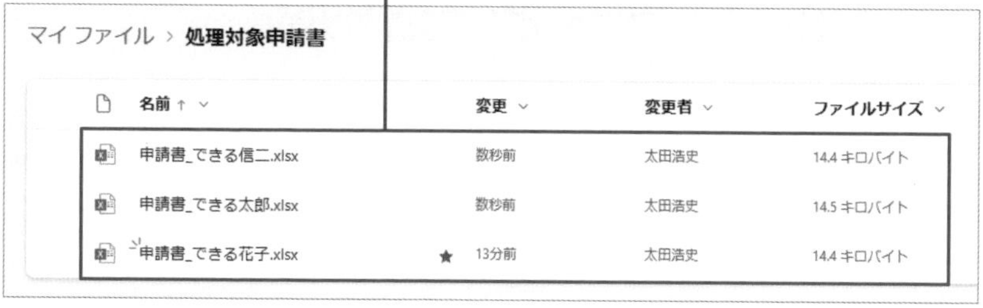

マイ ファイル > 処理対象申請書

名前 ↑	変更	変更者	ファイルサイズ
申請書_できる信二.xlsx	数秒前	太田浩史	14.4 キロバイト
申請書_できる太郎.xlsx	数秒前	太田浩史	14.5 キロバイト
申請書_できる花子.xlsx	13分前	太田浩史	14.4 キロバイト

■ フローをテスト実行する

Excelファイルの内容がリストに転記された

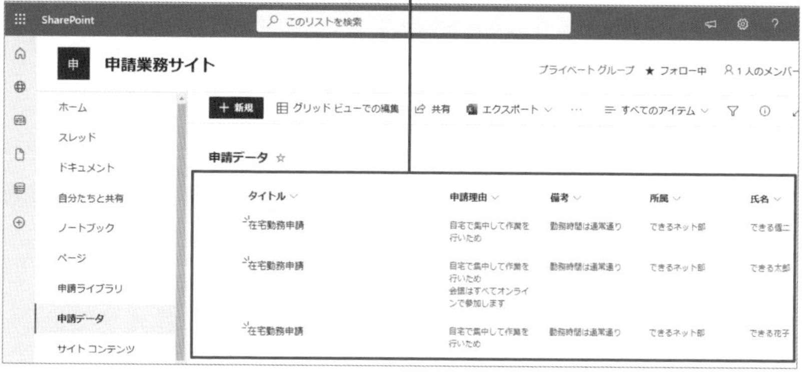

SharePoint　このリストを検索

申請業務サイト　プライベート グループ　★ フォロー中　1 人のメンバー

ホーム / スレッド / ドキュメント / 自分たちと共有 / ノートブック / ページ / 申請ライブラリ / 申請データ / サイト コンテンツ

＋ 新規　グリッド ビューでの編集　共有　エクスポート　すべてのアイテム

申請データ ☆

タイトル	申請理由	備考	所属	氏名
在宅勤務申請	自宅で集中して作業を行いため	勤務時間は通常通り	できるネット部	できる信二
在宅勤務申請	自宅で集中して作業を行いため 会議はすべてオンラインで参加します	勤務時間は通常通り	できるネット部	できる太郎
在宅勤務申請	自宅で集中して作業を行いため	勤務時間は通常通り	できるネット部	できる花子

さらに上達!

業務に応じてフローをカスタマイズしよう

作成したフローをさらに進歩させるアイデアも考えてみましょう。Excelの申請書がメールで送られてくるのであれば、その添付ファイルをOneDrive for Businessのフォルダーに自動保存する処理を付け足すこともできます。また、処理済みのファイルを削除したり、ほかのフォルダーに移動させたりしても良いですね。必要な業務の流れに応じて、必要な処理を付け足すことでより便利になります。練習も兼ねて挑戦してみても良いでしょう。

LESSON 18

SharePointリストで管理している古いデータを一括削除

SharePointリストのデータをまとめて処理することもできます。スケジュールに応じて定期的にするトリガーと組み合わせることで、夜間や早朝などの決められた時間に処理を実行できます。例として、古いデータをまとめて削除するフローを作成しましょう。

01 完了日が古いタスクを自動で削除する

ここではSharePointリストに入力されている古いアイテムを削除するフローを作成します。例として案件の進捗管理のために、営業部門のSharePointサイトに「タスク」リストを作成している状況を基に説明を進めます。このリストは、登録されているタスクが完了すると、その日の日付を完了日として入力するようルール化されています。また、登録されているタスク数が増えすぎないように、完了日が古いものについては気が付いたときに手動で削除しています。フローを作成することで、こうした古いタスクを自動的に削除でき、作業の手間を省けます。

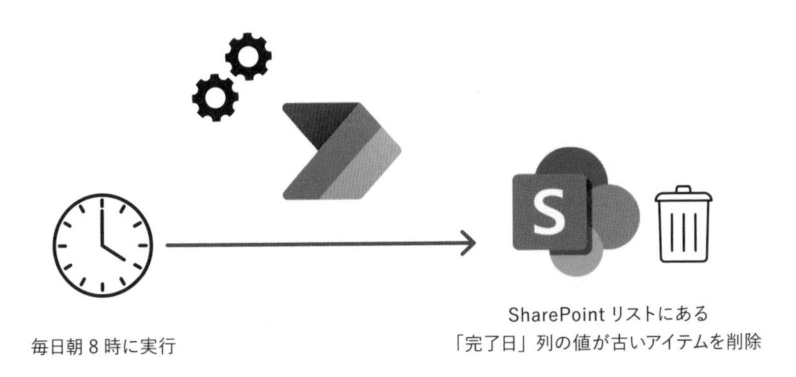

02 SharePointにフロー実行用のリストを用意

SharePointサイトにタスクを管理するためのリストを作成します。フローから利用する「完了日」列を必ず追加してください。ここでは「できる営業部」というサイトにリストを作成していますが、リストを作成するサイトはどこでも問題ありません。

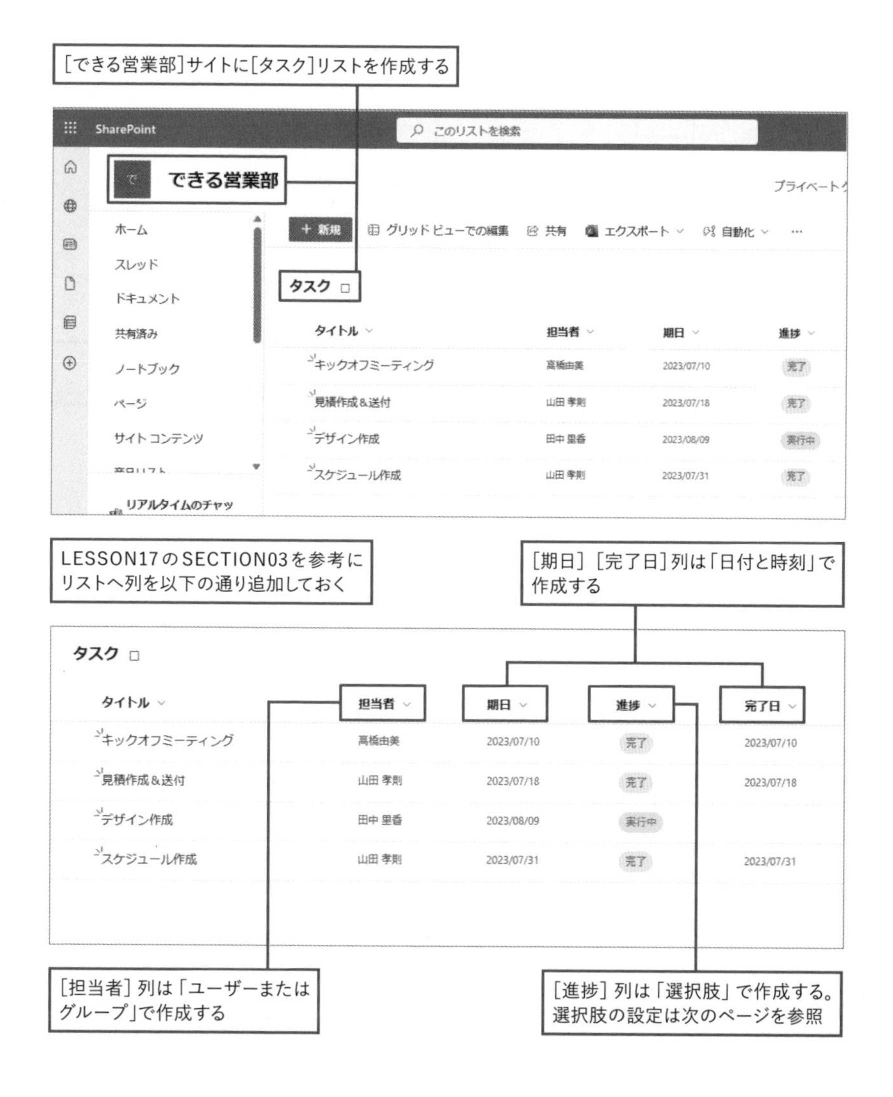

■［進捗］列の設定

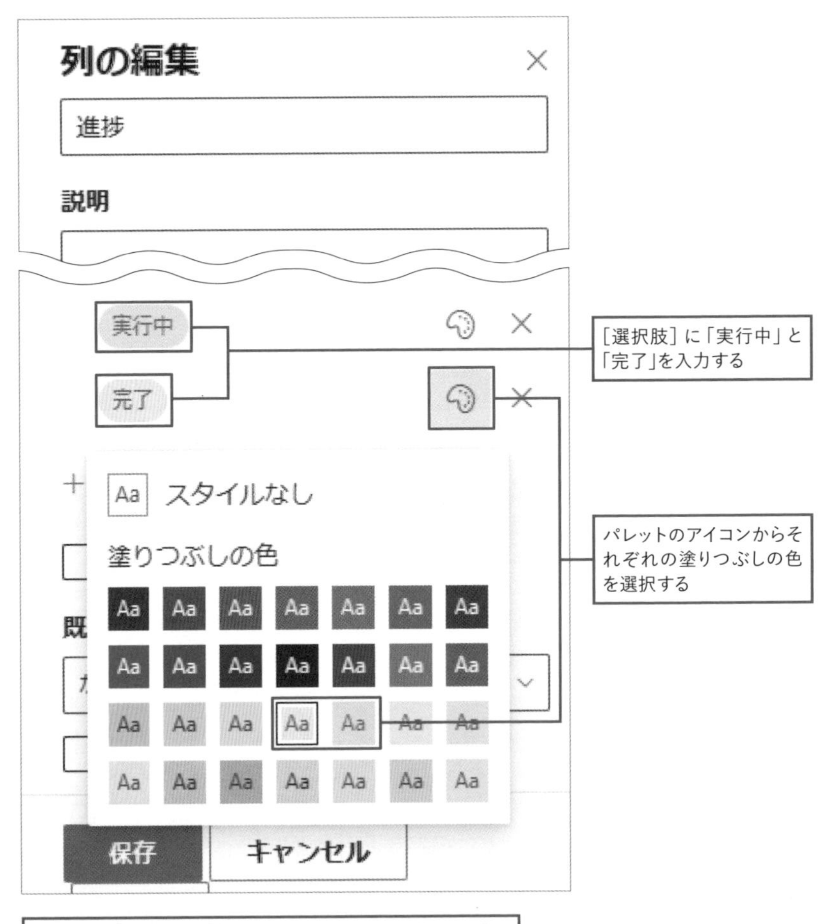

各列にデータを入力しておく。このLESSONでは［完了日］に古い値が入っているアイテムを削除する

タスク

タイトル	担当者	期日	進捗	完了日
キックオフミーティング	髙橋由美	2023/07/10	完了	2023/07/10
見積作成＆送付	山田 孝則	2023/07/18	完了	2023/07/18
デザイン作成	田中 里香	2023/08/09	実行中	
スケジュール作成	山田 孝則	2023/07/31	完了	2023/07/31

SharePointサイトのタイムゾーンにも注意

リストやライブラリの、アイテムの更新日や登録日などの［日付と時刻］列の値が実際の時間とずれていることがあります。これは、サイトのタイムゾーンが適切に設定されていないためです。サイトの設定にある［地域の設定］から変更できます。

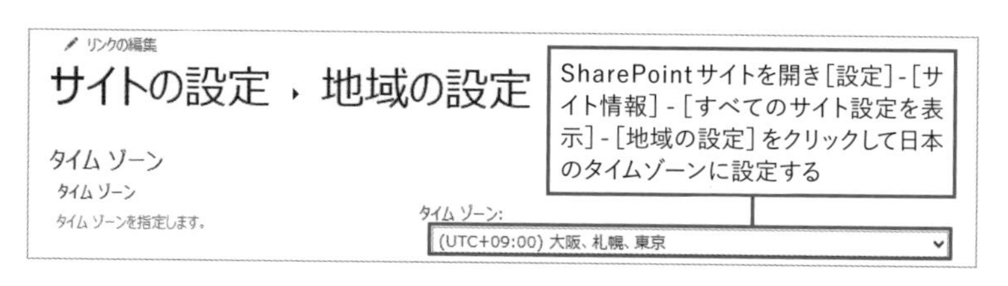

03 スケジュールトリガーで毎日自動実行

今回作成するフローは、毎日朝8時に実行し、古いアイテムを削除します。定期的に実行するためには、［スケジュール］トリガーを利用します。［スケジュール済みクラウドフロー］から、フローの［開始日］や［繰り返し間隔］を設定しましょう。毎日実行したいので、［繰り返し間隔］は「1日」です。実行される時間は、［開始時間］の［時間］に設定します。

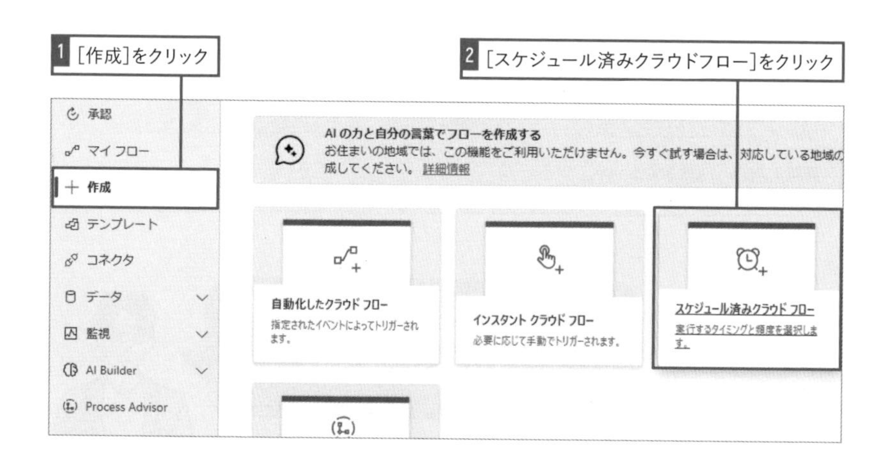

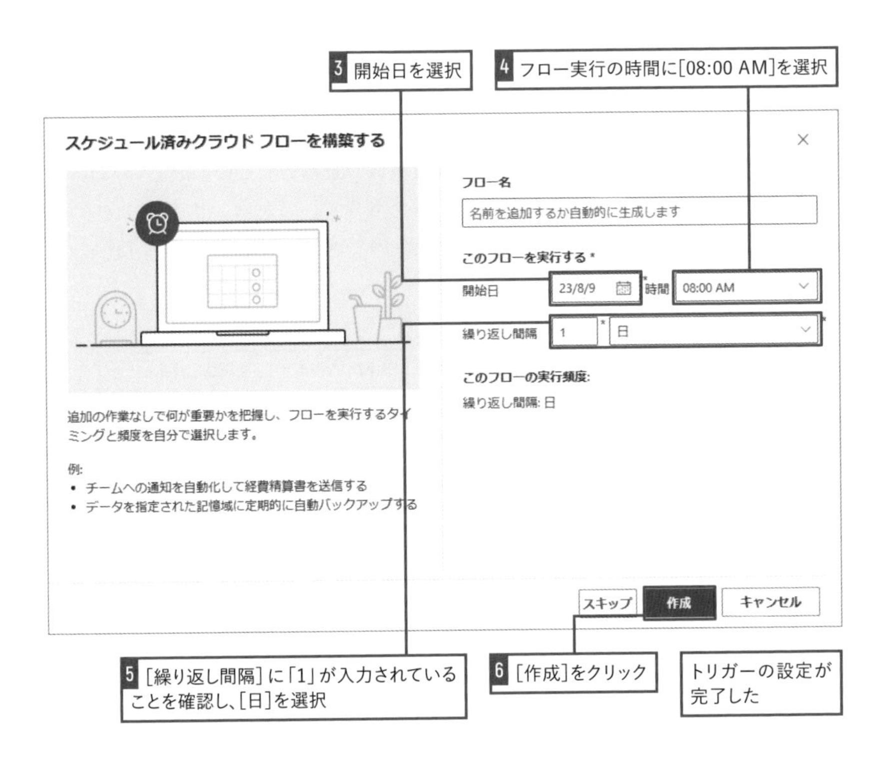

[Recurrence]をクリックすると、フローの間隔と頻度が確認できる

Recurrence

*間隔
1
*頻度
日
プレビュー
毎日 に実行する
詳細オプションを表示する

スケジュールトリガーは、さまざまな繰り返し間隔を設定できます。時間を見つけて[繰り返し間隔]のほかの設定も試してみて、どのような設定があるかを確認してみましょう。

04 アイテムを削除する基準となる時間を取得

古いアイテムをSharePointリストから削除するためには、リストに登録されたアイテムのうち、削除したいアイテムだけをフィルターして取得する必要があります。**「古い」の基準となる日付を取得するために、[日時] コネクタの [過去の時間の取得] アクションを利用**します。このアクションは、フローの実行時刻から指定した時間だけ過去に遡った日時を取得できます。例えば、[間隔]を「14」、[時間単位] を「日」に設定すれば、フロー実行時点の14日前の日時を出力します。

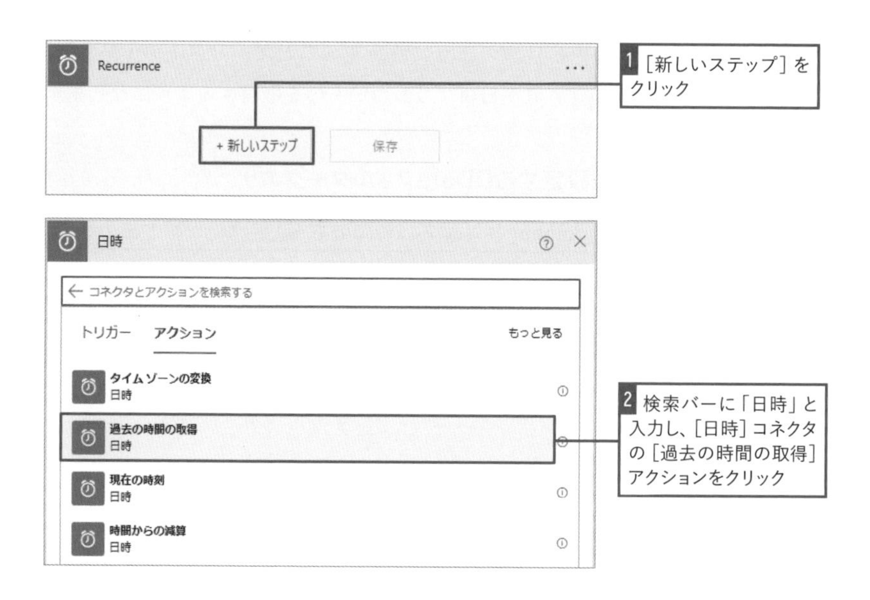

■ [過去の時間の取得] アクション

❶「14」と入力

❷ [日] を選択

05 リストから削除対象のアイテムを取得

SharePointリストからアイテムを取得するには、[SharePoint] コネクタの [複数の項目の取得] アクションが利用できます。

アクションの設定で、[サイトのアドレス] や [リスト名] で削除したいアイテムのあるリストを指定しただけでは、**リストに保存されたすべてのアイテムを取得しようとしてしまうため、フィルターを設定して削除対象のアイテムのみに絞ります。** そのためには、詳細オプションを表示し [フィルタークエリ] を設定します。**この設定は「ODataフィルタークエリ」と呼ばれる、ちょっと特殊な記述方法が必要**です。例えば今回の場合は次のように設定することで、リストの [完了日] 列に入力された日付が、指定された日付よりも古いものを取得するようになります。

■ [フィルタークエリ] に設定するODataフィルタークエリ

```
OData__x5b8c__x4e86__x65e5_ lt '[過去の時間の取得] アクションの出力'
```

これだけ見ても何のことか分かりませんよね。しかしここを理解すると、[SharePoint] コネクタをさらに使いこなせるようになります。次のSECTIONで詳しく解説します。

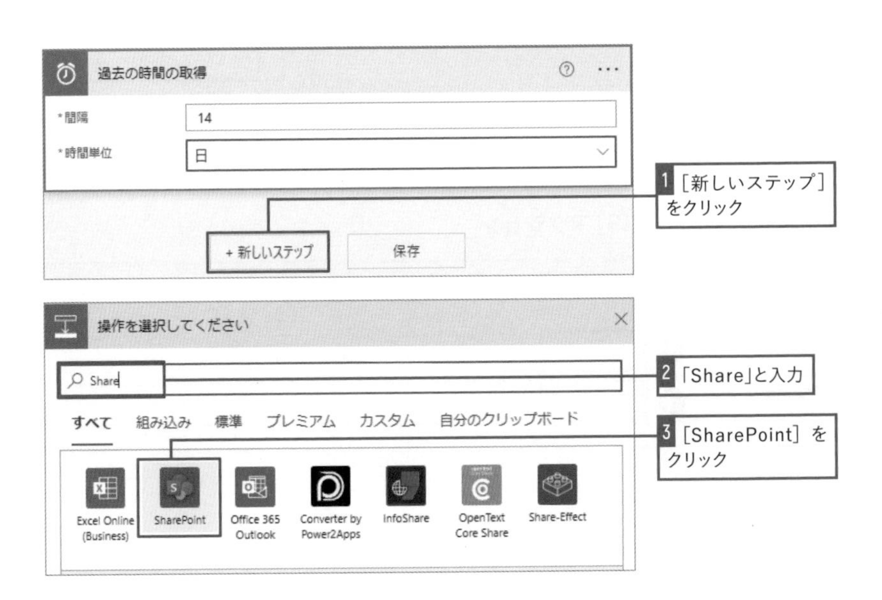

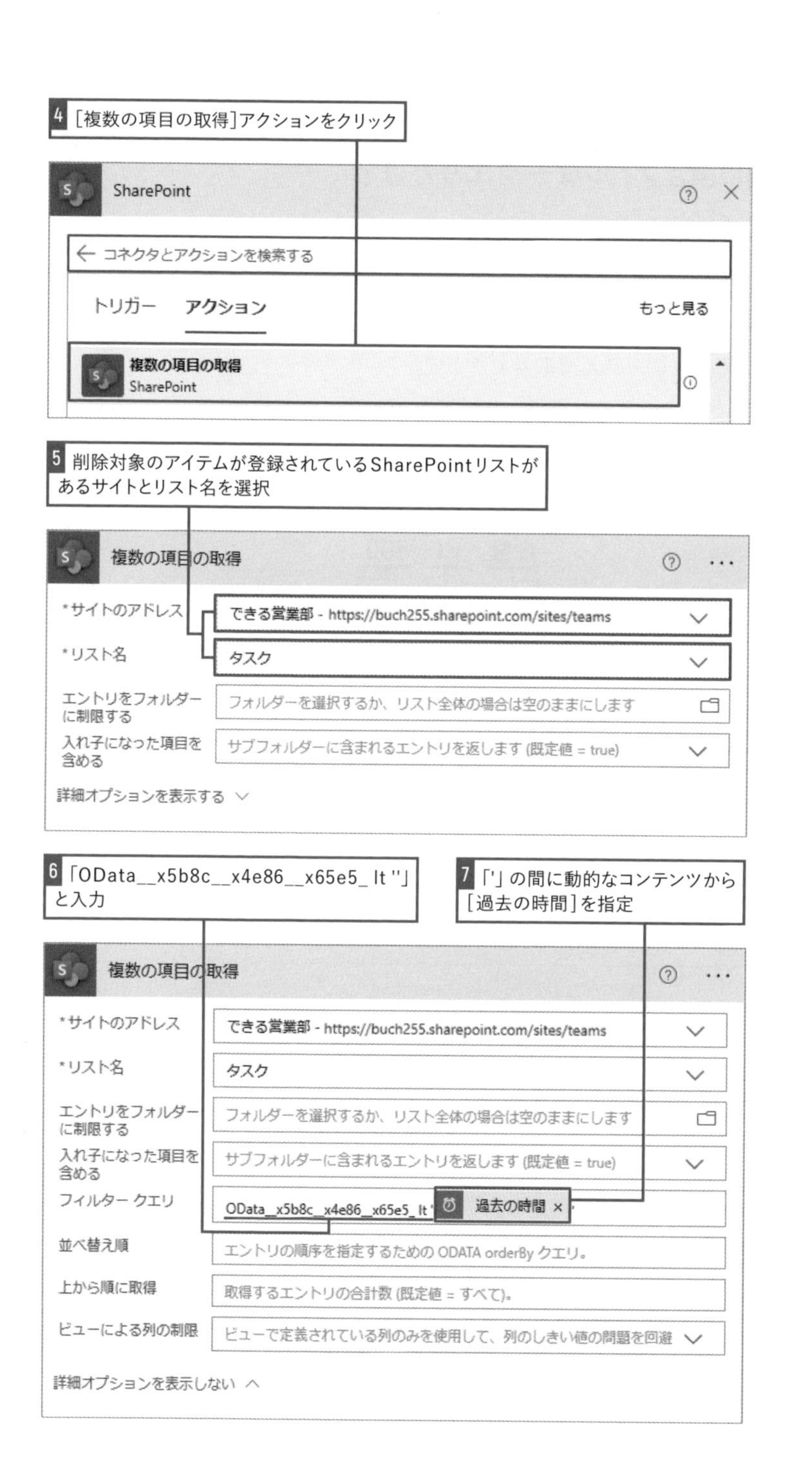
4 ［複数の項目の取得］アクションをクリック
SharePoint
コネクタとアクションを検索する
トリガー
アクション
もっと見る
複数の項目の取得
SharePoint
5 削除対象のアイテムが登録されているSharePointリストがあるサイトとリスト名を選択
複数の項目の取得
*サイトのアドレス
できる営業部 - https://buch255.sharepoint.com/sites/teams
*リスト名
タスク
エントリをフォルダーに制限する
フォルダーを選択するか、リスト全体の場合は空のままにします
入れ子になった項目を含める
サブフォルダーに含まれるエントリを返します (既定値 = true)
詳細オプションを表示する
6 「OData__x5b8c__x4e86__x65e5_ lt ''」と入力
7 「'」の間に動的なコンテンツから［過去の時間］を指定
複数の項目の取得
*サイトのアドレス
できる営業部 - https://buch255.sharepoint.com/sites/teams
*リスト名
タスク
エントリをフォルダーに制限する
フォルダーを選択するか、リスト全体の場合は空のままにします
入れ子になった項目を含める
サブフォルダーに含まれるエントリを返します (既定値 = true)
フィルター クエリ
OData__x5b8c__x4e86__x65e5_ lt '
過去の時間
並べ替え順
エントリの順序を指定するための ODATA orderBy クエリ。
上から順に取得
取得するエントリの合計数 (既定値 = すべて)。
ビューによる列の制限
ビューで定義されている列のみを使用して、列のしきい値の問題を回避
詳細オプションを表示しない

06 ODataフィルタークエリとは?

[フィルタークエリ]に設定するODataフィルタークエリは、SharePointリストから条件に合ったアイテムを取得するための条件を表します。これにより例えば、金額列の値が500よりも大きなアイテム、進捗列に未着手が入力されているアイテムなどに絞り込んで取得できます。

ODataフィルタークエリでは、比較演算子と呼ばれる特殊な表記を挟んでいる左辺と右辺の値を比較できます。比較演算子には、eq、ne、lt、gtなどさまざまな条件が利用できます。

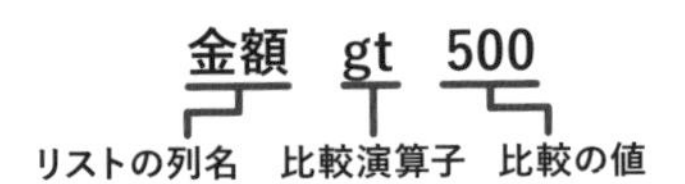

上記は「金額列の値が500よりも大きいもの」の意味

■ よく利用される比較演算子

比較演算子	説明
eq	左辺が右辺と等しい(Equal)
ne	左辺が右辺と等しくない(Not Equal)
gt	左辺が右辺より大きい(Greater than)
lt	左辺が右辺より小さい(Less than)
ge	左辺が右辺以上(Greater than or equal)
le	左辺が右辺以下(Less than or equal)

「and」や「or」を用いることで、複数の条件を組み合わせたフィルターを行うことができます。また、比較対象が文字列や日時の値の場合は、シングルコーテーションで値を囲む必要がある点に注意しましょう。

金額 gt 500 and 進捗 eq '未着手'

上記は「金額列の値が500よりも大きいものかつ進捗列が未着手のもの」の意味

07 SharePointリスト列の表示名と内部名

さて、アクションに設定したODataフィルタークエリのもう1つの疑問は、左辺に登場する「OData__x5b8c__x4e86__x65e5_」という謎の文字列ではないでしょうか。**これを理解するには、SharePointのリストやライブラリの列は、表示名と内部名の2つの名前を持つことを知っておく必要があります。**

今回のアイテムの取得対象としている列は、それぞれ次のような表示名と内部名を持っています。表示名は、その名の通り画面に表示されている列名です。一方の内部名は、プログラムなどからアクセスするときに必要な列名になっています。

■ 今回作成したリストの列の内部名

表示名	内部名
タイトル	Title
担当者	_x62c5__x5f53__x8005_
期日	_x671f__x65e5_
進捗	_x9032__x6357_
完了日	_x5b8c__x4e86__x65e5_

タスク

タイトル	担当者	期日	進捗	完了日
キックオフミーティング	高橋由美	2023/07/10	完了	2023/07/10
見積作成＆送付	山田 孝則	2023/07/18	完了	2023/07/18
デザイン作成	田中 里香	2023/08/09	実行中	
スケジュール作成	山田 孝則	2023/07/31	完了	2023/07/31

普段は意識にする必要のない「内部名」ですが、Power Automateから利用するときには重要になります。一歩踏み込んだSharePointの知識として覚えておきましょう。

■ 内部名の確認方法

内部名を確認するには、SharePointリストを開き、[リストの設定]を確認しましょう。リストの設定画面の中ほどにある[列]の一覧から、内部名を確認したい列をクリックします。すると列の編集画面が開きますが、このときのURLにある「Field=」の後ろの文字列が列の内部名です。

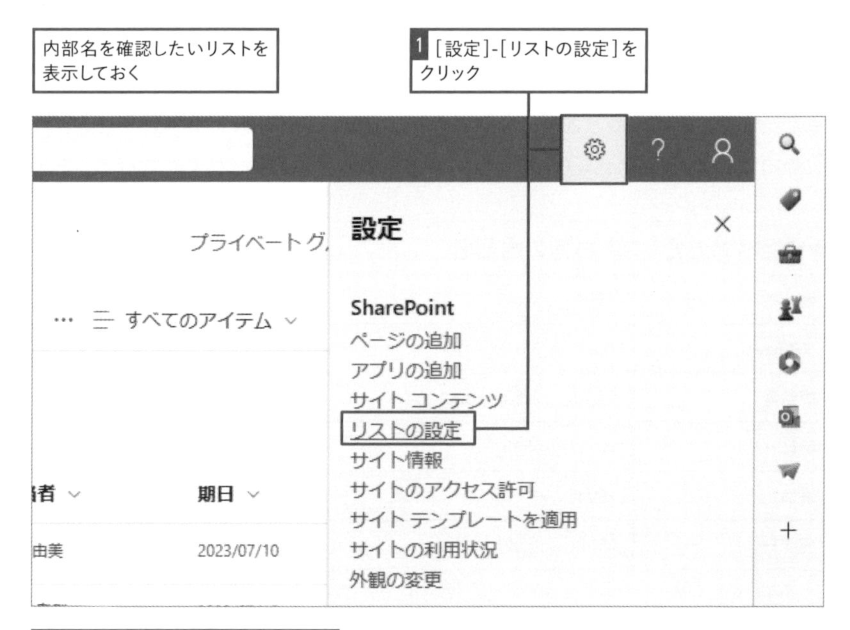

2 内部名を確認したい列名をクリック

列

列には、リスト内の各アイテムについての情報が保存されます。現在、このリストでは次の列を使用できます。

列 (クリックして編集)	種類	必須
タイトル	1 行テキスト	✔
担当者	ユーザーまたはグループ	
期日	日付と時刻	
進捗	選択肢	
完了日	日付と時刻	
更新日時	日付と時刻	
登録日時	日付と時刻	
登録者	ユーザーまたはグループ	

さらに、**Power AutomateからODataフィルタークエリで利用する場合は、内部名の先頭に「OData_」の接頭語を付けなければならない場合があります。それは、列の内部名が「_」から始まっている場合です。**例えば「完了日」の内部名は、「_x5b8c__x4e86__x65e5_」のように「_」からはじまるため、接頭語を付けて「OData__x5b8c__x4e86__x65e5_」とする必要があります。

内部名		Power Automateから利用時
_x9032__x6357	→	OData__x9032__x6357
Progress	→	Progress

内部名が「_」ではじまるときは、「OData_」の接頭語が必要

内部名の文字列を分かりやすくするには

リストやライブラリで列を作成する場合、日本語や記号、数字のようなアルファベット以外からはじまる列名を付けてしまうと、内部名が非常に分かりづらいものになってしまいます。そのため、Power Automateからも利用しようと考える列の場合は、列作成時はアルファベットのみで名前を付けておくテクニックもあります。作成後に表示名を日本語に変えても内部名は分かりやすいアルファベット表記のままなので、ODataフィルタークエリなどを記述するときに格段に楽になります。

列作成時にアルファベットのみで名前を付け、あとから日本語名に変更する

列の作成
列の作成についての詳細を確認してください。
名前 *
Assign
説明

列の編集
列の種類とオプションについての詳細を確認してください。
名前 *
担当者
説明

あとから日本語名に表示名を変更しても内部名は変わらない

E53-9E67-C34229C2427D%7D&Field=Assign

列名:
担当者
この列の情報の種類:
ユーザーまたはグループ

このテクニックは列作成時には少し手間に感じますが、あとからPower Automateで利用するときに「やっててよかった」と思えるものです。覚えて損はありません。

08 取得したアイテムを削除

リストから削除対象となるアイテムを取得できたので、このアイテムを削除していきます。削除するには、[SharePoint] コネクタの [項目の削除] アクションを利用します。アクションを追加したら、削除するアイテムがあるリストを指定するように、[サイトのアドレス] と [リスト名] を設定しましょう。[ID] には、[複数の項目の取得] アクションから出力される [ID] を指定します。これで、あらかじめ取得しておいた削除対象のアイテムを削除できます。このとき、Power Automateが自動的に [Apply to each] の反復処理を追加してくれます。

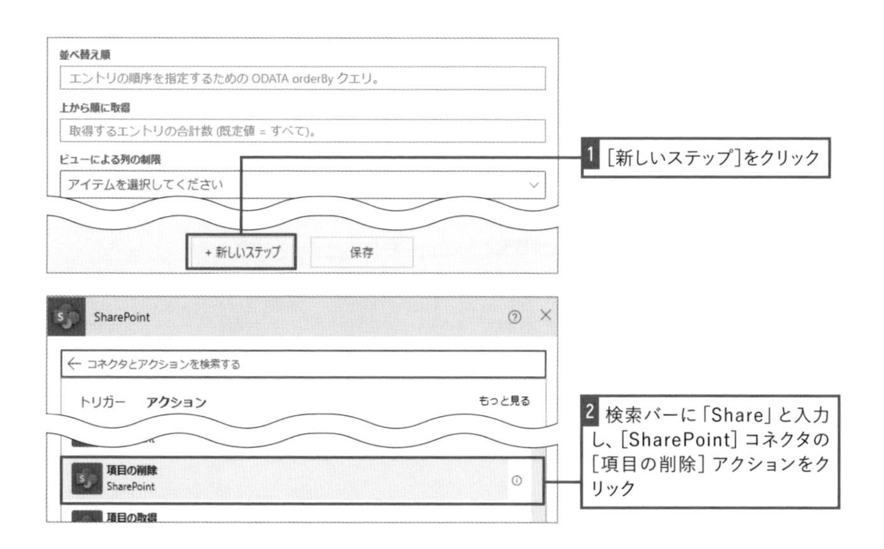

■ [項目の削除] アクション

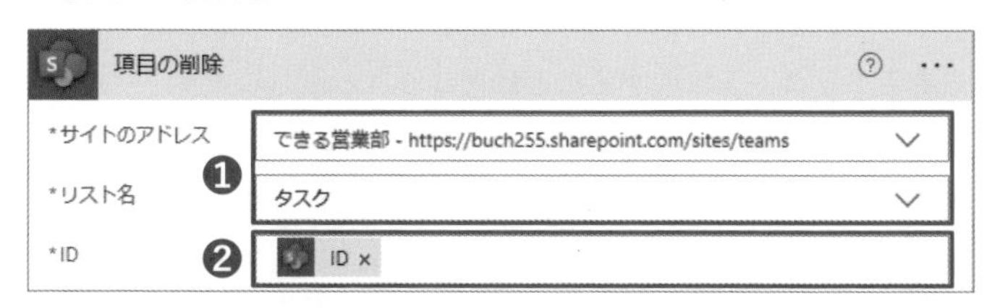

❶ 削除対象のSharePointリストがあるサイトとリスト名を選択

❷ [複数の項目の取得] アクションの動的なコンテンツから [ID] を選択

さて、フローを作成したらテスト実行してみましょう。フローが正常に動作すれば、元から登録されているアイテムのうち、完了日が14日前より古いアイテムが削除されているはずです。テストが上手くいったら、トリガーで設定した時間まで待ってみて、スケジュール通り動作するかも確認してみましょう。

■ フローをテスト実行する

この例の実行日は8月3日だったので、完了日の値が14日前の7月21日より古いアイテムが削除される

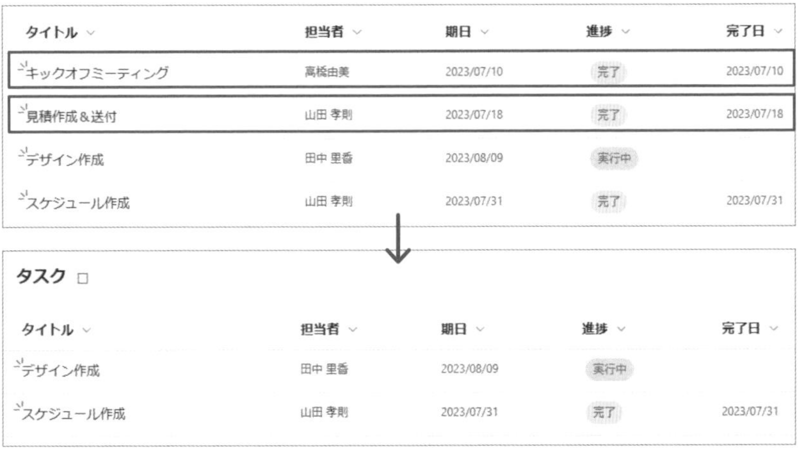

タイトル	担当者	期日	進捗	完了日
キックオフミーティング	髙橋由美	2023/07/10	完了	2023/07/10
見積作成＆送付	山田 孝則	2023/07/18	完了	2023/07/18
デザイン作成	田中 里香	2023/08/09	実行中	
スケジュール作成	山田 孝則	2023/07/31	完了	2023/07/31

↓

タスク

タイトル	担当者	期日	進捗	完了日
デザイン作成	田中 里香	2023/08/09	実行中	
スケジュール作成	山田 孝則	2023/07/31	完了	2023/07/31

達人のノウハウ 試行錯誤しながら少しずつ完成に近付ける

教わりながら手順通りにフローは作成できても、それを一から作成するのは難しいと感じることもあります。その原因の多くは、フローは順番通りに間違えずアクションを追加して作成するものだと思っていることにあります。教わる手順のほとんどは、すでに完成したフローの作成手順です。自分で一から考えてフローを作成するのとは異なることがあります。一から作成できるようになるためには、試行錯誤の方法を覚えることが大切です。アクションを並び替えたり途中に新しく追加したりしながら、何度も動作を確認します。順番通りに追加してすんなり完成とはなりません。アクションや設定を変えて何度も動かし、少しずつ目的の動作に近付けていきましょう。教わった手順の裏側にもこうした試行錯誤が隠れています。

応用編

第5章

思い通りのフローを作成するための一歩進んだテクニック

複雑なプログラミングの知識がなくても、さまざまな処理を自動化できるのがPower Automateの良いところです。そしてさらに、ほんの少しだけプログラミングの知識を知っておくだけで、もっと多くの業務を自動化できる可能性が広がります。「変数」や「式」や「JSON」など、フロー作成でつまずきやすい部分を中心に解説します。

LESSON

19 変数を使いこなそう

変数を利用することで、フローの構造をシンプルで分かりやすくしたり、指定した回数だけ反復処理をさせたりできます。特に、フローの構造をシンプルにすると効率よくフローを作成できるようになるため、変数の使い方を知っておきましょう。

01 変数とは

変数とは、フローの中で利用できる「値を入れておける入れ物」です。入れ物の中には数字や文字列などを入れて、あとから利用したり、中身を入れ替えたりできます。例えば、メールアプリで署名を登録したことはないでしょうか。一度登録してしまえば、次からはメール送信時には登録した署名を再利用できますよね。変数も同じように、あとから同じ値をフロー内の複数のアクションで使い回したいときなどに利用すると便利です。

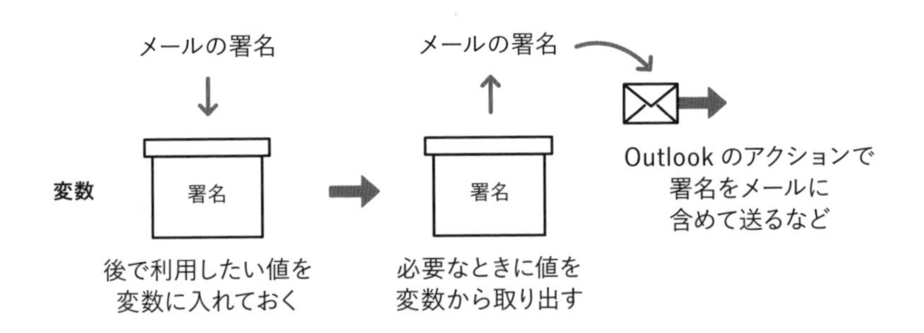

変数の便利さを感じるのは、フローを修正するときでしょう。変数を上手に使って作成されたフローは、修正の手間も大きく減らせます。使い方や使いどころを押さえましょう。

02 変数の初期化と種類

フローで変数を利用するには、まずは必ず変数の「初期化」を行う必要があります。**初期化は、値を入れるための入れ物を用意し、それにラベルを貼り付ける作業**です。また、変数に入れたい値がすでに用意できている場合には、初期化のついでに初期値として入れておくことができます。

変数を初期化するには、[変数] コネクタの [変数を初期化する] アクションを利用します。このアクションでは、変数の [名前] と入れる値の [種類]、初期値となる [値] を設定します。[種類] では、次の表の値の種類から選択します。また、[変数を初期化する] アクションは、[Apply to each] などの枠で囲まれた中では利用できないので注意しましょう。

◆[変数を初期化する]アクション

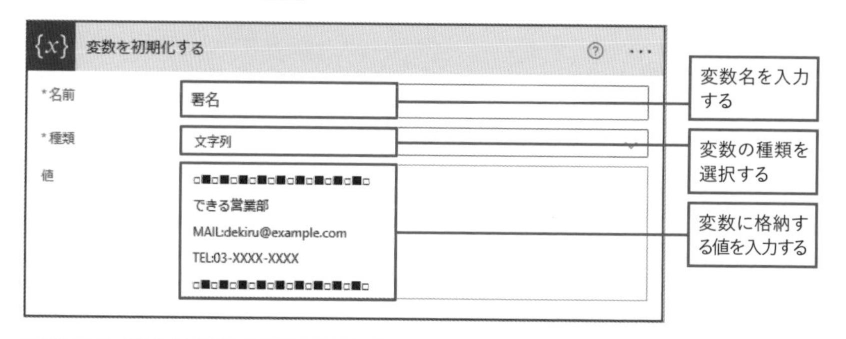

[変数を初期化する]アクションの[名前]に入力した変数名が動的なコンテンツに表示され、使用できる

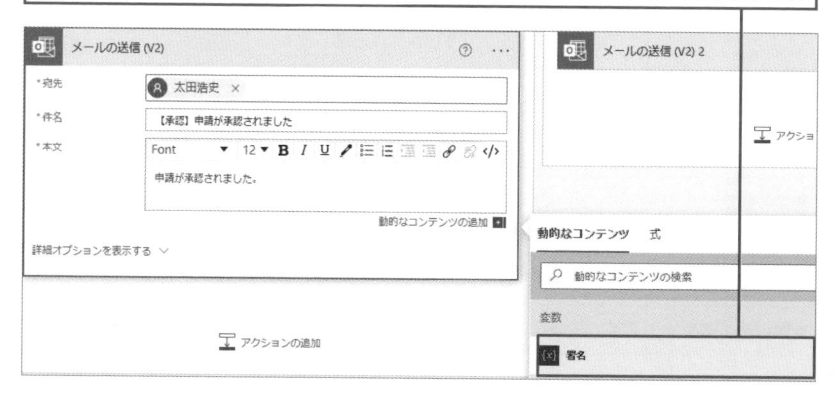

■ 変数の種類

種類	説明
ブール値	「true」または「false」のいずれかの値
整数	「-100」「10」「34」などの整数の値
Float	「-100.5」「10.6」「34.7」などの小数点を含む数の値。整数も利用できる
文字列	「あいうえお」「abcde」といった文字の値
オブジェクト	JSON形式で記述される複雑な構造の値
アレイ	複数個からなる同じ種類の値。配列とも呼ばれる。 「[1,2,3,4,5]」「["あ","い","う","え","お"]」のようにカンマ区切りの複数の値を角括弧で囲む書式で指定する

利用も簡単で頻度が高いのは「整数」や「文字列」です。一方で「オブジェクト」や「アレイ」は、JSON形式の知識がないと使いづらいでしょう。まずは、よく利用される「整数」と「文字列」を中心に、変数の使い方を覚えましょう。

03 変数の値を入れ替えるには

フローの実行中に変数の値を入れ替えることもできます。次の表のように、変数の種類によって利用できるアクションが異なるので注意しましょう。

アクション	対応する変数の種類	説明
配列変数に追加	アレイ	配列の最後に、指定した値を追加する。 「["あ","い","う"]」の値に「か」を追加すると「["あ","い","う","か"]」となる
文字列変数に追加	文字列	文字列の末尾に指定した文字列を追加する。 「こんにちは」に「みなさん」を追加すると「こんにちはみなさん」となる
変数の設定	すべて	変数の値を指定した値で入れ替える。元の値と同じ種類の値である必要がある
変数の値を減らす	整数、Float	変数の値から指定した数を引く
変数の値を増やす	整数、Float	変数の値に指定した数を足す

変数を使うと便利な場面を知ろう

変数は、動的なコンテンツとしてアクションに設定できます。フローで変数を利用すると便利な場面は主に「同じ値を複数の場所で使いたいとき」「フローの構造をシンプルにしたいとき」「反復処理の終了条件に利用したいとき」の3つです。それぞれ見ていきましょう。

01 同じ値を複数の場所で使いたいとき

承認の結果をメールで送るフローを作成している場合、条件分岐の「はいの場合」と「いいえの場合」のそれぞれにメールを送信するアクションを追加することがあります。メールの最後に署名を入れるには、それぞれのアクションでメールの本文に同じ署名を書くことになります。仮に何かの事情で署名を変える必要がある場合、またそれぞれのアクションで同じ署名に書き換えなければなりません。このような場合、メールの署名を変数にすると変更が楽になります。

■ 変数を使わない場合

承認の結果に応じて[はいの場合]と[いいえの場合]にそれぞれメールが送信されるフロー

メール内の署名はすべて手入力する必要がある

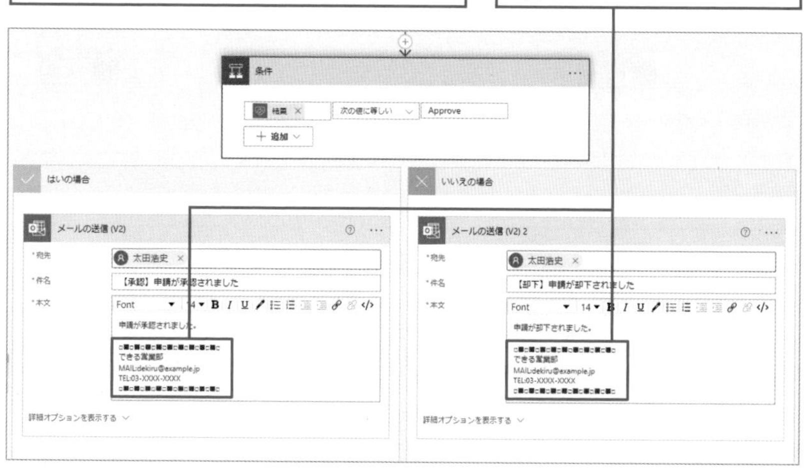

■ 変数を使った場合

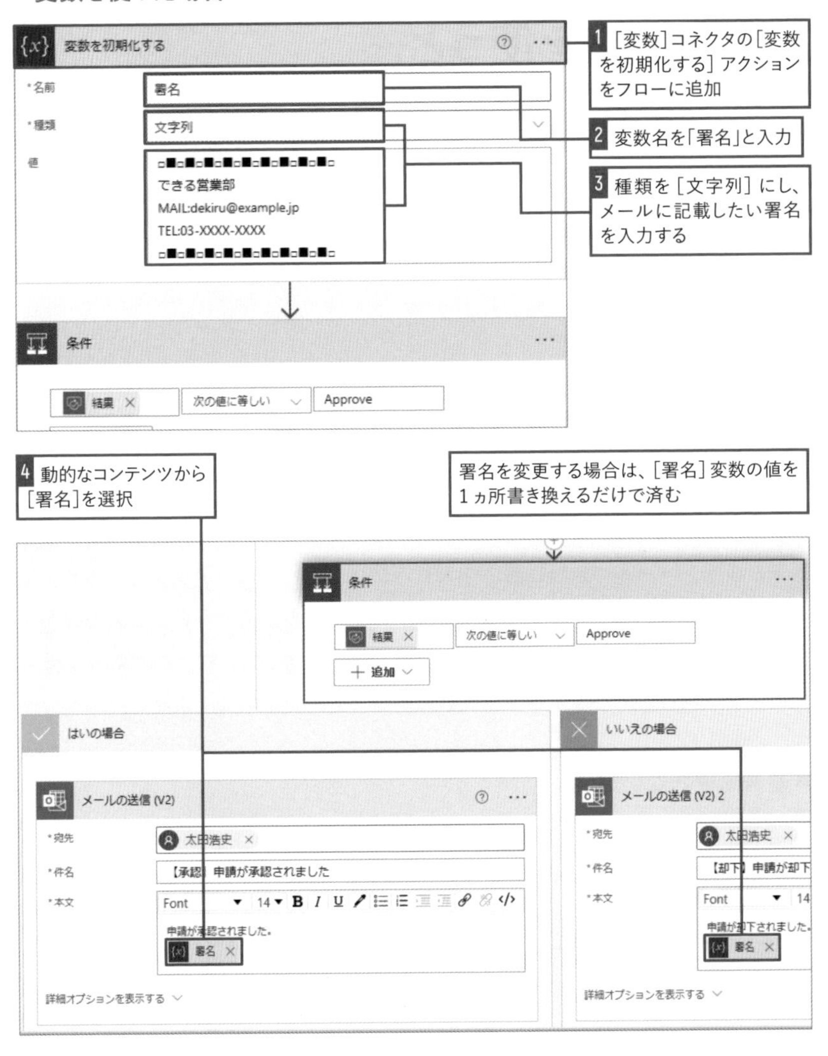

02 フローの構造をシンプルにしたいとき

条件分岐などが増えてくると、設定の一部が異なるだけのアクションを複数の箇所で繰り返し利用することもあります。例えば、Formsで作成した問い合わせフォームに寄せられた内容を、問い合わせの内容に応じて異なる担当者にメールを送信したいとしましょう。

これを実現するためには、次のようなFormsの問い合わせフォームとフローを作成します。**ポイントは、問い合わせフォームの設問の回答を利用して、フロー内でスイッチ分岐を利用しメール送り先の担当者を振り分けている点です。**このフローは変数を利用することで、メールの送信アクションの数を減らし、よりシンプルにできます。

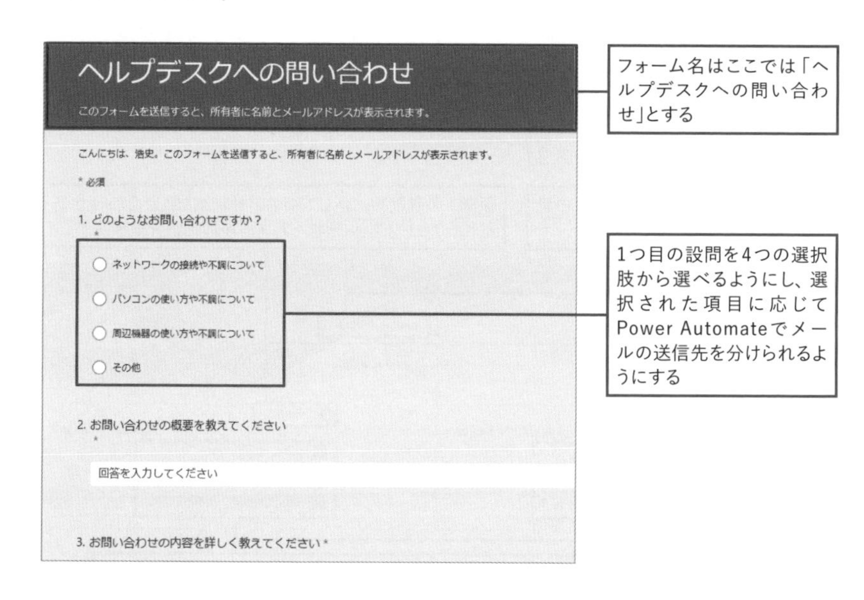

■ 変数を使わない場合

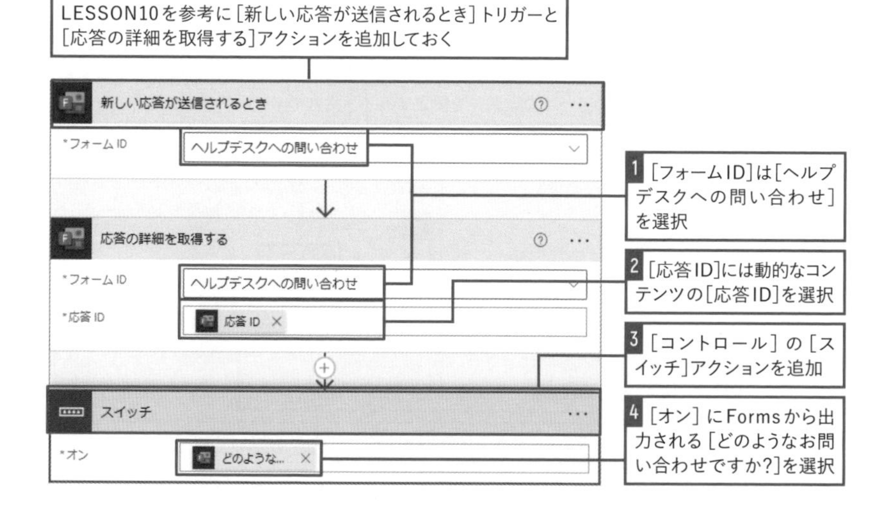

それぞれの分岐には、宛先が異なるだけでほかは同じ設定のメールの送信アクションを追加する

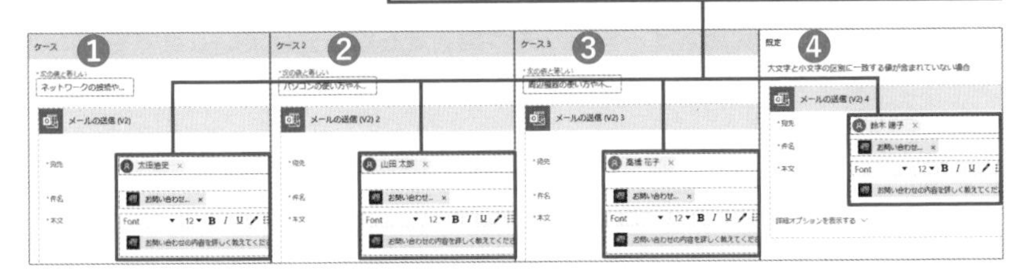

❶の［ケース］と❷の［ケース2］

［次の値と等しい］に設問1の1つ目と2つ目の項目を入力する

設問1の選択肢に応じて別のアドレスに問い合わせが送られるよう［宛先］にそれぞれメールの送信先を設定する

［Office 365 Outlook］コネクタの［メールの送信（V2）］アクションの［件名］には設問2から出力される値を、［本文］には設問3から出力される値を設定する

❸の［ケース3］と❹の［既定］

［次の値と等しい］に設問1の3つ目の項目を入力し、3つ目の選択肢が選ばれた場合のメールの送信先を設定する

設問1の4つ目の選択肢が選ばれた場合のメールの送信先を設定する

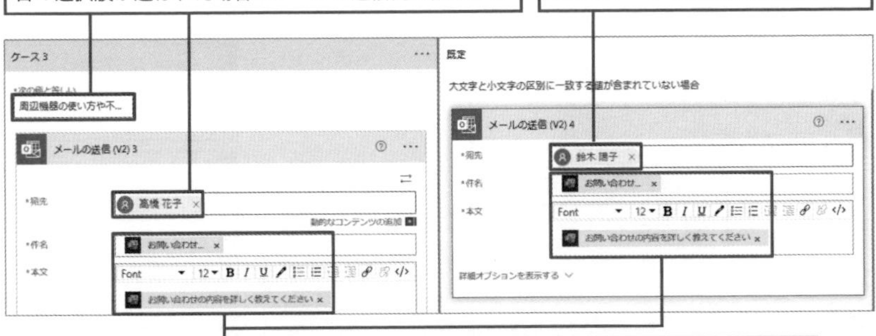

［Office 365 Outlook］コネクタの［メールの送信（V2）］アクションの［件名］には設問2から出力される値を、［本文］には設問3から出力される値を設定する

変数を使った場合を見ていきましょう。**元のフローで条件によって異なる値になっているのは、[メールの送信(V2)]アクションに設定されている担当者のメールアドレス**です。このように**条件によって変わる部分が変数に置き換えられます。** 以下の例では[担当者]変数を作成し、条件に応じた担当者のメールアドレスを格納するようにしています。このためスイッチ分岐の中では、設定の簡単な[変数の設定]アクションのみを利用します。スイッチ分岐で設定される[担当者]変数を[メールの送信(V2)]アクションの[宛先]に設定することで、1つのアクションだけを利用し条件に応じてメールの送信先を変えることができます。このように、設定項目の多いメール送信のアクション数を減らせたことで、あとからフローを修正するときの手間も少なくなります。

■変数を使った場合

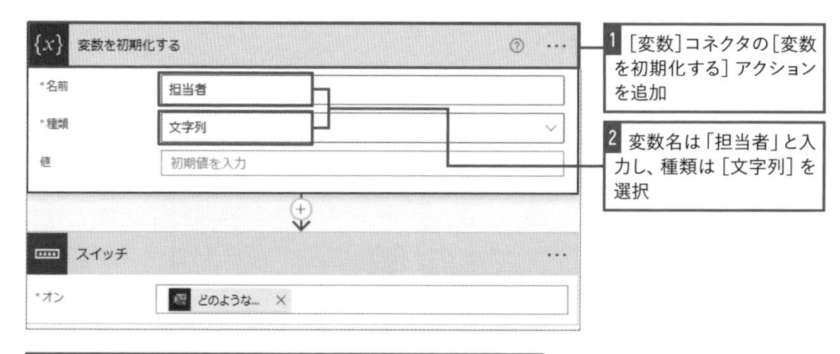

[変数の設定]アクションで変数を利用することで、設定項目の多いアクションを1つにまとめている

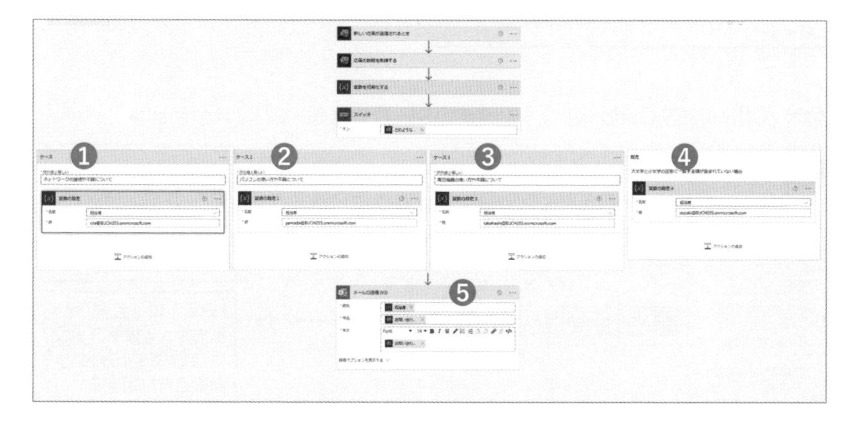

❶の［ケース］と❷の［ケース2］

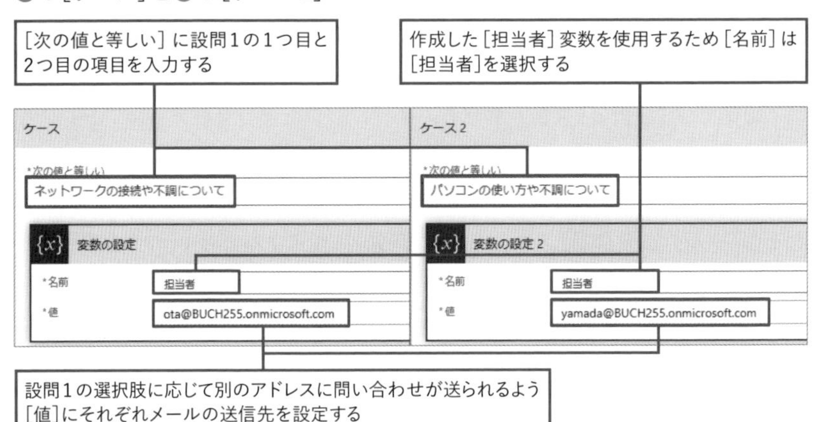

❸の［ケース3］と❹の［既定］

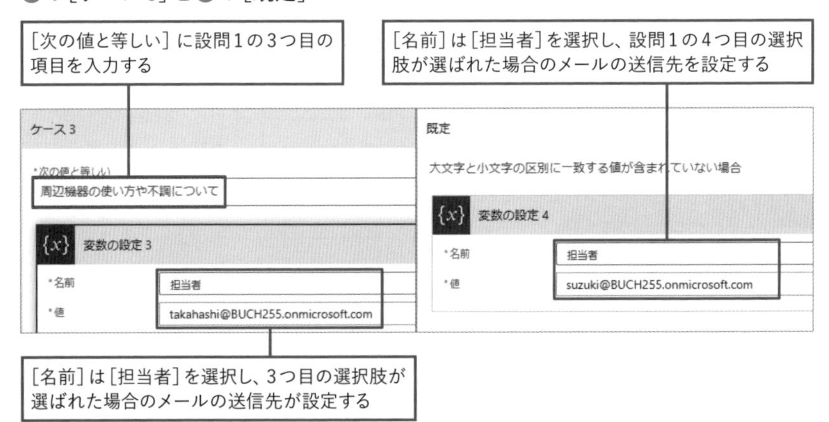

❺の［Office 365 Outlook］コネクタの［メールの送信（V2）］アクション

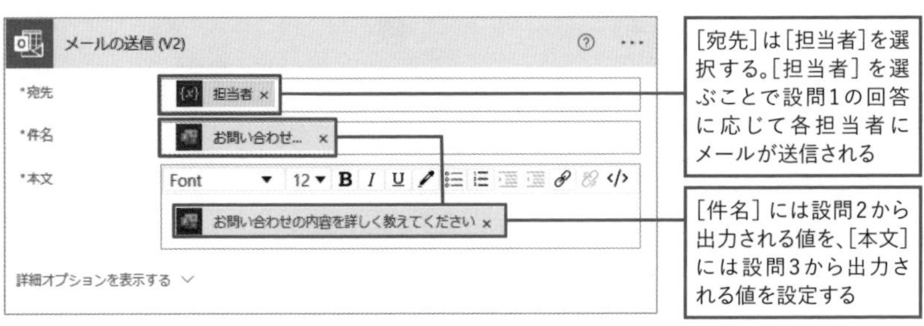

[スイッチ]アクションの使い方

[スイッチ]アクションを利用することで、指定する[動的なコンテンツ]や[変数]の値に応じて実行されるアクションを変えることができます。条件で利用する値は[スイッチ]アクションの[オン]に設定します。[ケース]を追加して、条件分岐のパターンを増やすことができます。フローの実行時に[オン]に設定された値が、各ケースの[次の値と等しい]に設定された値と等しいかどうかを判定し、等しいと判断されたケースのアクションが実行されます。また、[既定]は、設定したすべてのケースにあてはまらない場合に実行される特殊なケースです。

03 反復処理の終了条件に利用したいとき

反復処理の[Do until]は、変数と一緒に利用されます。**[Do until]の設定では反復処理を終了させる条件を指定しますが、この条件に変数を利用します。**例として次のページを参考に、承認を行うフローで承認者がなかなか承認してくれない場合に自動的にリマインドを送る処理を作成してみましょう。

ポイントは、[Do until]を利用し、承認が行われるまで繰り返しリマインドを送るようにしている点です。また、承認が行われたかどうかを判断するためのブール値を含む変数を用意し、[Do until]の終了条件として利用しています。この変数の値は、[変数を初期化する]アクションでは「false」に設定されており、承認が終わると「true」に変更されます。この動作を実現するためには、承認が終わったタイミングの[開始して承認を待機]アクションの直後に[変数の設定]アクションを追加し、値を「true」に設定します。

そして、並列分岐の[開始して承認を待機]アクションがある側の最後に、[終了]アクションを追加しておきましょう。これは、承認が終わったのにも関わらず、[Do until]の反復処理が継続している場合に、フローを強制的に終了させるために必要です。

ここでは承認の自動リマインドを例に、[Do until]と変数の使い方を紹介しています。このフローを実際の業務で利用するには、利用場面に合わせた何かしらのトリガーが必要です。

■変数を使った［Do until］の利用例

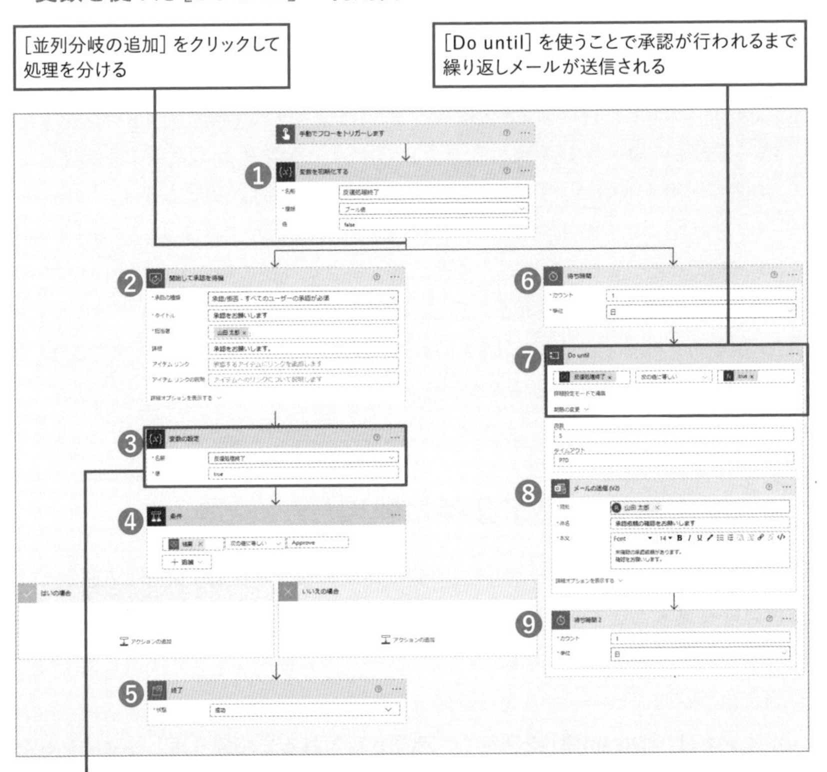

承認後に［ループ処理］変数の値を「true」に入れ替える

❶の［変数の初期化］アクション

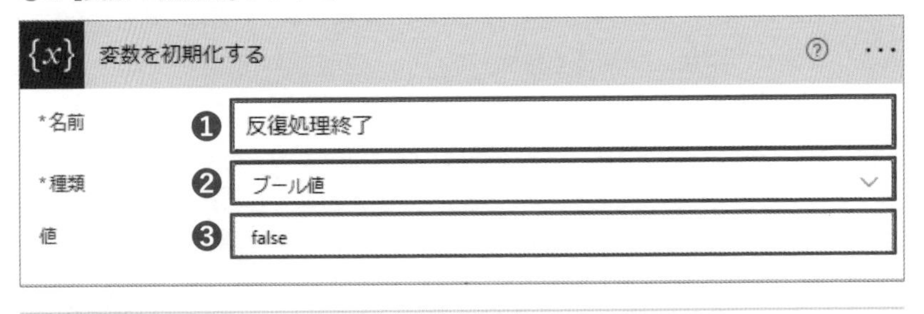

❶「反復処理終了」と入力

❷［ブール値］を選択

❸「false」と入力

❷の［開始して承認を待機］アクション

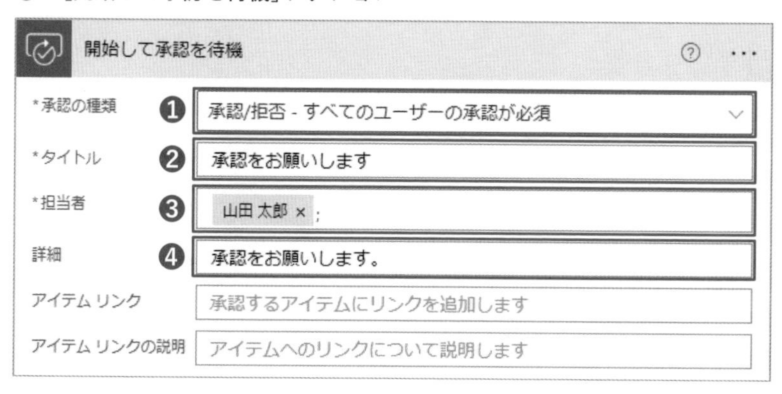

❶［承認/拒否-すべてのユーザーの承認が必須］を選択

❷ 承認依頼であることが分かるタイトルを入力

❸ 承認者を指定

❹ 通知に表示されるメッセージを入力

❸の［変数の設定］アクション

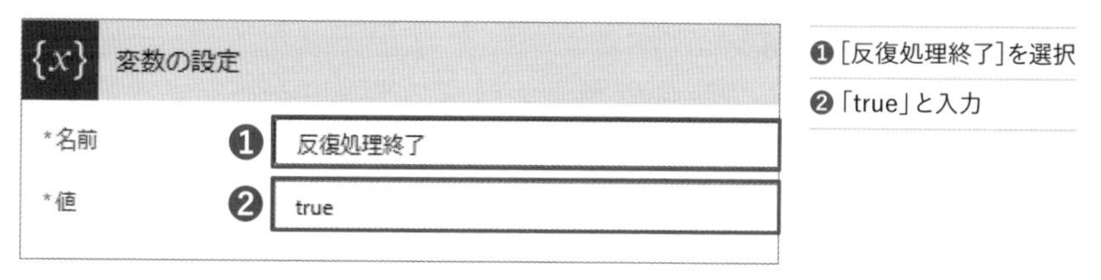

❶［反復処理終了］を選択

❷「true」と入力

❹の［条件］アクション

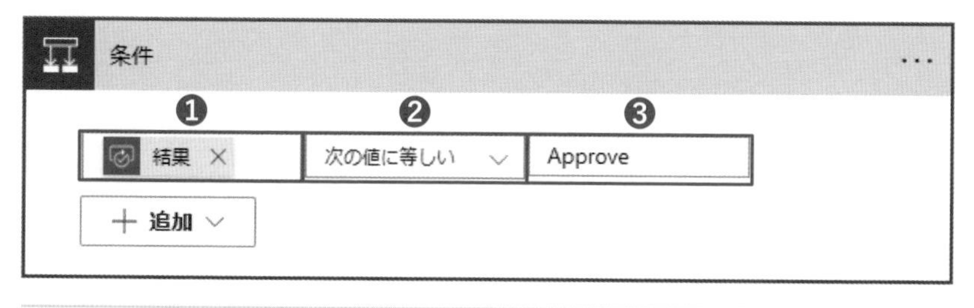

❶ 動的なコンテンツから［結果］を選択

❷［次の値に等しい］を選択

❸「Approve」と入力

❺の［終了］アクション

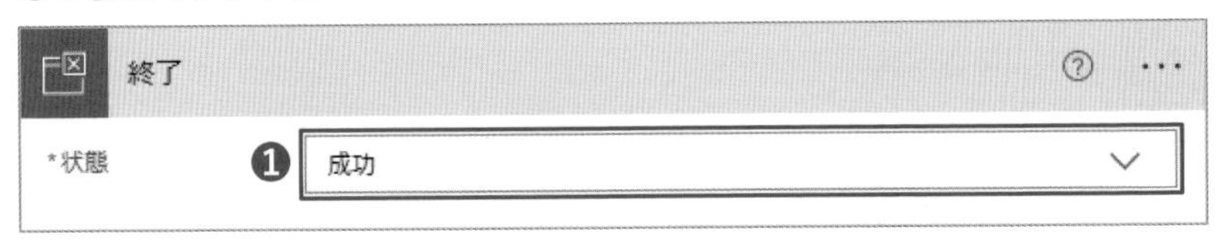

❶［成功］を選択

❻の［遅延］アクション

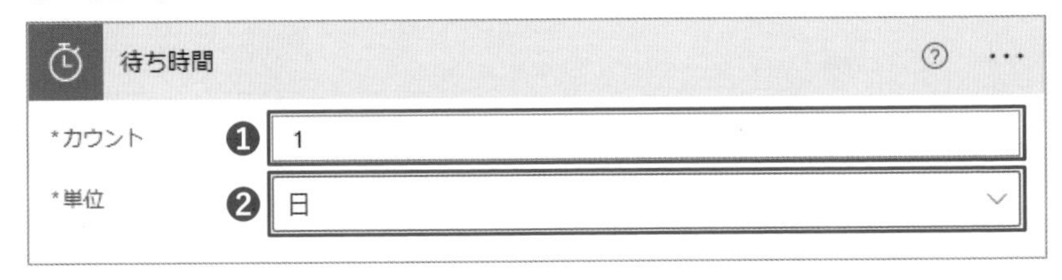

❶「1」と入力

❷［日］を選択

❼の［Do until］アクション

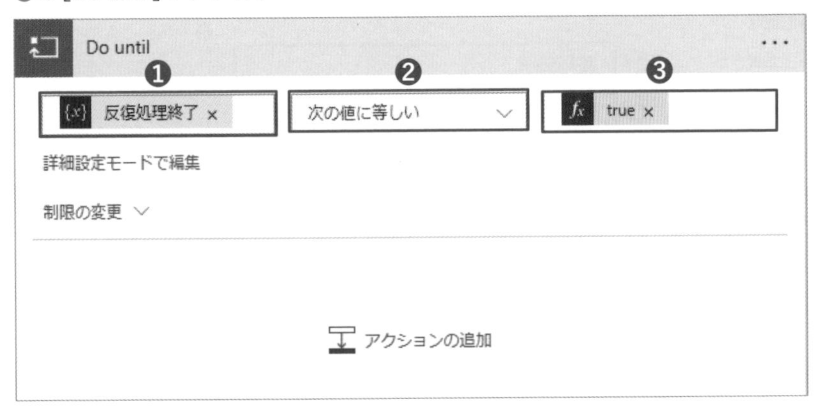

❶ 動的なコンテンツから［反復処理終了］を選択

❷［次の値に等しい］を選択

❸［値の選択］欄を選択し［式］クリックして「true」と入力し［OK］をクリック

❽の［メールの送信（V2）］アクション

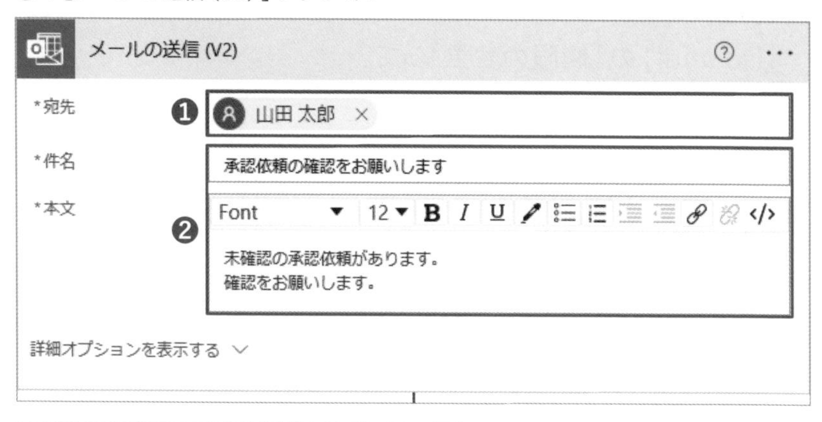

❶ リマインドのメールの送り先である承認者を指定

❷ 承認依頼の確認であることが分かる件名と本文を入力

❾の［遅延］アクション

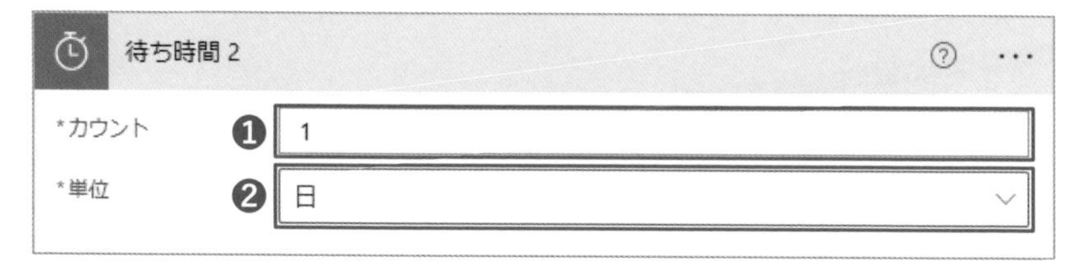

❶「1」と入力

❷［日］を選択

ここもポイント！

［待ち時間］でリマインドの間隔を調整する

リマインドで送信されるメールの間隔を調整するには、［スケジュール］コネクタの［遅延］アクションを利用します。このアクションは、フロー編集画面では［待ち時間］と表示されることもあります。アクションの設定で「1日」と指定することで、1日おきにリマインドのメールが送信されます。

[Do until] の [制限の変更] って?

[Do until] の [制限の変更] の設定では、反復処理の回数や時間の上限を指定することができます。[回数] は反復処理の上限数で、指定した回数まで繰り返し実行されると、終了条件を満たしているかによらず [Do until] アクションは終了します。[タイムアウト] の設定では、反復処理の時間的な上限を指定できます。[Do until] の反復処理を開始し、1時間経過したら終了するといった指定が可能です。[タイムアウト] の設定は、ISO8601表記にて行います。期間を意味する「Period」の「P」から始まり、1日単位であれば「D」、1時間や30分などの時間単位であれば「T」と「H」や「M」「S」を組み合わせて指定します。既定値は「PT1H」で1時間となっています。承認のリマインドに [Do until] を利用するときには、7日間などの適切な長さに変更しましょう。なお、指定できる期間の最長は30日間です。フローは実行されてから最長30日間以内に終了する必要があります。それを超えて実行中のアクションはすべてタイムアウトで終了します。

■ タイムアウトの設定例

設定値	期間
P1M	1カ月間
P1D	1日間
PT1H	1時間
PT30M	30分間
PT10S	10秒間
PT1H30M	1時間30分間

変数を理解して使えるようになれば、すでに初級者レベルからは抜け出していると思います。特に [Do until] をマスターできれば、変数の基礎は完全にマスターできているでしょう。

LESSON 21

式を使えば 値の計算や変換も簡単

フローを作成する場合には、動的なコンテンツを利用するとアクション間で簡単に値を受け渡しすることができます。しかし場合によっては、そのままの値ではなく、計算したり加工したりしてから利用したいこともあります。そうしたときに利用できるのが式です。

01 式とは

式は、アクションの設定を入力するときなどに指定でき、いくつかのあらかじめ用意された「関数」を組み合わせて作成します。**式を作成することで、数値や日付の加減算や、文字列の結合や分割などを行い、その結果得られる値を利用できます。**いくつかの関数には、その処理と同等のアクションも用意されていますが、関数でのみできることも多く、使い方を覚えておいて損はありません。取り組んでみると、難しく感じる部分もありますが、Excelの関数を利用できる人であれば覚えることは比較的容易でしょう。

関数と一緒に覚えると良いのが「引数」です。関数名の後ろに付く括弧の中には、関数の処理で利用したい複数の値をカンマ区切りで指定することができます。この指定する値のことを引数と呼びます。関数の説明でよく出てくるので、どういったものかを知っておきましょう。

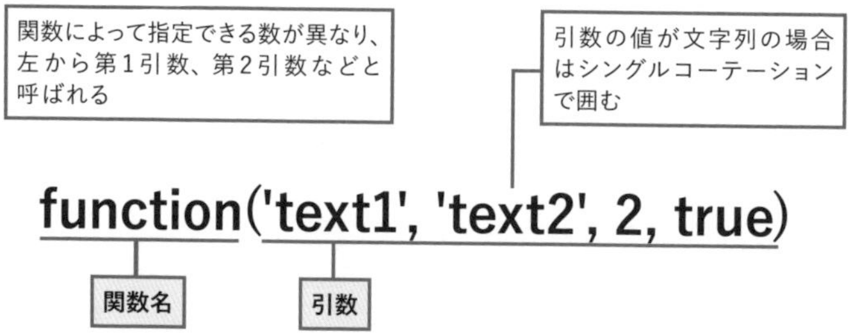

関数によって指定できる数が異なり、左から第1引数、第2引数などと呼ばれる

引数の値が文字列の場合はシングルコーテーションで囲む

function('text1', 'text2', 2, true)

関数名

引数

利用できるすべての関数は公式サイトで確認できる

Power Automateで利用できるすべての関数の一覧や説明は、Microsoftの公式サイトで確認ができます。次から、式の使い方やよく利用される関数について紹介しますが、本書で解説していない関数についてはこちらを参考にすると良いでしょう。

■ **Azure Logic Apps および Power Automate の ワークフロー式関数のリファレンス ガイド**

https://learn.microsoft.com/ja-jp/azure/logic-apps/workflow-definition-language-functions-reference

02 引数に動的なコンテンツを利用する

式は動的なコンテンツを関数の引数として利用する場面が多くあります。まずは、そうした式の作成手順を覚えましょう。

アクションの設定中に[式]をクリックすることで、式を作成する表示に切り替えられます。ここでは操作の例として、任意の文字列を結合する「concat」関数を用います。追加した関数の「()」内にカーソルがある状態で[動的なコンテンツ]を選択し、引数にしたい動的なコンテンツを選択すると、動的なコンテンツが自動的に引数として挿入されます。挿入された動的なコンテンツの式の表記方法については、LESSON27も参考にしてください。

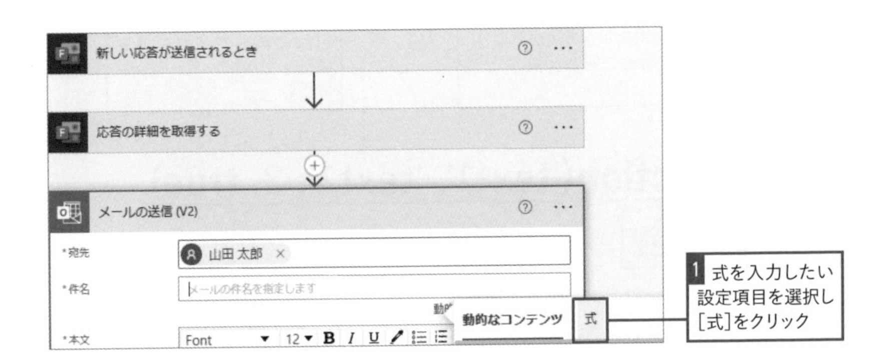

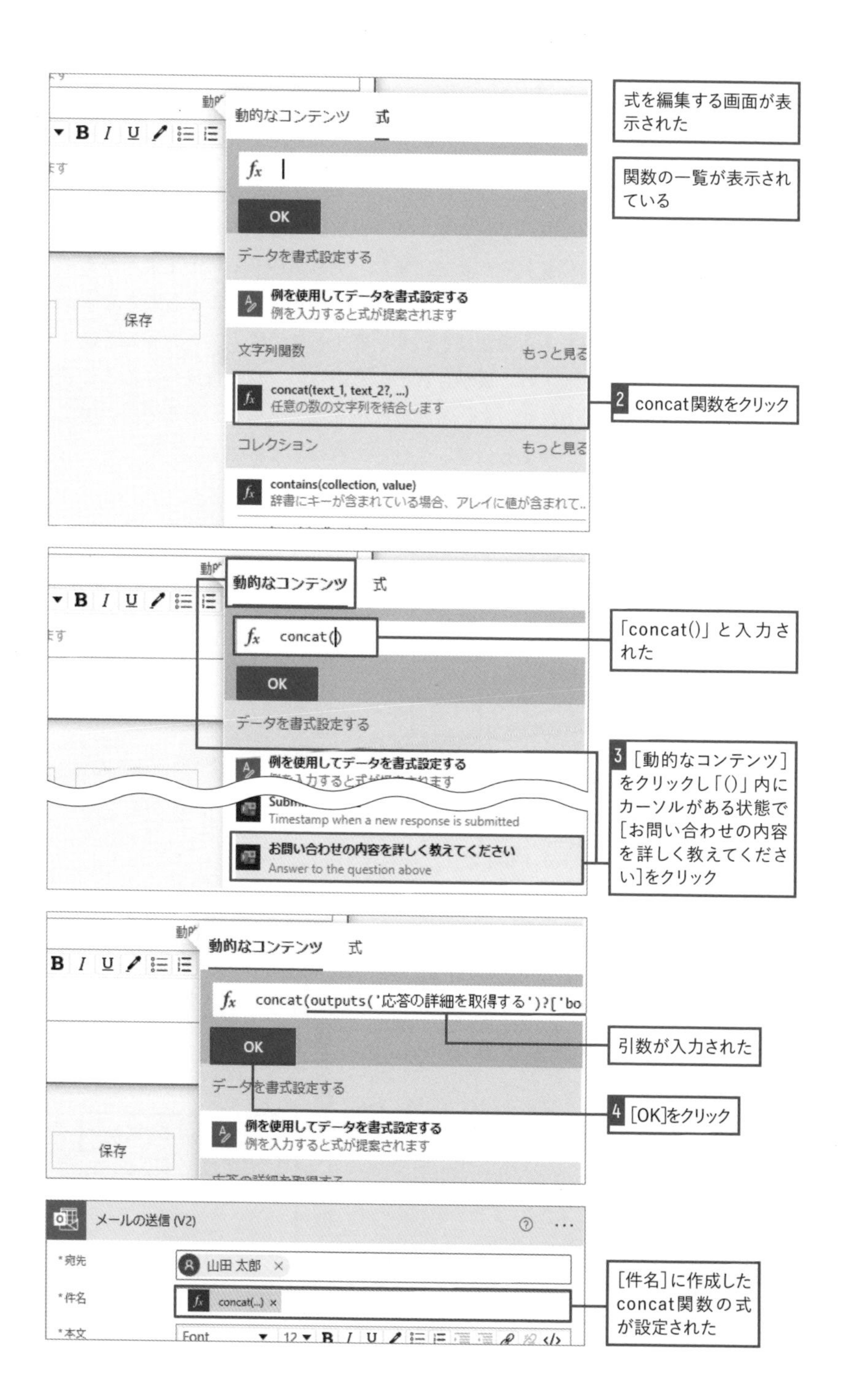
式を編集する画面が表示された
関数の一覧が表示されている
動的なコンテンツ
式
OK
データを書式設定する
例を使用してデータを書式設定する
例を入力すると式が提案されます
保存
文字列関数
もっと見る
concat(text_1, text_2?, ...)
任意の数の文字列を結合します
2 concat関数をクリック
コレクション
もっと見る
contains(collection, value)
辞書にキーが含まれている場合、アレイに値が含まれて..
concat()
「concat()」と入力された
Timestamp when a new response is submitted
お問い合わせの内容を詳しく教えてください
Answer to the question above
3 [動的なコンテンツ]をクリックし「()」内にカーソルがある状態で[お問い合わせの内容を詳しく教えてください]をクリック
concat(outputs('応答の詳細を取得する')?['bo
引数が入力された
4 [OK]をクリック
メールの送信 (V2)
*宛先
山田 太郎
*件名
concat(...)
*本文
Font
[件名]に作成したconcat関数の式が設定された

ここもポイント！

式は手入力できる

式の使い方に慣れてきて、どんな関数があるのかをある程度覚えてきたら、直接手入力しても良いでしょう。式の編集欄に関数名の一部を入力すると、該当する候補が表示されます。また、関数名のあとに「(」を入力することで、その関数の利用方法についての説明を確認することもできます。

ただし、何か利用できる関数はないかと探すときには、式入力欄の下にカテゴリーごとに整理されて表示されている関数の一覧から見つけることもよくあります。すでに知っている関数は手入力で素早く、そうでない場合は一覧から探すというように使い分けるのがおすすめです。

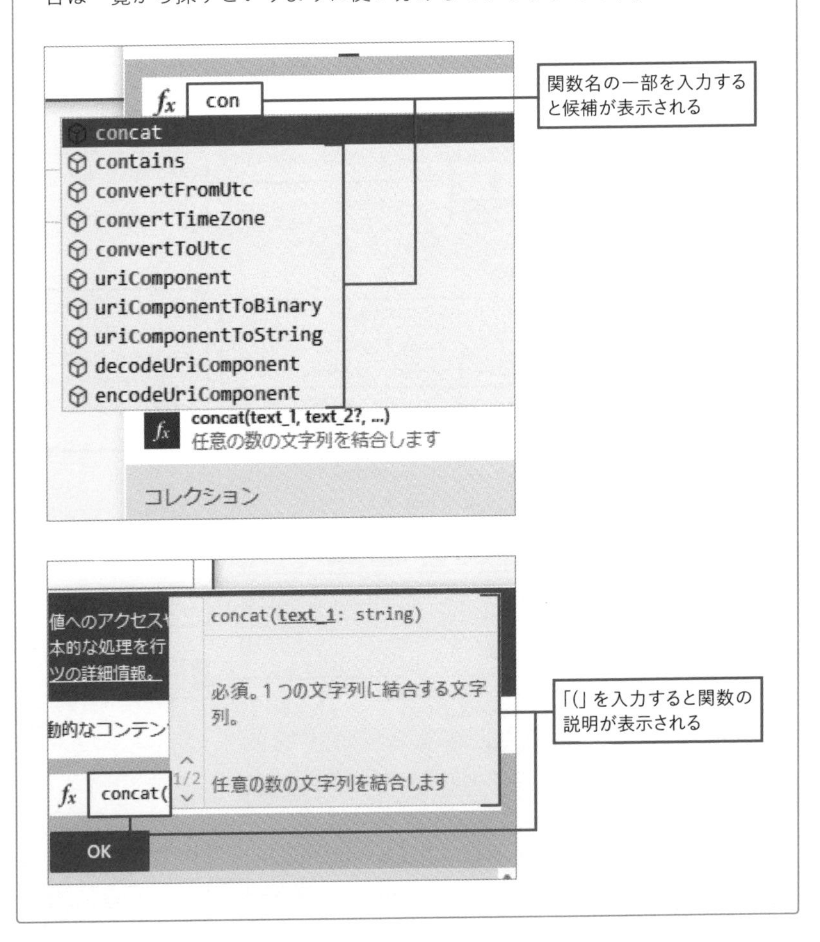

03 式を試したいときは[作成]アクションが便利

フローの作成中に、フロー全体の動作に影響を与えず式の動作を確認したい場合には、[データ操作]にある[作成]アクションの利用が便利です。このアクションは[入力]に指定した値を、そのまま動的なコンテンツとして出力するシンプルなものです。そのため、**[入力]に式を指定することで、フローに不要な動作を追加したり動作を変えたりすることなく、式の実行結果を確認できます。**

■ 入力欄に入力された文字列を連結する

LESSON04のSECTION02を参考に[手動でフローをトリガーします]トリガーを追加し、[入力の追加]をクリックしユーザー入力の種類[テキスト]を追加しておく

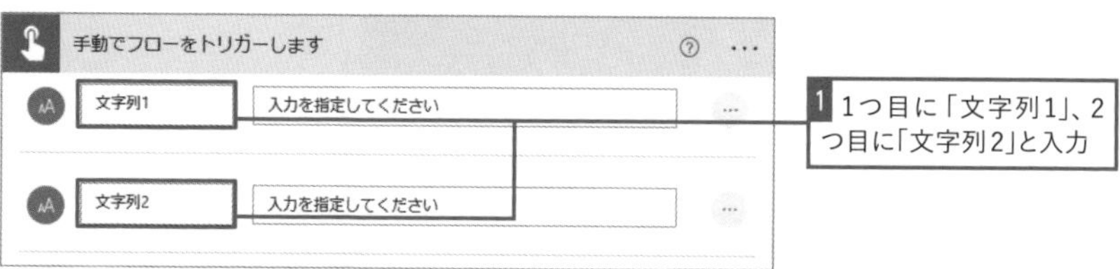

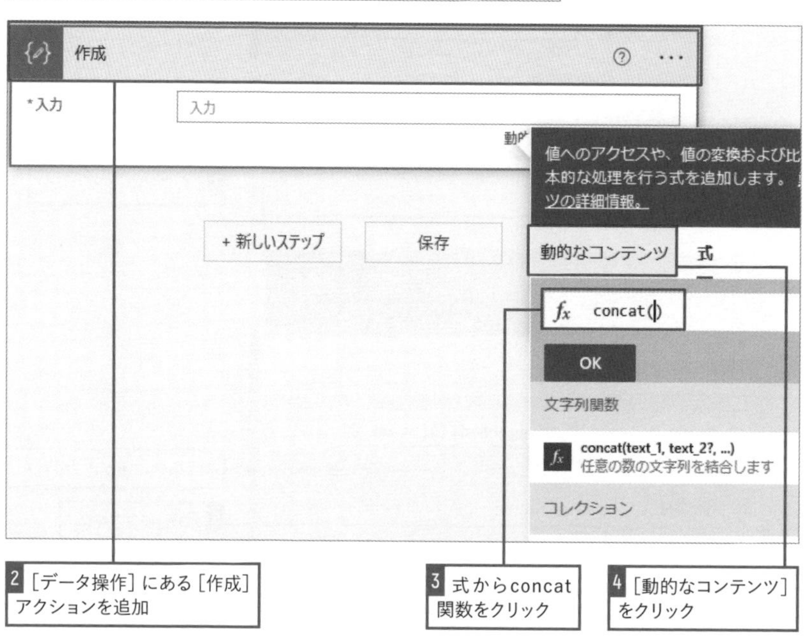

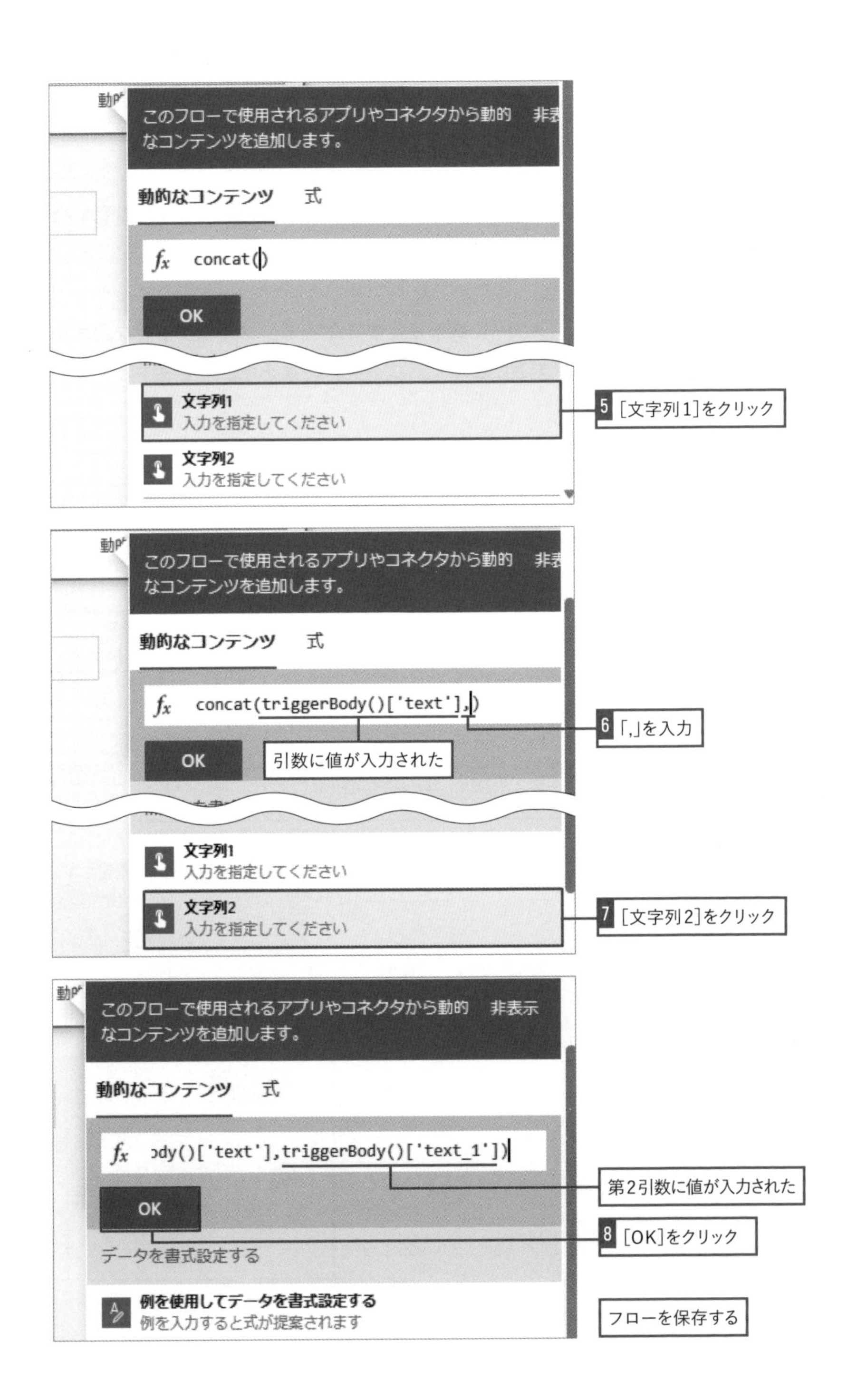
動的
このフローで使用されるアプリやコネクタから動的
非表
なコンテンツを追加します。
動的なコンテンツ
式
concat()
OK
文字列1
入力を指定してください
文字列2
入力を指定してください
5 [文字列1]をクリック
このフローで使用されるアプリやコネクタから動的
なコンテンツを追加します。
動的なコンテンツ
式
concat(triggerBody()['text'],)
OK
引数に値が入力された
6 「,」を入力
文字列1
入力を指定してください
文字列2
入力を指定してください
7 [文字列2]をクリック
このフローで使用されるアプリやコネクタから動的
非表示
なコンテンツを追加します。
動的なコンテンツ
式
ody()['text'],triggerBody()['text_1'])
OK
第2引数に値が入力された
8 [OK]をクリック
データを書式設定する
例を使用してデータを書式設定する
例を入力すると式が提案されます
フローを保存する

■フローをテスト実行して式の結果を確認する

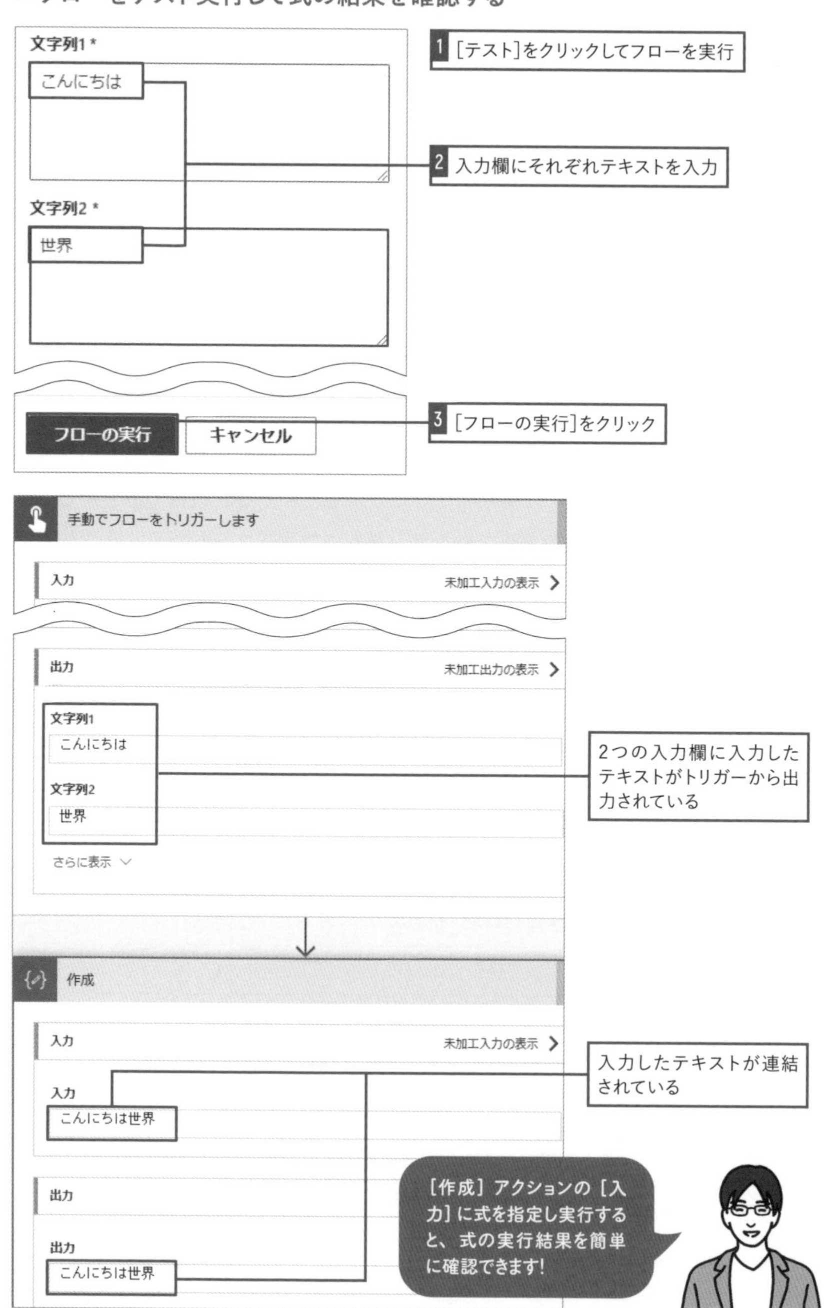

LESSON 22

数値処理の関数をフローに組み込む

単価と数量を掛けて合計金額を求めるなど、業務で利用するフローでは数値を計算する場面があります。数値処理の関数を利用すると、そのような計算を自動処理に含められます。Excel関数にも同様のものがあるため、利用経験がある人は理解しやすいでしょう。

01 数値処理の関数を確認しよう

フローで利用できる関数では、足し算や引き算、掛け算、割り算の四則演算や、割り算の余りを求めるものがあります。ほかにも、指定した複数の数字からもっとも大きい数や小さい数を求めたり、ランダムに数字を作成したりする関数もあります。例えば、入力された商品の価格から税込金額を自動計算したり、入力された月ごとの売上から最大値を取得しシステムに登録したりなど、さまざまな場面で利用できます。

■ 数値処理の関数例

関数名	説明	利用例	得られる結果
add	指定した2つの引数を足す	add(10, 35)	45
sub	第1引数から第2引数を引く	sub(30, 5)	25
mul	指定した2つの引数を掛ける	mul(6, 7)	42
div	第1引数を第2引数で割る	div(30, 7)	4
mod	第1引数を第2引数で割った余り	mod(30, 7)	2
min	引数に指定した数の内、一番小さい数	min(30, 4, 8, 16, 58)	4
max	引数に指定した数の内、一番大きい数	max(30, 4, 8, 16, 58)	58
rand	指定した2つの引数の間の数をランダムに選ぶ	rand(4, 12)	10（実行するごとに異なる）

02 関数で税込価格を自動計算する

商品の情報を登録するSharePointリストに商品と価格の情報を登録したら、フローを利用して自動的に税込価格を計算し入力してみます。そのためには**mul関数を利用し、[項目が作成されたとき]アクションの出力に含まれる税抜きの[価格]に対して、「1.1」を掛けた値を計算**します。この式を[項目の更新]アクションの、[税込]列に対して指定します。

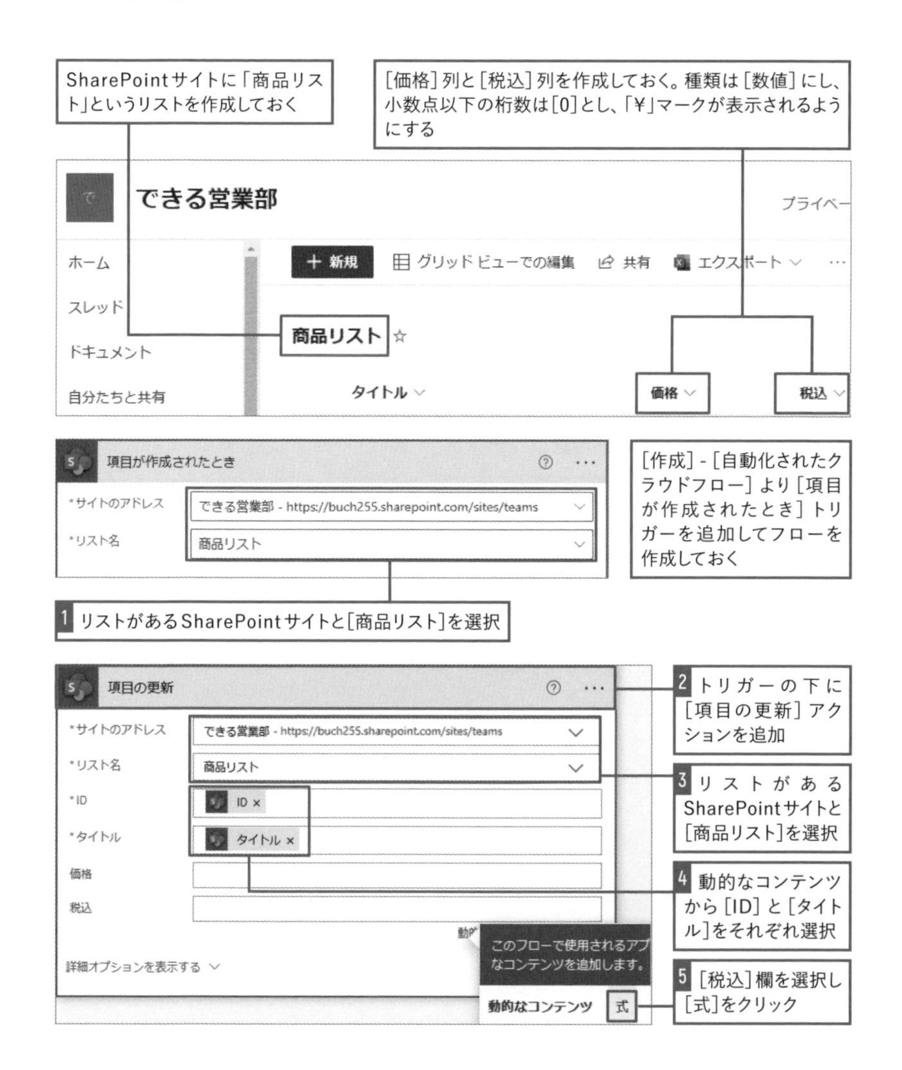

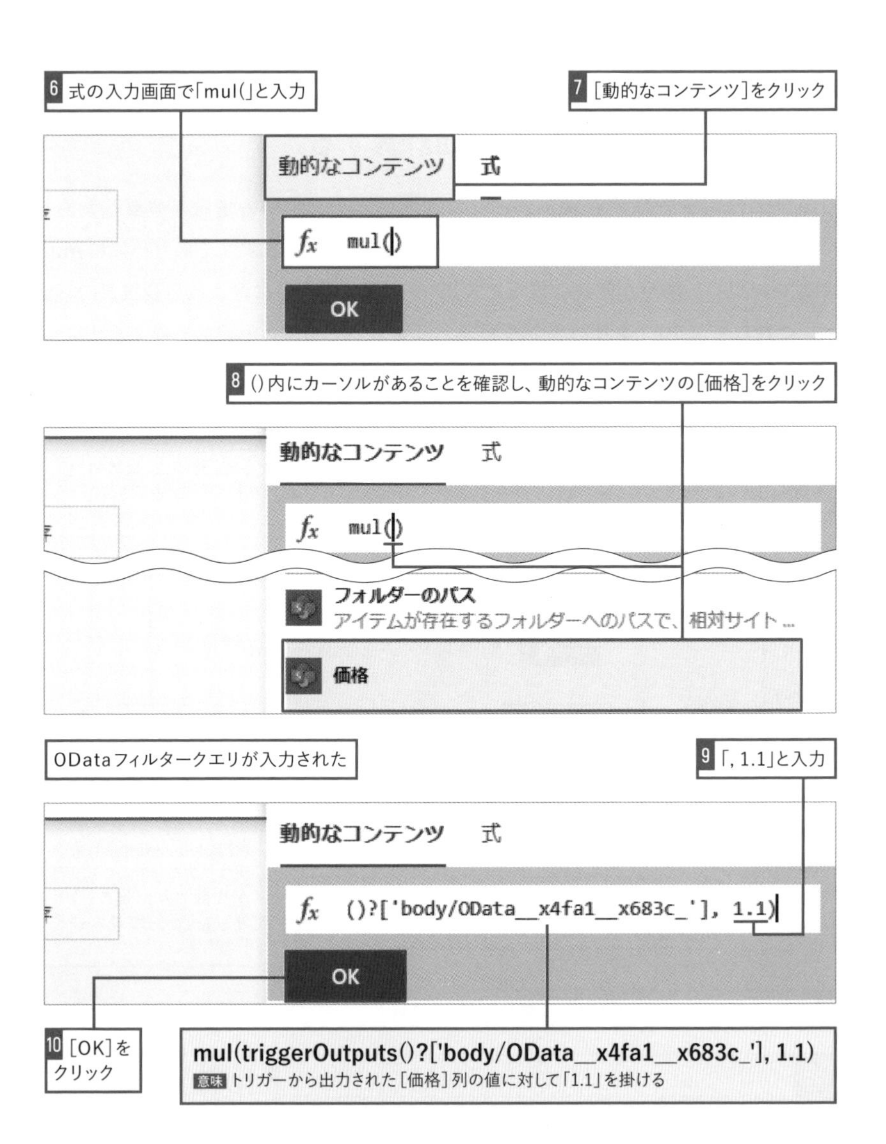

■ フローを保存してテスト実行する

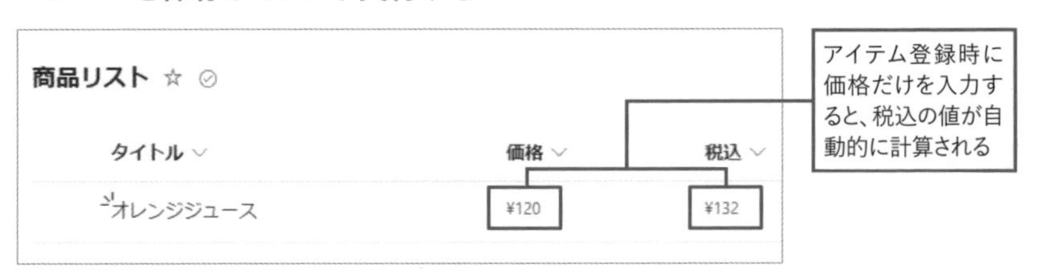

LESSON 23

関数やアクションで日時を計算・変換する

今日から30日後の日付の値を計算したいなどの場合、日付処理の関数を利用できます。ただし、計算結果が見慣れない書式になっており、はじめて利用する人には戸惑いやすい関数です。日付を関数で扱うときの基礎から順に押さえていきましょう。

01 日時を扱う際は書式に注意する

業務で利用するフローでは、何月何日より前で条件分岐を行ったり、作成するファイル名に実行日時を利用したりするなど、日時の値を扱う場面も多くあります。フローでの処理では**日時の値は、ISO8601という日時書式の国際規格で扱われます**。そのためまずは、この書式について知っておきましょう。

例えばISO8601の日時表記では、日本時間の2023年6月3日19時15分30秒を「2023-06-03T19:15:30+09:00」のように表します。複雑に見えますが、次のようなルールになっています。

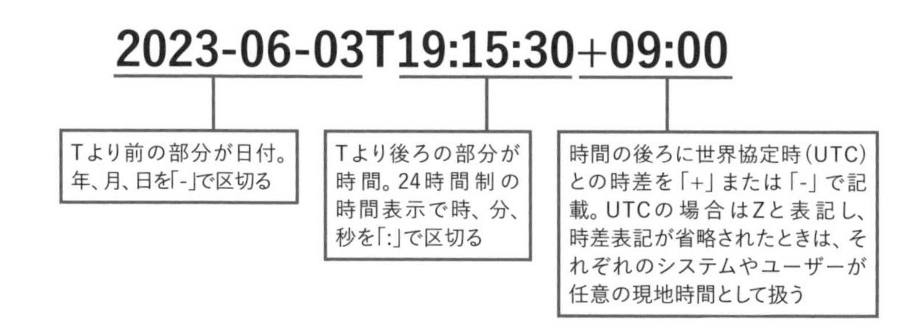

特に**日本の場合は世界協定時から+9時間の時差があるため、毎回「+09:00」と記載する必要があります**。面倒に感じますが、ここの**記載を忘れて間違ったタイムゾーンの値で処理を行ってしまう**ことは、フロー作成ではよくあるミスの1つです。日時の計算を行うときには、必ず注意するようにしましょう。

02 日時処理と書式変更の関数を確認しよう

それでは日時の計算を行う関数を見てみましょう。よく利用されるのは、実行された現在時刻を取得したり、指定した日時や現在の日時から何日前、何日後などの値を計算したりするものです。

■日時処理の関数例

関数名	説明	利用例	得られる結果
utcNow	関数が実行されたUTC時刻を取得する	utcNow()	2023-06-03T10:15:30.5603324Z
addDays	第1引数に第2引数の日数を加える	addDays('2023-06-03T19:15:30+09:00', 5)	2023-06-08T10:15:30.0000000+00:00
getFutureTime	実行時の日時に指定した期間を加える	getFutureTime(5, 'Day')	2023-06-08T10:15:30.0741818Z
getPastTime	実行時の日時に指定した期間を引く	getPastTime(5, 'Day')	2023-05-29T10:15:30.2562439Z

また、日時の書式を設定する方法も覚えておきましょう。例えば、**日付をメールに記載したりファイル名にしたりするときなどには、ISO8601の日時書式ではなく「2023年6月3日」などの見慣れた表記に変更できます。**日時の書式を変更するには、formatDateTime関数を利用するほか、これまで紹介した日時を計算する関数の引数に書式指定文字列を追加することでも行えます。

■書式変更の関数例

関数名	説明	利用例	得られる結果
formatDateTime	第1引数の日時を第2引数の書式指定文字列に従って変更する 第3引数には、言語のロケールを指定	formatDateTime('2023-06-03T19:15:30+09:00', 'yyyy年M月d日(ddd)', 'ja-jp')	2023年6月3日(土)
addDays	第1引数に第2引数の日数を加える 第3引数の書式指定文字列に従って書式を変更する	addDays('2023-06-03T19:15:30+09:00', 5, 'yyyy年M月d日')	2023年6月8日

書式指定文字列で表示したい表記にする

書式指定文字列は、よく利用されるパターンを知っておくと便利です。すべての書式指定文字列を知りたい場合は、Microsoftの公式サイトで確認できます。

■ よく使われる書式指定文字列

書式指定文字列	説明	結果例
yyyy	4桁の西暦	2023
MM	0埋めした月	06
M	月	6
dd	0埋めした日	03
d	日	3
ddd	曜日(表記は言語ロケールに従う)	土
dddd	完全な曜日(表記は言語ロケールに従う)	土曜日
HH	0埋めした時間(24時間形式)	19
hh	0埋めした時間(12時間形式)	07
mm	0埋めした分	15
ss	0埋めした秒	30

■ Power Automate - Microsoft Learn

https://learn.microsoft.com/ja-jp/troubleshoot/power-platform/power-automate/how-to-customize-or-format-date-and-time-values-in-flow

https://learn.microsoft.com/ja-jp/dotnet/standard/base-types/custom-date-and-time-format-strings

日時を表すISO8601の国際規格や表記を指定する書式指定文字列と、知っておくべきことがいくつかあります。それぞれ覚えておく必要はありませんが、必要になったときに調べられるように知っておきましょう。

03 関数で期限を自動で算出する

日時処理の関数を実際に使ってみましょう。ここではタスクを管理しているSharePointリストに、新しくタスクを登録し、自動的に14日後を計算して期限を入力してみます。**addDays関数を利用し、SharePointリストのアイテムの[登録日時]に14日を足した値を計算**しています。この式を[項目の更新]アクションの、[期限]列に対して指定します。日付の値をSharePointリストに書き込むときには、ISO8601の書式をそのまま利用できます。

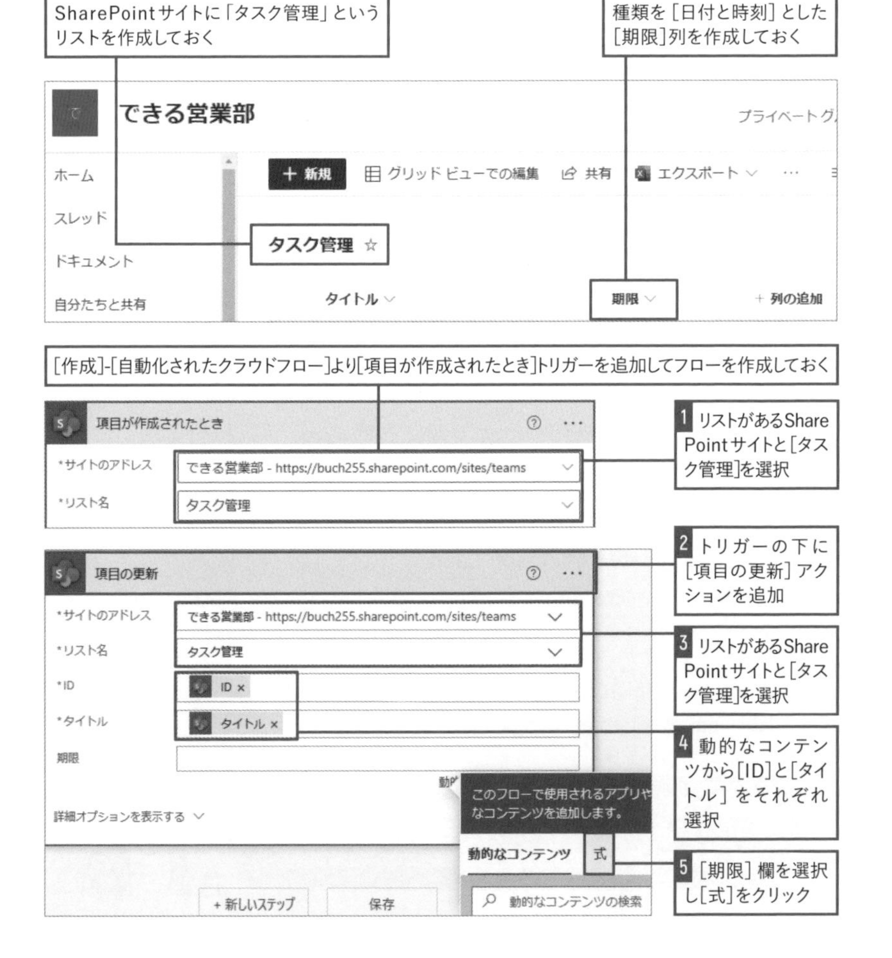

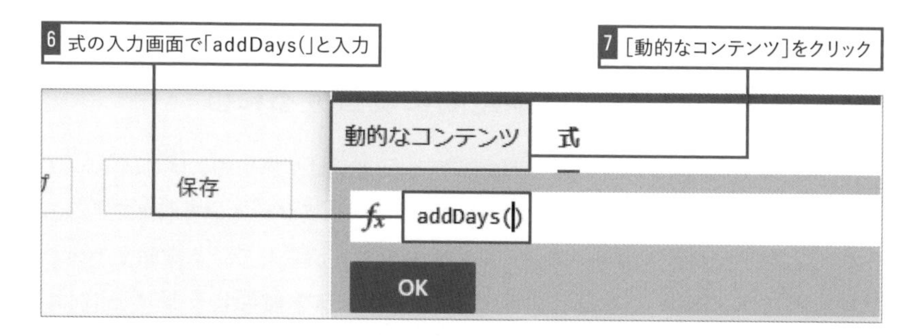

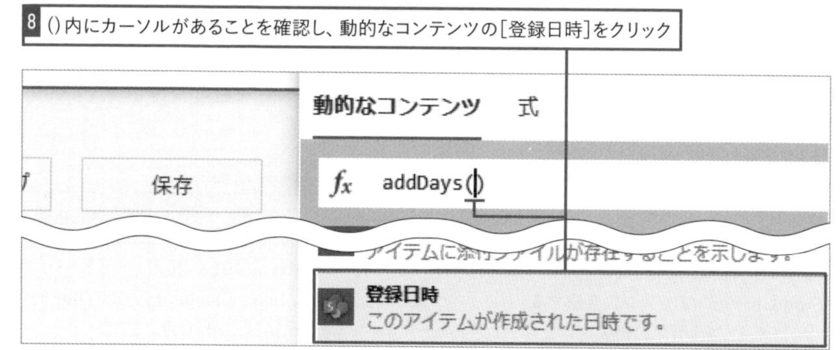

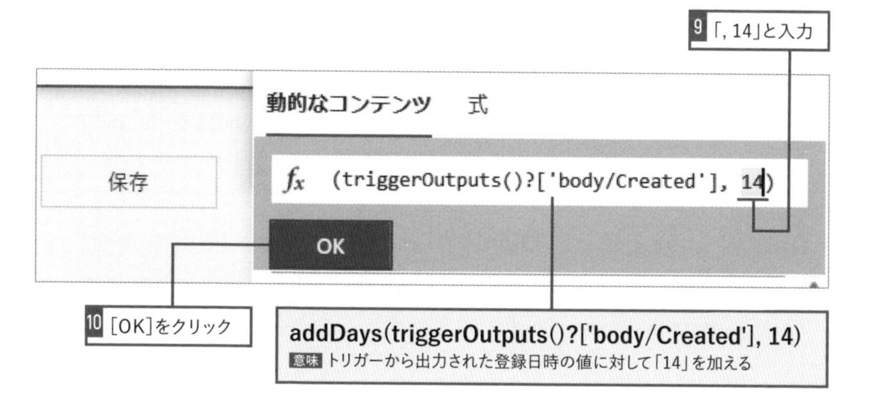

■ フローを保存してテスト実行する

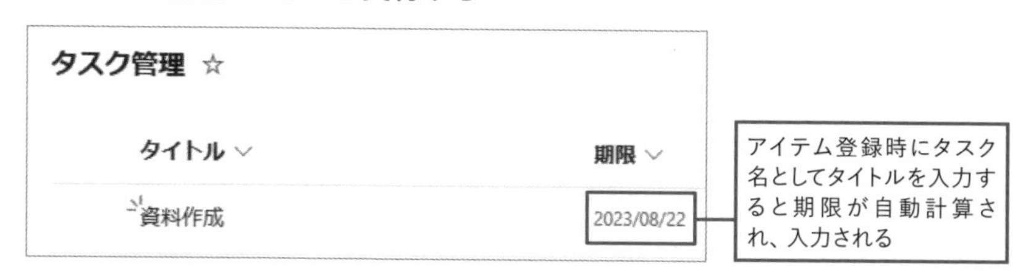

04 取得した日時を日本時間に変換するには

SharePointに保存されている［日付や時刻］列の値は、内部的にはUTCのタイムゾーンで保存されています。そのため、トリガーやアクションで取得できる値もUTCとなり、サイトのタイムゾーンに合わせて表示されている画面上の値とは異なります。そうした日時のタイムゾーンを日本時間に変換するには、convertFromUtc関数またはconvertTimeZone関数が利用できます。**引数で指定するタイムゾーンの名前は、日本の場合は「Tokyo Standard Time」を指定**します。そのほかのタイムゾーンはMicrosoftの公式サイトで一覧を確認できます。

■ タイムゾーン変換の関数例

関数名	説明	利用例	得られる結果
convert FromUtc	第1引数の日時（UTC）を第2引数のタイムゾーンに変換する 第3引数の書式指定文字列に従って書式を変更する	convertFromUtc('2023-06-03T10:15:30Z','Tokyo Standard Time','yyyy/MM/dd HH:mm:ss')	2023/06/03 19:15:30
convert TimeZone	第1引数の日時を第2引数のタイムゾーンから第3引数のタイムゾーンに変換する 第4引数の書式指定文字列に従って書式を変更する	convertTimeZone('2023-06-03T10:15:30Z','UTC','Tokyo Standard Time','yyyy/MM/dd HH:mm:ss')	2023/06/03 19:15:30

■ Default Time Zones | Microsoft Learn

https://learn.microsoft.com/en-us/windows-hardware/manufacture/desktop/default-time-zones

05 アクションでも簡単に日時処理を作成できる

日時処理のいくつかは、用意されたアクションでも行うことができます。**［日時］コネクタでは6つのアクションが用意されており、［タイムゾーンの変換］や［現在の時刻］の取得などが関数を使わずとも行えます**。これらを利用することで、関数を使うよりもより簡単に日時処理を含むフローを作成できます。関数が難しいと感じる場合には、これらのアクションも確認してみてください。

[日時]コネクタに日時を処理するアクションが用意されている

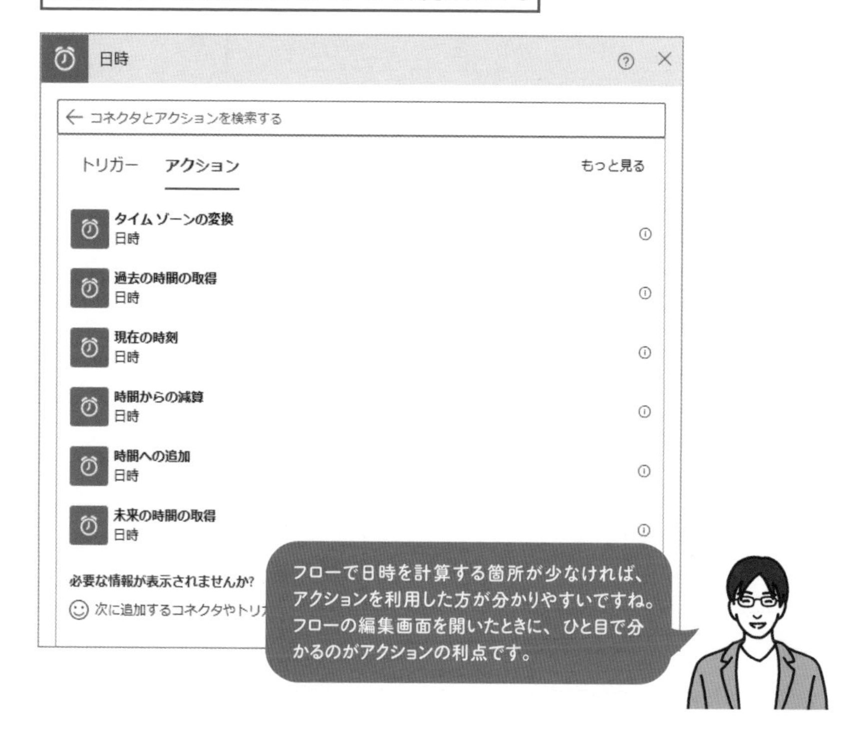

06 [日時]のアクションを使ってファイル名に日時を含める

日時処理のアクションを使ってみましょう。実務でよくあるのは、ファイルを作成するときにファイル名に作成日時を含める場面です。次のフローはOutlookに届いたメールに添付ファイルがある場合、ファイル名の先頭に現在日時を付けて、OneDrive for Businessの[添付ファイル]フォルダーに保存します。

フローの実行中には**[現在の時刻]アクションで現在時刻を取得できますが、この時間のタイムゾーンはUTCになっています**。そのままファイル名に利用すると、日本時間とは9時間ずれているため不都合があります。そこで**[タイムゾーンの変換]アクションを利用し、タイムゾーンを修正**します。さらに合わせて、[書式設定文字列]の設定では、[カスタム値]として203ページの「さらに上達!」で紹介した「書式指定文字列」を利用できます。これでタイムゾーンの修正と日時表記の変換が同時にでき、ファイル名での利用に適した値になります。

❶の[タイムゾーンの変換]アクション

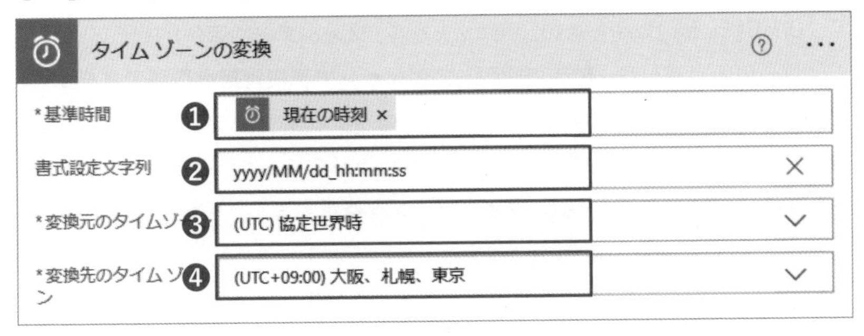

❶ 動的なコンテンツから［現在の時刻］を選択
❷［カスタム値の入力］をクリックして、［書式設定文字列］欄に「yyyy/MM/dd_hh:mm:ss」と入力
❸［(UTC)協定世界時］を選択
❹［(UTC+09:00)大阪、札幌、東京］を選択

❷の［ファイルの作成］アクション

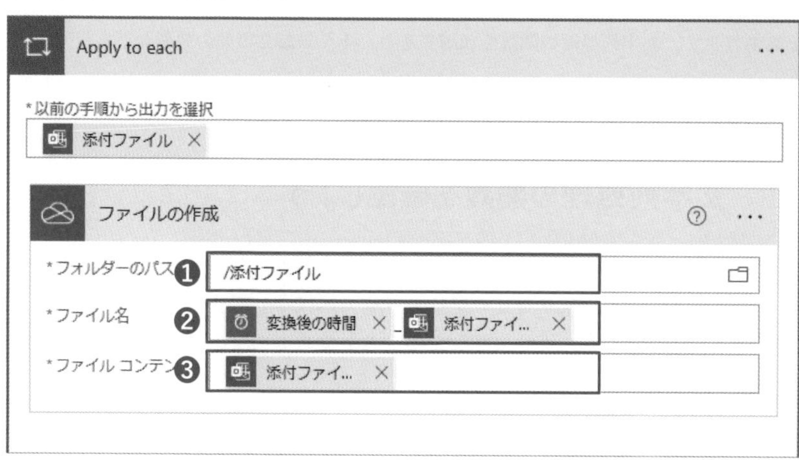

❶ 添付ファイルの保存先を選択。ここではあらかじめ用意した［添付ファイル］を指定
❷ 動的なコンテンツを利用し「［変換後の時間］_［添付ファイルの名前］」と入力
❸ 動的なコンテンツから［添付ファイルコンテンツ］を選択

■ フローを保存してテスト実行する

添付ファイル付きのメールが届くと先頭に日付と時刻が付けられたファイル名で保存される

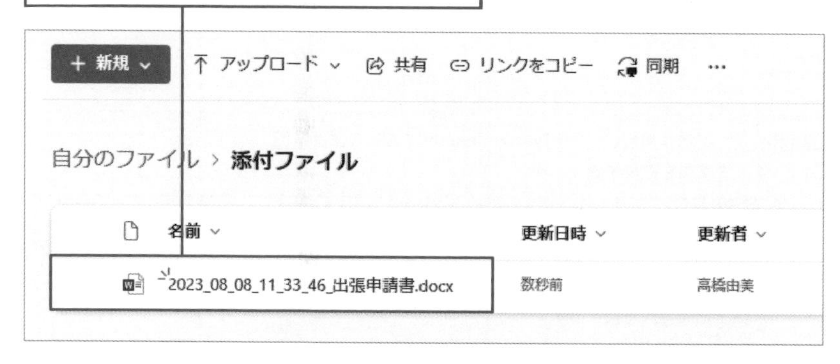

応用編
第5章 思い通りのフローを作成するための一歩進んだテクニック

LESSON 24

文字列処理の関数でテキストを抽出・整形する

取得した連携先のデータが、使いやすい形になっているとは限りません。特に文字列のデータは、人が読むと分かりやすいものの、自動処理には不要なものが含まれていることもあります。文字列処理の関数を利用すると、そうした文字列の整形なども行えます。

01 文字列処理の関数を確認しよう

届いたメールの件名に特定のキーワードが含まれていないかを調べたり、本文の一部分だけを抽出したりなど、フロー作成では文字列のデータに対する処理を行いたいことも多くあります。関数を使うと、文字列の連結や置換、検索、抽出などが行えます。

■ 文字列処理の関数例

関数名	説明	利用例	得られる結果
concat	引数に指定された2つ以上の文字列を結合する	concat('こんにちは', '世界', '!!')	こんにちは世界!!
replace	第1引数の文字列の内、第2引数の文字列を第3引数の文字列で置き換える	replace('こんにちは世界!', '世界', '日本')	こんにちは日本!
indexOf	第1引数の文字列から第2引数の文字列が見つかる位置を取得する	indexOf('こんにちは世界!', '世界')	5 (インデックスは0からはじまる。見つからない場合は-1)
length	引数に指定した文字列の文字数を取得する	length('こんにちは世界!')	8
substring	第1引数の文字列に対して、第2引数で指定された位置から、第3引数で指定された文字数を抜き出す	substring('こんにちは世界!', 5, 2)	世界

関数名	説明	利用例	得られる結果
slice	第1引数の文字列に対して、第2引数で指定された位置から、第3引数で指定された位置までの文字列を抜き出す	slice('こんにちは世界!', 5, 7)	世界
split	第1引数の文字列を第2引数の文字列で分割する	split('こんにちは世界!', 'は')	["こんにち", "世界!"]（アレイ形式の値が得られる）
contains	第1引数の文字列に第2引数の文字列が含まれているかを確認する	contains('こんにちは世界!', '世界')	true（含まれない場合はfalse）

大文字小文字の区別に注意

indexOf関数やcontains関数のように、特定の文字列を見つけ出す関数には、アルファベットの大文字小文字の区別に違いがあります。

indexOf関数は、大文字小文字を区別しません。そのため次の例では、文字列を発見でき「1」の値を取得します。

indexOf('abcde', 'BCD') ➡ 1

一方のcontains関数は、大文字小文字を区別します。先ほどと同じように引数を指定しても、文字列を発見できずに「false」の値を取得します。

contains('abcde', 'BCD') ➡ false

contains関数で大文字小文字を区別せずに文字列を探すには、元の文字列をすべて大文字に変換するtoUpper関数を組み合わせます。

contains(toUpper('abcde'), 'BCD') ➡ true

関数名	説明	利用例	得られる結果
toUpper	指定した文字列を大文字にする	toUpper('abcde')	ABCDE

02 文字列処理の関数を組み合わせる

文字列の関数は、複数の関数を入れ子にして組み合わせて利用することがほとんどです。例えば「この本の価格は1848円です」という文の中から、価格の値となる「1848」を抜き出すには、次のような関数が必要です。複雑な式になりますが、関数を利用することで、文章中に現れる価格の桁数が変わったとしても値を読み取れます。なお、slice関数の第3引数は省略することができ、その場合には文字列の最後までを抜き出します。

■ slice関数で7文字目から11文字目までを抜き出す

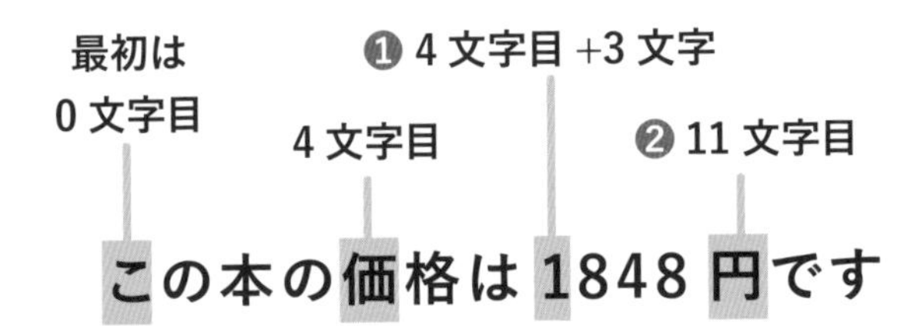


```
slice(
  <元の文章>,
❶ add(indexOf(<元の文章>, '価格は'),3),
❷ indexOf(<元の文章>, '円')
)
```

文字列の処理は慣れていても難しいです。式を書いてはテスト実行し、計算結果を確認しては式を修正するといったように、何度も繰り返し試しながら式を作りましょう。

03 関数でメールの本文から必要なデータを抽出する

届いたメールの本文から必要なデータを抜き出して、Excelにまとめる実践的なフローを作成してみます。例として、注文が入ると次のようなメールがシステムから送られてくると仮定します。このメールから「商品名」「ISBN」「価格」「数量」のそれぞれの値を抜き出し、Excelシートに書き出します。

メールが届いたら必要なデータをOneDrive for Businessに保存した「L024_注文データ.xlsx」に転記する

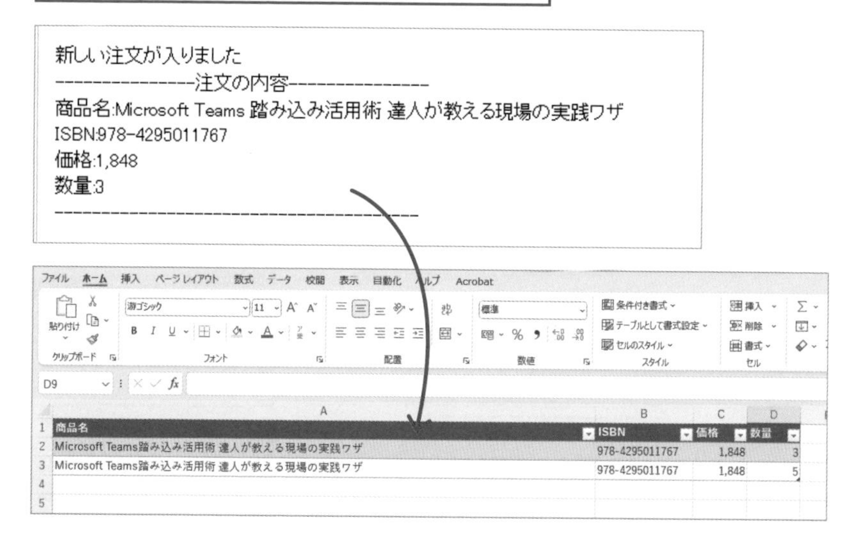

■ フロー作成の準備

練習用ファイル「L024_注文データ.xlsx」をOneDrive for Businessに保存しておく

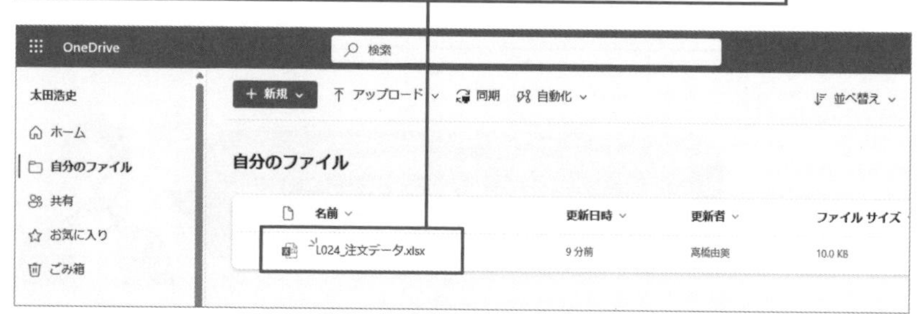

■ メールの本文はHTMLタグと改行に留意する

メールの本文を処理するときには、HTMLタグが含まれている可能性も考慮し、[Content Conversion]の[Htmlからテキスト(プレビュー)]アクションを利用してHTMLタグを取り除きます。次に、処理を簡単にするために本文を改行ごとに分割しておきます。改行で分割するには改行のみを文字列として含む変数を作成し、その変数の値をsplit関数で利用します。

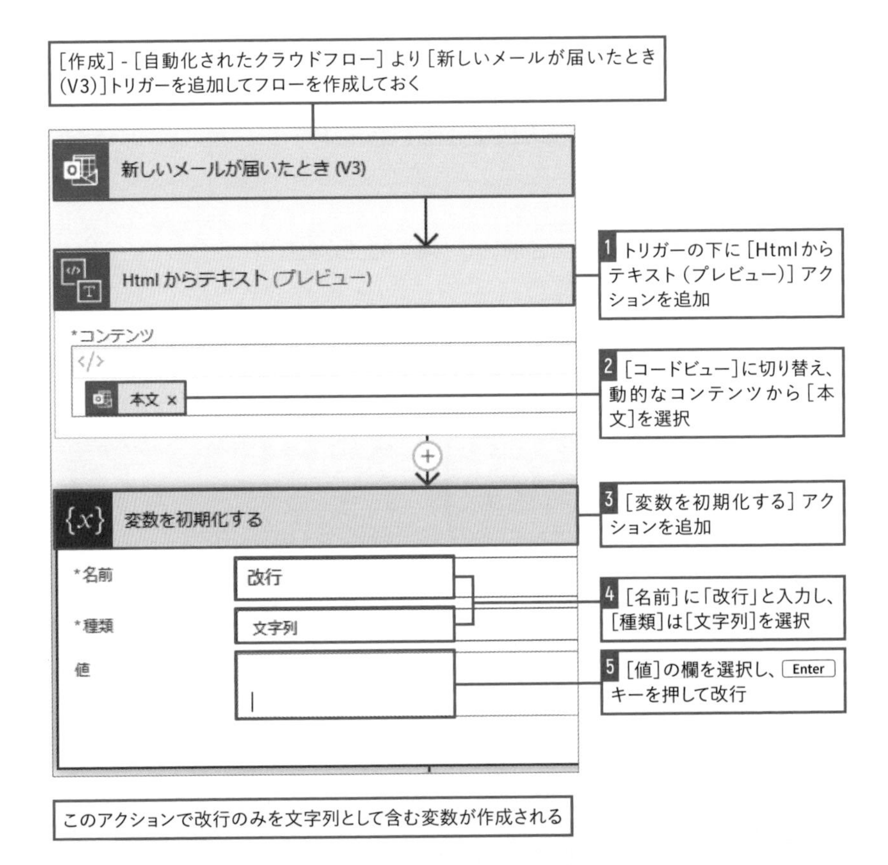

変数を利用して改行で文字列を分割するこの方法は、知らないとできないちょっとしたノウハウです。この機会に知っておき、必要なときに思い出せるようにしましょう。

■ split関数で1行ごとに文字列を分割する

作成した[改行]変数を用いてsplit関数で文字列を分割します。この関数によって、1行ごとに分割されたアレイが作成されます。なお、アレイについてはLESSON25で詳しく解説しています。

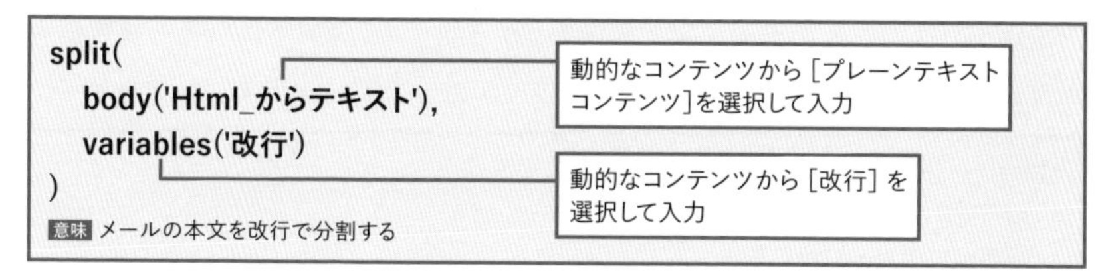

```
split(
  body('Html_からテキスト'),
  variables('改行')
)
```


意味 メールの本文を改行で分割する

■ 作成されるアレイ

アレイの要素番号	各要素の内容
0	新しい注文が入りました
1	---------------注文の内容---------------
2	商品名:Microsoft Teams踏み込み活用術 達人が教える現場の実践ワザ
3	ISBN:978-4295011767
4	価格:1,848
5	数量:3
6	--------------------------------------

必要なデータが入っているのは、アレイの「2」「3」「4」「5」番の要素です。split関数の閉じ括弧のあとに「?[2]」と付けることで、関数によって作成されたアレイの2番の要素を取り出すことができます。

```
split(
  body('Html_からテキスト'),
  variables('改行')
)?[2]
```

意味 メールの本文を改行で分割し、2番の要素を取り出す

■要素の中から不要な文字を削除する

さらに要素の内容から不要な文字を省きましょう。アレイの2番の要素にあるの商品名のデータには、「商品名:」と入っていますが、Excelで一覧を作る場合にはこれは不要です。そのためslice関数を利用して、「商品名:」以降の文字列のみを抜き出します。そのためには、先頭を0から数えて、4文字目以降を抜き出せば良いと分かります。ここまでの説明をすべて含んだ式は次のようになります。

```
slice(
   split(
      body('Html_からテキスト'),
      variables('改行')
   )?[2],
   4
)
```

意味 メールの本文を改行で分割して2番の要素を取り出し、4文字目以降を抜き出す

■Excelに各データが入力されるよう式を指定する

ここまでの考え方を基にして、ほかの必要なデータもそれぞれ抜き出す式を作成します。それらの式を［Excel Online(Business)］コネクタの［表に行を追加］アクションに指定します。このフローが正しく実行されると、データの保存先の元のメールに含まれていた必要な情報だけが記録されていきます。

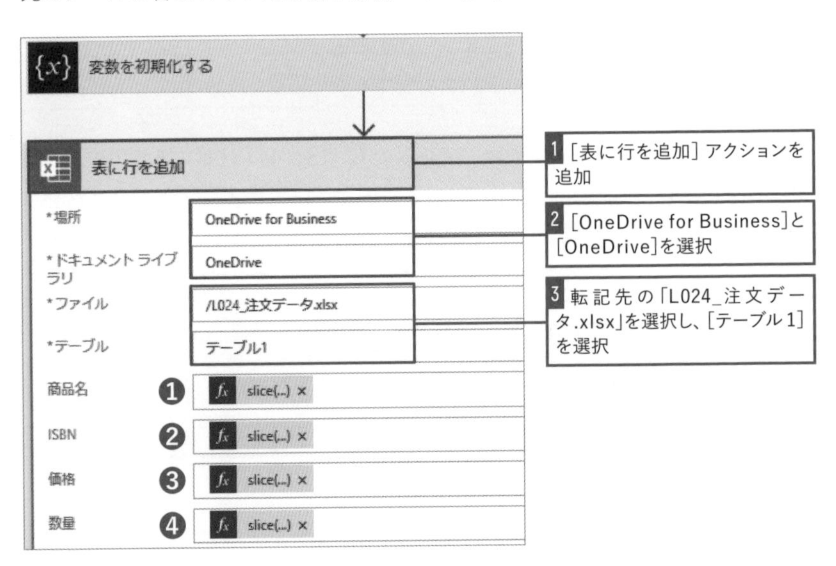

❶[商品名]の式

```
slice(
  split(
    body('Html_からテキスト'),
    variables('改行')
  )?[2],
  4
)
```

意味 メールの本文を改行で分割して2番の要素を取り出し、4文字目以降を抜き出す

❷[ISBN]の式

```
slice(
  split(
    body('Html_からテキスト'),
    variables('改行')
  )?[3],
  5
)
```

意味 メールの本文を改行で分割して3番の要素を取り出し、5文字目以降を抜き出す

❸[価格]の式

```
slice(
  split(
    body('Html_からテキスト'),
    variables('改行')
  )?[4],
  3
)
```

意味 メールの本文を改行で分割して4番の要素を取り出し、3文字目以降を抜き出す

❹[数量]の式

```
slice(
  split(
    body('Html_からテキスト'),
    variables('改行')
  )?[5],
  3
)
```

意味 メールの本文を改行で分割して5番の要素を取り出し、3文字目以降を抜き出す

文字列処理に関するアクション

［テキスト関数］として、indexOf関数と同等の［テキストの位置の検索］アクションと、substring関数と同等の［部分文字列］アクションが用意されています。しかしアクション数は決して充実しているとは言えず、文字列処理には関数の利用がほぼ必須になるでしょう。そのため、フロー作成において文字列の処理が必要なものは、作成の難易度が少々高くなってしまいます。

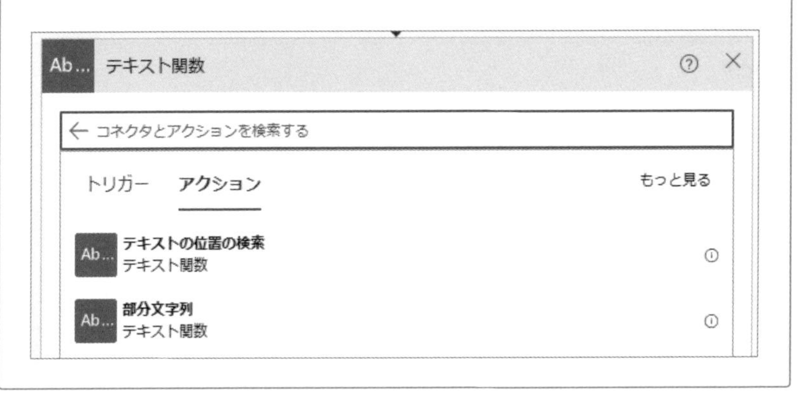

04 文字列処理のための式作成を支援する機能

複雑になりやすい文字列処理の式作成が簡単に作成できるように、支援してくれる機能があります。この便利な機能は、式の作成時に、［例を使用してデータを書式設定する］をクリックすると利用できます。まずは、文字列処理したい動的なコンテンツを選択します。例えば、［手動でフローをトリガーします］トリガーの動的なコンテンツ［ユーザーの電子メール］には「メールアドレス」が含まれます。このメールアドレスの「@」より左の部分を抜き出す処理を作成してみましょう。次に、値の例と希望する出力をそれぞれ入力する画面が表示されます。ここでは、動的なコンテンツに含まれる可能性のある値の例と、式で処理されたあとに得たい値の例をそれぞれペアで入力します。ある程度入力したところで［式を取得する］をクリックすると、うまくいけば式が作成されます。最後に［適用］をクリックすることで、アクションの設定に作成された式が適用されます。

複雑な文字列の処理には対応できないなど万能ではありませんが、簡単な処理であれば例を提示するだけで式を作成できるため便利です。また、このようにして作成した式を見ながら、どういった処理になっているのかを読み解くことで、式の学習にも役立ちます。

■ メールアドレスの「@」より左の部分を抜き出す

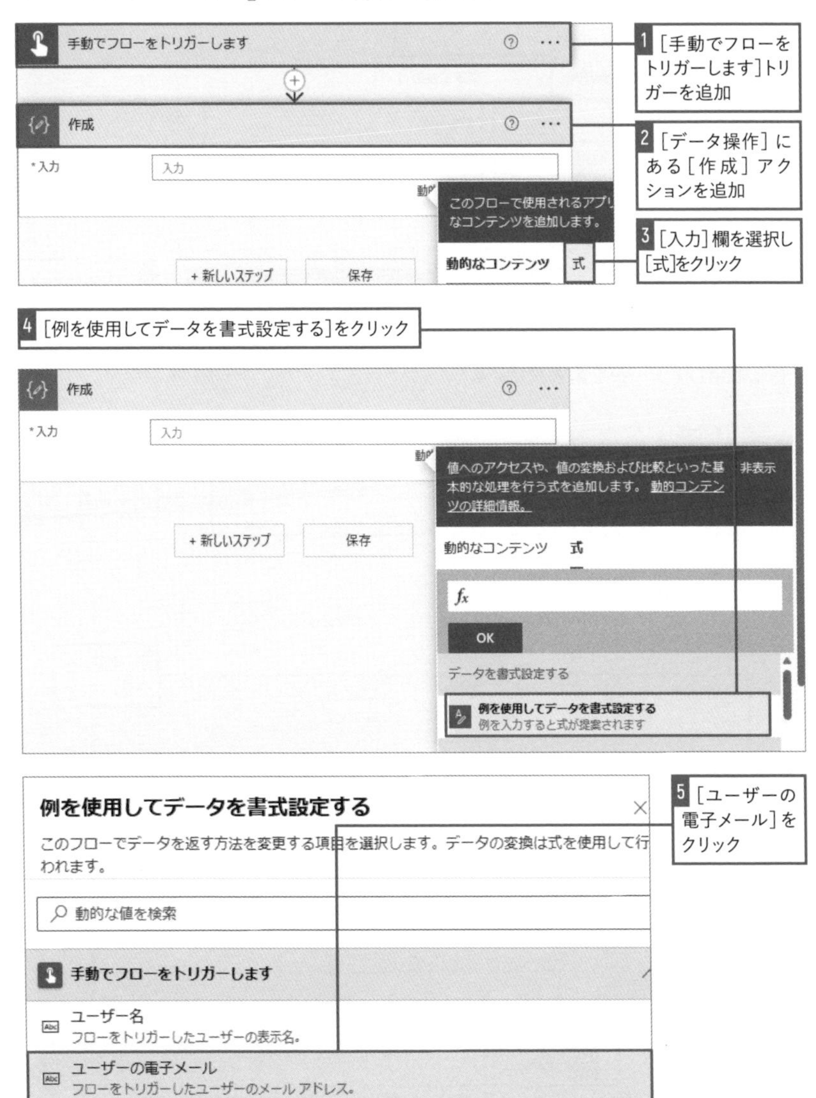

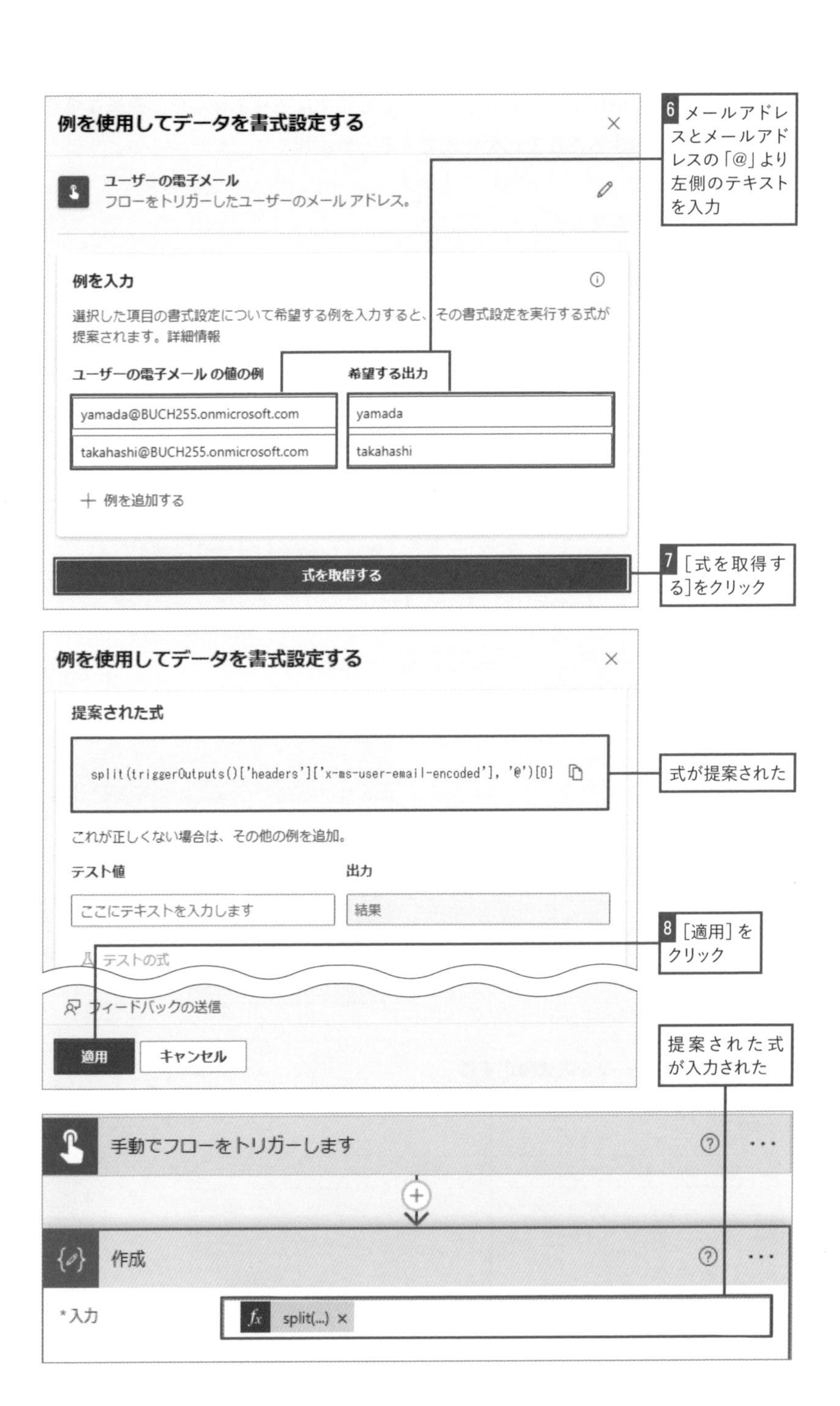
例を使用してデータを書式設定する
ユーザーの電子メール
フローをトリガーしたユーザーのメール アドレス。
例を入力
選択した項目の書式設定について希望する例を入力すると、その書式設定を実行する式が提案されます。詳細情報
ユーザーの電子メール の値の例
希望する出力
yamada@BUCH255.onmicrosoft.com
yamada
takahashi@BUCH255.onmicrosoft.com
takahashi
例を追加する
式を取得する
6 メールアドレスとメールアドレスの「@」より左側のテキストを入力
7 [式を取得する]をクリック
例を使用してデータを書式設定する
提案された式
split(triggerOutputs()['headers']['x-ms-user-email-encoded'], '@')[0]
式が提案された
これが正しくない場合は、その他の例を追加。
テスト値
出力
ここにテキストを入力します
結果
テストの式
フィードバックの送信
適用
キャンセル
8 [適用]をクリック
提案された式が入力された
手動でフローをトリガーします
作成
*入力
split(...)

LESSON

25 アレイ処理を含むフローを作る

フローでは複数の値をひとまとまりにして、アレイとして扱われている場面がよくあります。変数の種類でもアレイがありました。しかし、プログラミング経験のない人にとっては、なじみのないものです。ここでは、アレイとは何かから紹介していきます。

01 アレイとは

フローでは、アレイの値を扱うことも多くあります。**そもそもアレイとは、複数個の値を1つにまとめて扱うことができるようにしたもの**です。**それぞれの値には、0からはじまる連続した番号が振られており、「このアレイの2番の要素」のように個別の値を取り出すことができます。**フローの中では、アレイは「配列」と呼ばれることもあります。

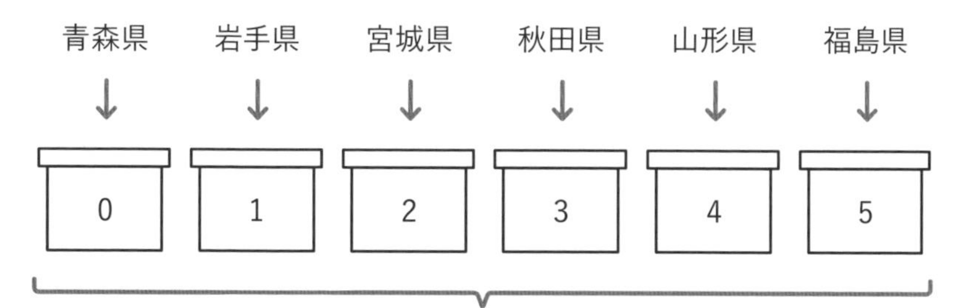

アレイはその構造を目で見て確かめられる機会もなく、慣れるまで時間が掛かると思います。上の図のようなイメージを頭の中で思い描けるようになれば、苦手意識も克服できると思います。

アレイの各要素の値を取り出すには、角括弧を利用して番号を指定します。例えば、文字列処理のsplit関数は、分割済みの文字列をアレイで取得できます。このとき、分割済みの文字列アレイの1つ目の文字列、つまり0番の要素を取り出すには次のように書きます。この式の実行結果は「こんにち」です。

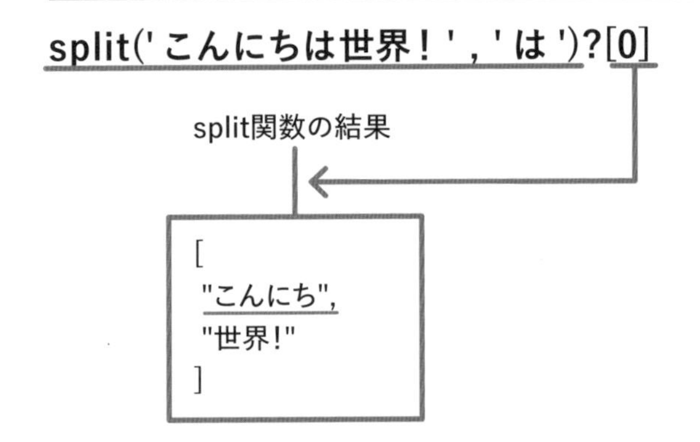

少しでも式やJSON形式のデータを利用する機会があるのであれば、アレイの使い方を覚えておきましょう。文字列処理のsplit関数のように、計算結果がアレイになる関数もあります。

02 アレイ処理に使われる主な関数

アレイ処理でよく利用される関数は、アレイの最初の要素を取り出すfirst関数と、最後の要素を取り出すlast関数です。特にlast関数は、ファイル名から拡張子を取得したい場合に便利です。

関数名	説明	利用例	得られる結果
first	引数のアレイの最初の要素を取り出す	first(<東北地方アレイ>)	青森県
last	引数のアレイの最後の要素を取り出す	last(<東北地方アレイ>)	福島県

03 関数を使って拡張子を取り出す

last関数を実際に使ったフローを作ってみましょう。ここでは例として、メールに添付されたファイルの保存先を拡張子に応じて変えるフローを作成します。**一見、ファイル名から拡張子を抜き出すには、文字列処理のsplit関数を利用し、「.」で分割したアレイの1番の要素を取り出せば良いように思えます。**しかし**ファイル名自体に「.」が含まれているパターンもあるため、必ずしも1番の要素が拡張子とは限りません。**ただしファイルの拡張子は、常にファイル名の最後にある「.」で区切られる文字列と決められています。このように常にアレイの最後の要素を取得したい場合には、last関数を利用できます。

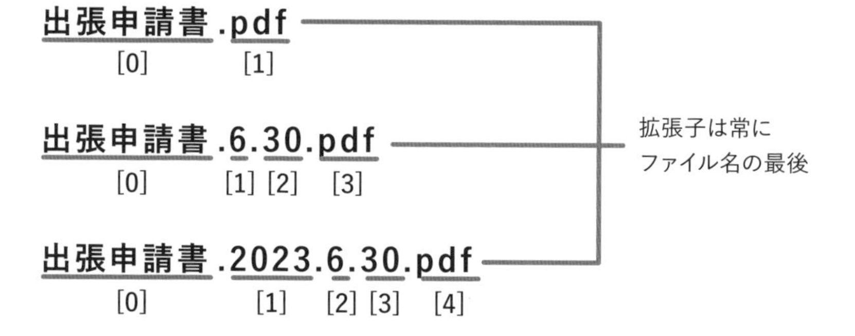

■ 添付ファイルの拡張子別に保存先を分ける

［スイッチ］アクションを使い、添付ファイルの拡張子に応じてファイルの保存先を変更します。**拡張子が「pptx」の場合は［PowerPoint］フォルダーに、「pdf」の場合は［PDF］フォルダーに、どちらでもない場合は［添付ファイル］フォルダーに保存されるようにしています。**あらかじめOneDrive for Businessに保存先となるフォルダーを用意しておきましょう。

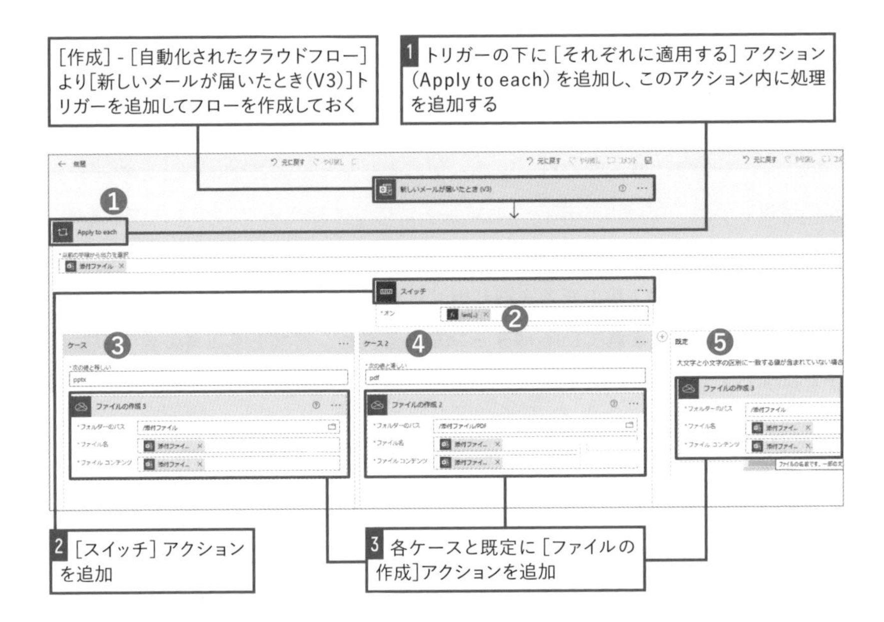

❶の［Apply to each］アクション

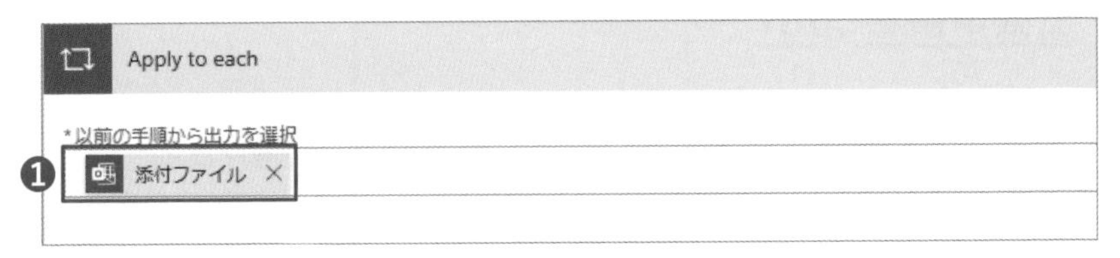

❶ 動的なコンテンツから［添付ファイル］を選択

❷［スイッチ］アクションの［オン］の式

```
last(
  split(
    items('Apply_to_each')?['name'],
    '.'
  )
)
```

動的なコンテンツから［添付ファイル名前］を選択して入力

意味 ファイル名を「.」で分割して作成されたアレイの最後の要素を取得する

❸の［ケース］

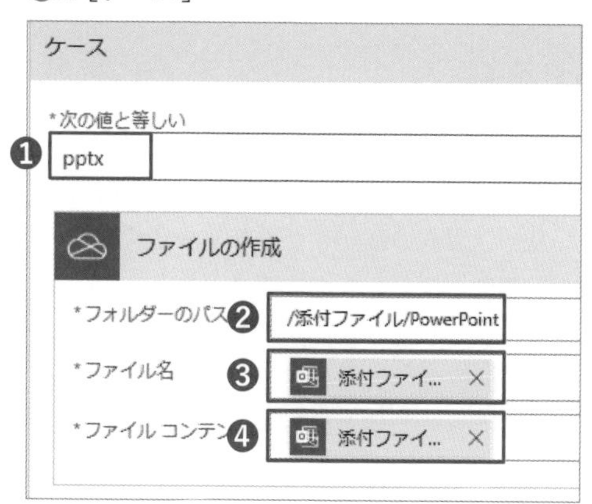

❶「pptx」と入力
❷ 保存先の［PowerPoint］フォルダーを選択
❸ 動的なコンテンツから［添付ファイル名前］を選択
❹ 動的なコンテンツから［添付ファイルコンテンツ］を選択

❹の［ケース］

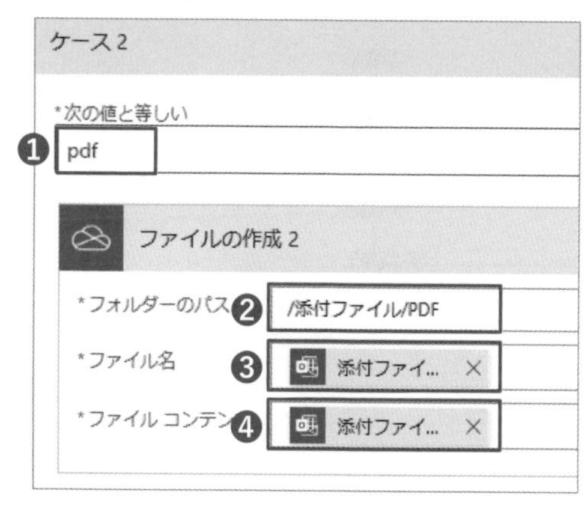

❶「pdf」と入力
❷ 保存先の［PDF］フォルダーを選択
❸ 動的なコンテンツから［添付ファイル名前］を選択
❹ 動的なコンテンツから［添付ファイルコンテンツ］を選択

❺の［既定］

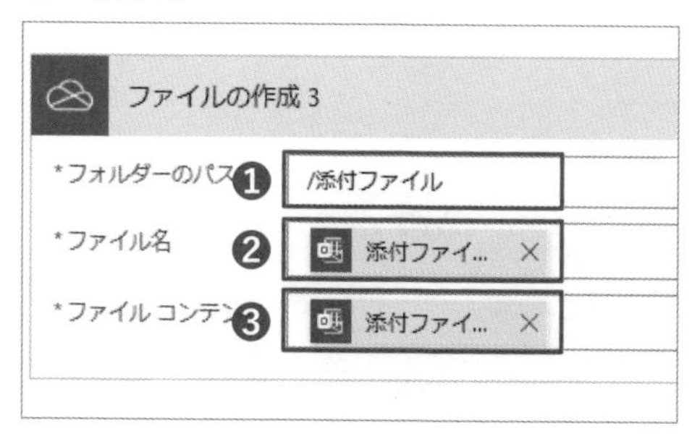

❶ 保存先の［添付ファイル］フォルダーを選択
❷ 動的なコンテンツから［添付ファイル名前］を選択
❸ 動的なコンテンツから［添付ファイルコンテンツ］を選択

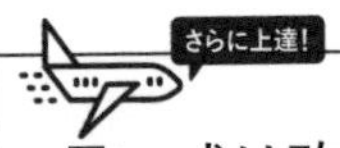

長い式は改行すると読みやすい

文字列処理のような複雑な式を書こうとすると、関数同士が入れ子になったりしてひと目では分かりづらくなります。「()」や「,」の前後などで改行することで、関数の始まりと終わりや、引数の区切りが分かりやすくなります。フローの編集画面で見づらいときには、好きなテキストエディターに貼り付けて改行しながら読んでも良いでしょう。

replace(replace('こんにちは世界!', '世界', '日本'), 'こんにちは', 'こんばんは')

```
replace(
  replace(
    'こんにちは世界!',
    '世界',
    '日本'
  ),
  'こんにちは',
  'こんばんは'
)
```

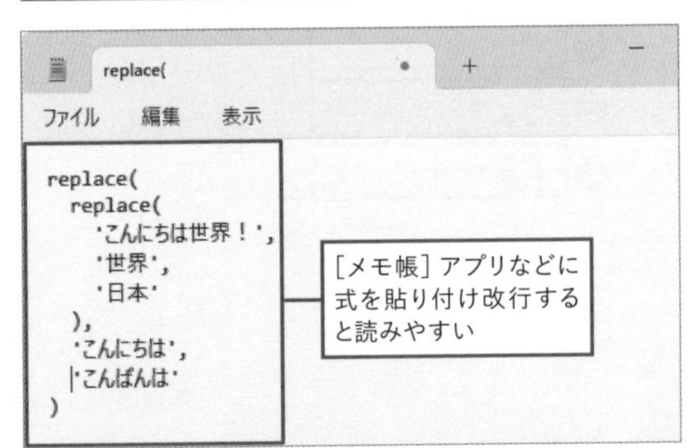

LESSON36で紹介している[実験的な機能]を有効化すると、式のエディターが複数行表示になり読み書きしやすくなります。式を多く使う場合は、[実験的な機能]の利用もおすすめです。

アクション名やメモにヒントを残そう

式は使い方を覚えるととても便利ですが、複雑なものになると一見しただけはどのような処理を行っているのかを把握できなくなります。自分が作成した式であっても、時間が経てば何を意図したものなのか忘れてしまうことも多くあります。このような状態では、あとからフローを修正する場合に、設定された式を読み解いていく必要があるため効率が悪いです。そのため、アクション名を変更したりメモを追加したりして、設定値の意味や意図を書き残しておくことをおすすめします。

アクション名は、設定にされた値によって実現される結果が分かりやすいようにします。メモには、式の意味などを書いておき、あとから確認する場合の助けにします。ただし、アクション名を全く変えてしまうと、利用したアクションが何だったのか分からなくなって困る場合もあります。元のアクション名を残し、後ろに付け加える形で変更しておくと分かりやすいです。

スイッチ
クリップボードにコピー (プレビュー)
新しいコメント
名前の変更
メモを追加する
*オン
last(...) ×
ケース 2

[…]をクリックする

[名前を変更]をクリックするとアクション名を変更できる

元のアクション名は変更せず、付け加える形で説明を入れると分かりやすい

[メモを追加する] をクリックするとメモを追加できる

スイッチ- 添付ファイルのファイル名から拡張子を取り出す
ファイル名やsplit関数を使い「.」で分割し、結果のアレイの最後の要素をlast関数で取り出す
*オン
last(...) ×

ファイルの作成 - 添付ファイルをPowerPointフォルダーに保存する
スイッチの数式で取り出したファイル拡張子が「pptx」の場合は、ファイルをPowerPointフォルダーに保存
*フォルダーのパス /添付ファイル/PowerPoint
*ファイル名 添付ファイル… ×
*ファイル コンテンツ 添付ファイル… ×

メモには式の意味や実行内容を書いておくとフローの内容が分かりやすくなる

LESSON

26 比較処理をフローに組み込む

2つの値が同じかどうかなどの比較処理は、フローで作成するアルゴリズムの基礎です。[条件] アクションでも行えますが、条件が増えるとフローが複雑になりひと目で把握しづらくなります。関数を利用することで、フローをシンプルに保てます。

01 比較処理の関数を確認しよう

式を利用すると、これまで紹介してきた値の計算や変換以外にも、値を比較して判定を行うこともできます。「AとBは等しいか」、「AとBはどちらが大きいか」などの比較のほか、「AとBは等しく、かつ、BよりCが小さい」などの複数の条件を組み合わせた判定もできます。また、こうした比較処理で用いられる関数のほとんどは、ブール値の「true」または「false」のいずれかを結果として取得します。

■ 比較処理の関数例

関数名	説明	利用例	得られる結果
equals	両方の引数が等しいかどうかを調べる	equals(123, 123) 文字列の比較もできる equals('あいう', 'あいう')	true
greater	第1引数の値が第2引数の値よりも大きいかどうかを調べる	greater(5, 10)	false
greaterOrEquals	第1引数の値が第2引数以上かどうかを調べる	greaterOrEquals(5, 5)	true
less	第1引数の値が第2引数の値よりも小さいかどうかを調べる	less(5, 10)	true
lessOrEquals	第1引数の値が第2引数以下かどうかを調べる	lessOrEquals(10, 10)	true

関数名	説明	利用例	得られる結果
and	引数すべてがtrueかどうかを調べる	and(equals('あいう', 'あいう'), greater(5, 10))	false
or	いずれかの引数が1つでもtrueかどうかを調べる	or((equals('あいう', 'あいう'), greater(5, 10))	true

02 値を変換するためにif関数と組み合わせる

式における比較処理は、if関数と組み合わせて利用されることが多いです。例えば、Formsで作成した研修会申込フォームの選択肢では「参加」「不参加」であっても、それを取りまとめるSharePointリストには［はい/いいえ］列で入力したい場合があります。そうした場合には、if関数とequals関数を組み合わせて、「参加」「不参加」を「true」「false」に変換することができます。

関数名	説明	利用例	得られる結果
if	第1引数の条件がtrueなら第2引数の値を、falseなら第3引数の値をそれぞれ取得する	if(equals('ABC', 'EFG'), 'はい', 'いいえ')	いいえ

アクションに設定する値の形式を変換する処理は、if関数を利用しましょう。［条件］アクションでも可能ですが、変換する値の数が多くなるとフローが複雑になってしまいます。

03 値を変換してFormsの回答をリストに転記する

if関数とequals関数を組み合わせて「研修会申込フォーム」の回答をSharePointリスト［参加者名簿］の列に入力するフローを作成します。式を使い回答結果を「true」「false」に変換し、その値を、SharePointリストの［はい/いいえ］列で作成した［研修会参加］［懇親会出席］列に入力します。あらかじめ「研修会申込フォーム」と「参加者名簿」リストを用意してからフローを作りはじめましょう。

フォーム名はここでは「研修参加申込フォーム」とする

「参加」「不参加」の2つの選択肢から回答できるようにしておく

研修会参加申込フォーム

こんにちは、由美。このフォームを送信すると、所有者に名前とメールアドレスが表示されます。

1. 研修会に参加しますか？

参加

不参加

2. 懇親会に参加しますか？

参加

不参加

SharePointサイトに「参加者名簿」というリストを作成しておく

列の種類を[はい/いいえ]にした、[研修会出席]列と[懇親会出席]列を作成しておく

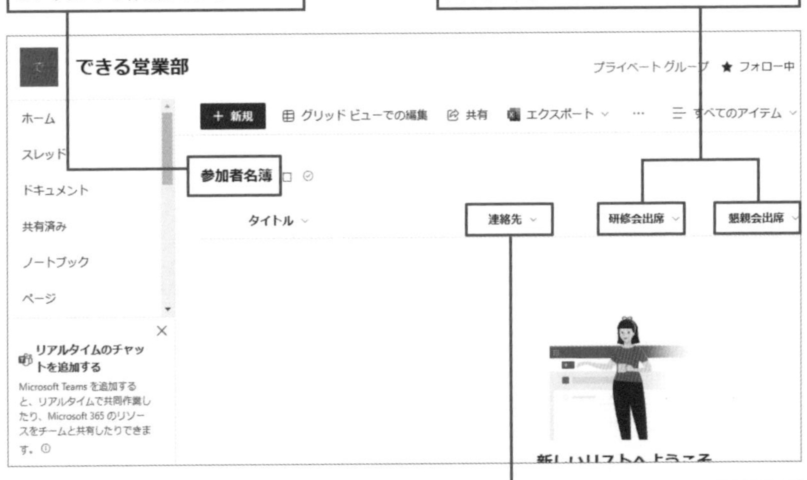

列の種類を［ユーザーまたはグループ］にした、［連絡先］列を作成しておく

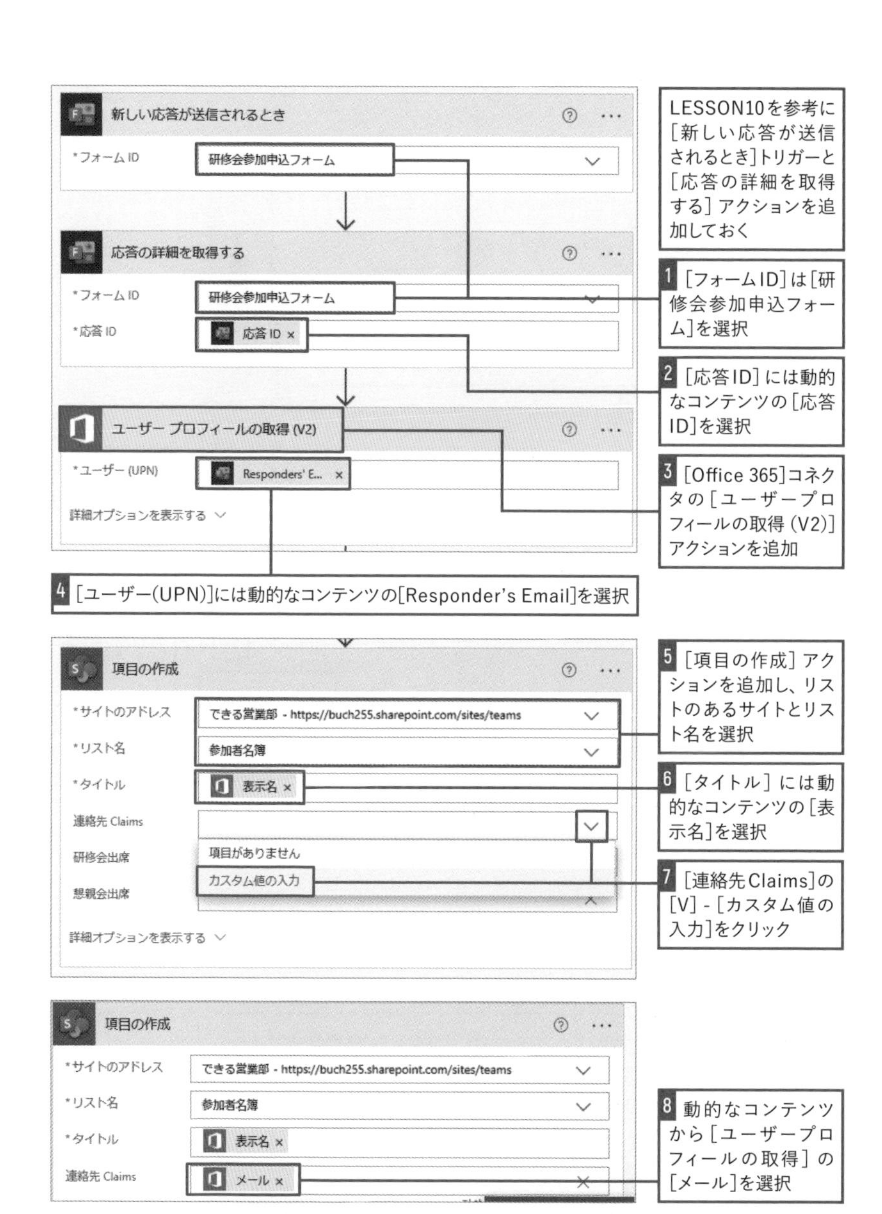

ユーザーが入力した値と、フローのアクションで利用したい値の形式が異なる場合はよくあります。人とフローのどちらにも優しい処理を作成するためにも、変換方法をマスターしましょう。

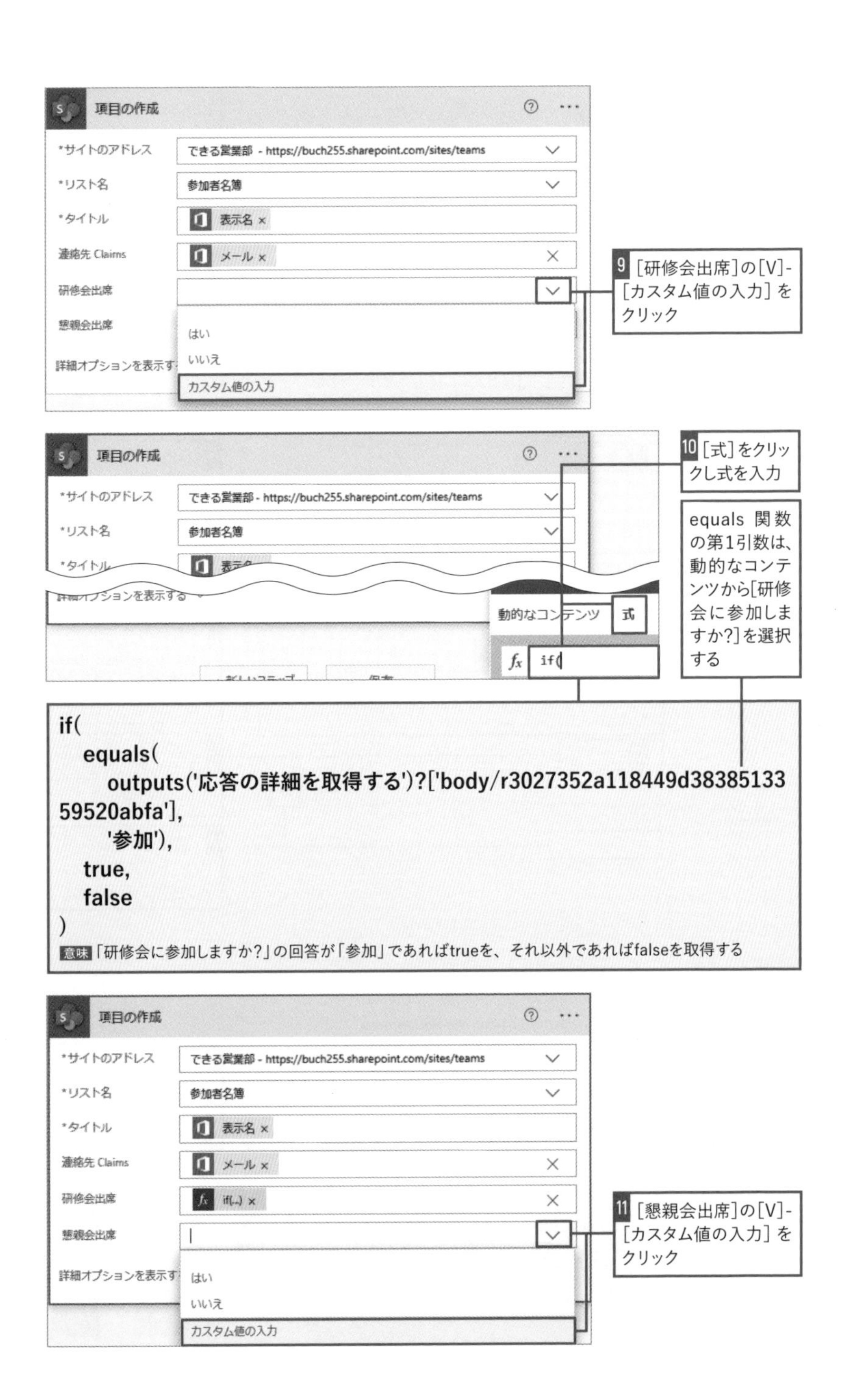
項目の作成
*サイトのアドレス
できる営業部 - https://buch255.sharepoint.com/sites/teams
*リスト名
参加者名簿
*タイトル
表示名 ×
連絡先 Claims
メール ×
研修会出席
懇親会出席
詳細オプションを表示する
はい
いいえ
カスタム値の入力
9 [研修会出席]の[V]-[カスタム値の入力]をクリック
動的なコンテンツ
式
if(
10 [式]をクリックし式を入力
equals関数の第1引数は、動的なコンテンツから[研修会に参加しますか?]を選択する
if(
equals(
outputs('応答の詳細を取得する')?['body/r3027352a118449d3838513359520abfa'],
'参加'),
true,
false
)
意味 「研修会に参加しますか?」の回答が「参加」であればtrueを、それ以外であればfalseを取得する
if(...) ×
11 [懇親会出席]の[V]-[カスタム値の入力]をクリック

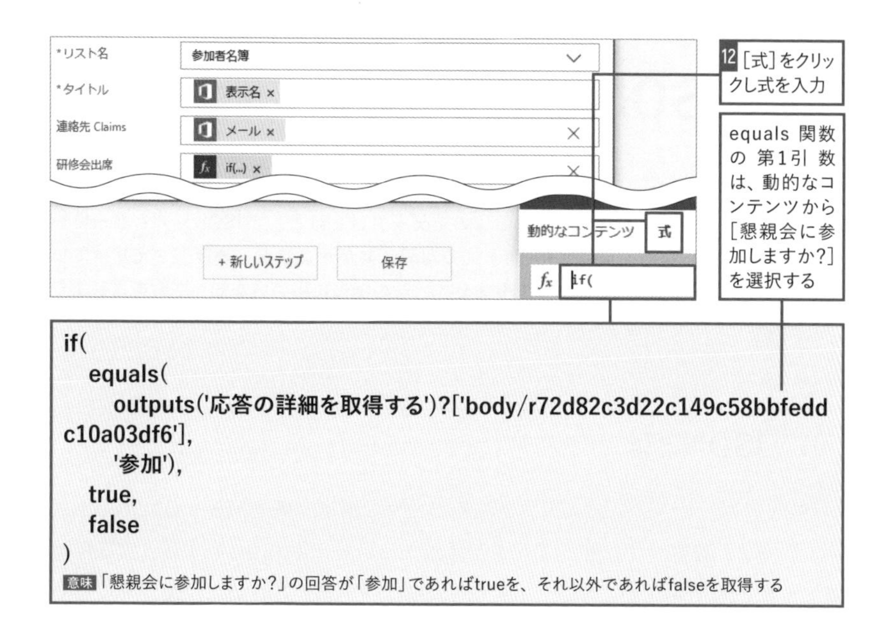

■ フローを保存して実行する

Formsの回答は「参加」「不参加」だったが、式によって「true」「false」に変換したため、SharePointリストの[はい/いいえ]列で作成した[研修会参加][懇親会出席]列に入力できた

参加者名簿

タイトル	連絡先	研修会出席	懇親会出席
太田浩史	太田浩史	✓	✓
鈴木 陽子	鈴木 陽子		✓

ちょっとした違いでエラーになることも

式の中の「true」「false」はブール値です。これをシングルコーテーションで囲み「'true'」と書くと文字列の値になります。場合によっては、値の形式が異なることでアクションがエラーになります。リストの[はい/いいえ]列では、ブール値と文字列のどちらでも構いません。

LESSON 27 JSONをやっつけよう

トリガーやアクションから出力される値の生データは、ほとんどJSON形式となっていることから、さらなる上達にはJSON形式の理解は欠かせません。読み方さえ知っていれば、読み解くのはそれほど難しくありません。この機会に扱い方を知っておきましょう。

01 JSONとは

JSONとは、システムに入出力されるデータの構造や値を記述するための形式の1つです。複雑なプログラミング言語のように見えるJSONですが、実は用途としてはCSVと似ています。Excelでも簡単に利用できるため、CSVなら使ったことがあるという人も多いでしょう。CSVとJSONが異なる点は、CSVがデータを列と行の2次元的にしか表現できないのに対し、**JSONは階層構造にしたり入れ子にしたりとより複雑なデータを表現できる**ことです。そしてJSONは、そうした複雑なデータであっても、人から見てもコンピューターから見ても分かりやすい表記方法であると言われています。

と言っても、やっぱり難しく思えますよね。次からは、JSONの読み解き方を解説していきます。

02 JSONの読み解き方

さっそくJSONで表されたデータを見てみましょう。この例は、従業員の情報を表すデータになっています。やはり一見すると複雑そうに見えますが、1つずつポイントを押さえながら読み解いていきましょう。

```
{
  "従業員":[
    {
      "氏名":"できる花子",
      "年齢":25,
      "名前":{
        "名": "花子",
        "姓": "できる"
      },
      "資格":[
        "簿記3級",
        "基本情報技術者試験"
      ]

    },
    {
      "氏名":"できる信二",
      "年齢":34,
      "名前":{
        "名": "信二",
        "姓": "できる"
      },
      "資格":[
        "普通自動車免許"
      ]
    }
  ]
}
```

■ポイント1: それぞれの値は、名前と値のペアになっている

JSONでは、値に対して名前が付けられていることがほとんどです。**値の名前を「キー」と呼びますが、キーと値は「：」を挟む形でペアになっています**。例えば次のように記載されているとき、キーは「氏名」で、値は「できる花子」です。

また、キーはダブルコーテーションで囲んで表記します。一方の値は、文字列の場合にはダブルコーテーションで囲みますが、数字の場合には不要です。さらには、ブール値として「true」または「false」を値にすることもできます。

```
"氏名":"できる花子",
"年齢":25,
```

■ポイント2: 値のペアが複数あるときには、カンマで区切る

値のペアが複数並ぶときには、それぞれのペアの間にカンマを入れて区切ります。ただし、最後のペアの後ろにはカンマは不要です。

■ポイント3: 関連するひとまとまりの値は波括弧で囲む

関連する複数の値を波括弧で囲むことで、それが1つの値であることを表します。例えば、従業員に関するデータには、「氏名」「年齢」「名前」「資格」の値があります。それらを波括弧で囲むことで、それら複数の値は、特定の一人に関する値であることを示しています。そして、こうしてまとめられた値を「オブジェクト」と呼びます。

■ポイント4: 複数の値やオブジェクトがある場合は角括弧で囲む

角括弧は、複数の値を含む可能性があることを表します。「従業員」や「資格」には、それぞれ複数の値が入る可能性があるため、角括弧で囲まれています。角括弧で囲まれた値は、式の説明にも出てきた「アレイ」として扱われます。

■ポイント5: オブジェクトは入れ子にできる

オブジェクトは、入れ子にすることができます。これによって、より複雑なデータを表すことができるのですが、JSONを複雑なものに感じさせる原因でもあります。

例えば、**「できる花子」の従業員データのオブジェクトの中には「名前」という値がありますが、この値は「名」と「姓」からなるオブジェクトになっています。**

先ほどのJSONを見慣れた表形式のデータに書き直してみましょう。複数の値が入る従業員というアレイには、「できる花子」と「できる信二」の2つの表が含まれます。これらの表がオブジェクトです。また、「名前」の列には、「名」と「姓」の値を持つ別の表が入れ子にされています。この表もまたオブジェクトであり、この関係がオブジェクトの入れ子です。

従業員

氏名	年齢	名前	資格
できる花子	25	名: 花子 / 姓: できる	・簿記3級 ・基本情報技術者試験

氏名	年齢	名前	資格
できる信二	34	名: 信二 / 姓: できる	・普通自動車免許

複雑に見えるJSONのデータですが、これらのポイントに従って読み進めていくと、見慣れた表形式のデータに読み解くことができます。はじめのうちはルールを意識しながら、ゆっくりと理解していきましょう。

練習用ファイル L027_従業員情報.txt

03 Power AutomateでJSONを扱うには

Power AutomateでJSONを扱うには、第4章で紹介した[JSONの解析]アクションを利用する方法がもっとも手軽で簡単です。さらに「式」を利用することで、より柔軟にJSONを扱えるようになります。**式でJSONを扱うメリットは、トリガーやアクションの出力の生データをJSON形式のまま利用できること**です。そうした出力は動的なコンテンツとしても利用できますが、中には動的なコンテンツに含まれない値もあります。式でJSON形式の生データを扱うことで、すべての値を利用できるようになります。

■JSONデータを扱うフローを作成する

式を利用したJSONの扱いを練習するために、まずは簡単なフローを用意しましょう。[手動でフローをトリガーします] トリガーを利用したフローを作成し、[データ操作] の [作成] アクションを2つ追加しておきます。さらに、1つ目の [作成] アクションの [入力] には、先ほどのJSONを練習用ファイル「L027_従業員情報.txt」からコピーして入力しておきましょう。

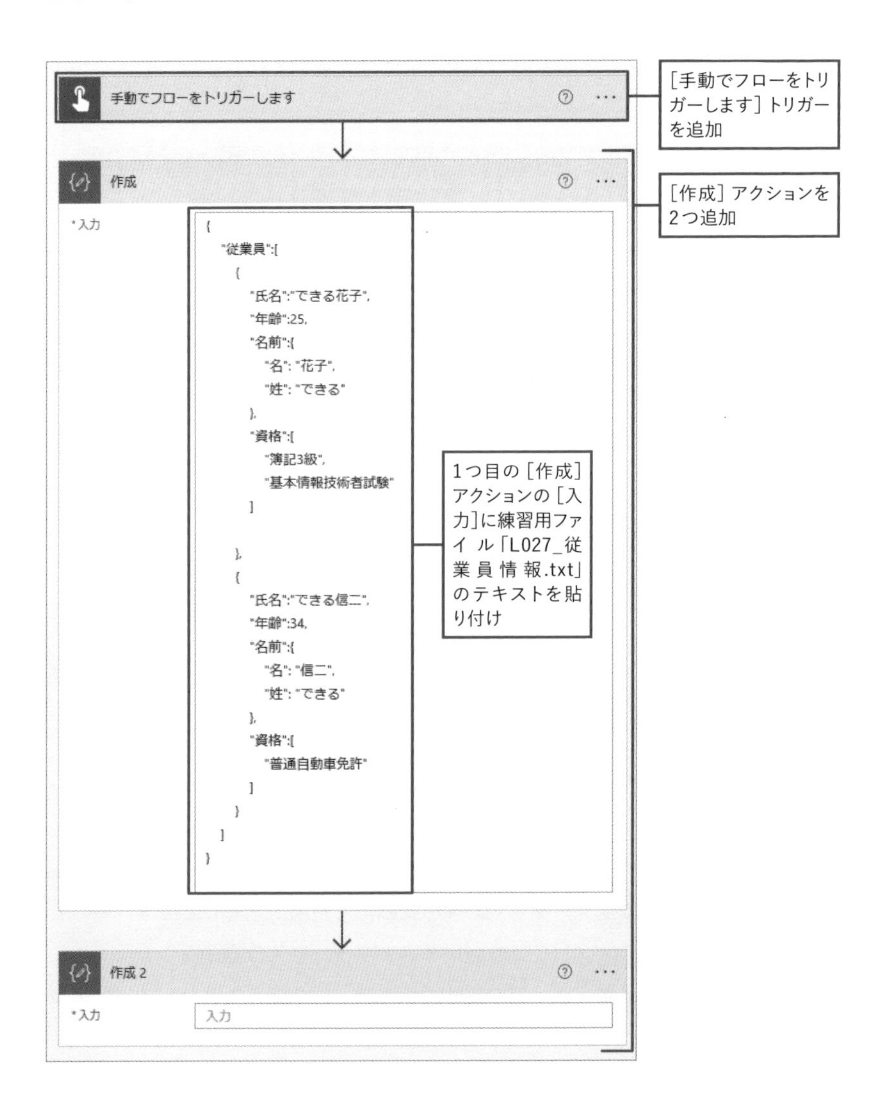

■ outputs関数でJSONのデータを取得する

[作成]アクションの[入力]に式を書いていきましょう。まずは、アクションの出力を取得するためのoutputs関数を利用します。式が設定できたら一度テスト実行を行い、関数の実行結果を確認します。outputs関数によって、[作成]アクションに入力したJSONのデータをそのまま取得できることを確かめたら、次に進みます。ちなみに、トリガーの出力を取得するときは、triggerOutputs関数が利用できます。

関数名	説明	利用例
outputs	引数に指定した名前のアクションの出力を取得する	outputs('項目の取得_2') (アクション名に半角スペースが含まれるときは、半角のアンダースコアに置換する)
triggerOutputs	トリガーの出力を取得する	triggerOutputs()

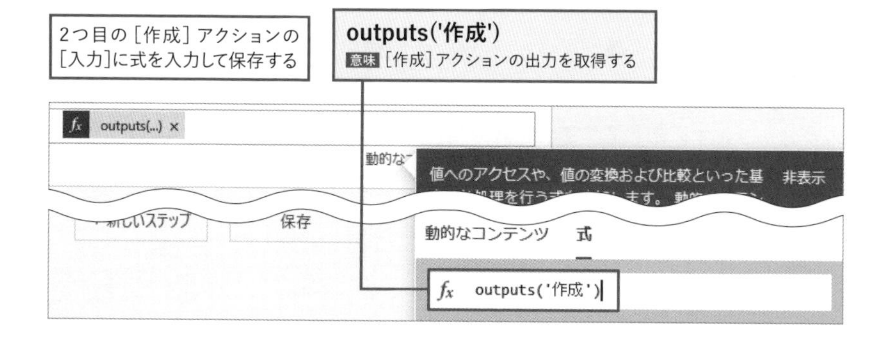

■ フローを実行して出力を確認する

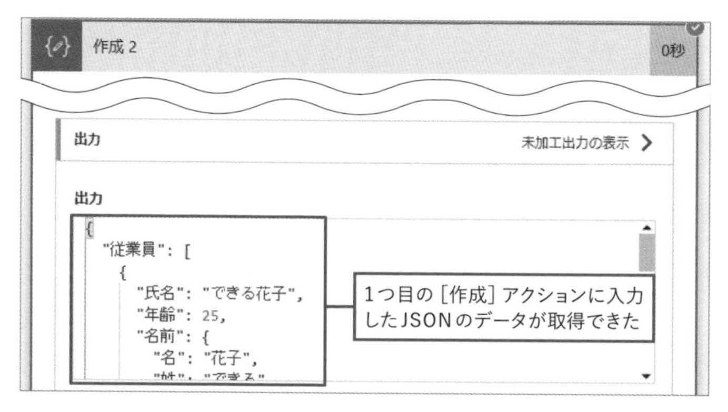

■ 氏名の値を取得する

式を利用して、1つ目の従業員のデータから氏名の値を取得してみます。このためには、次のような式を作成します。

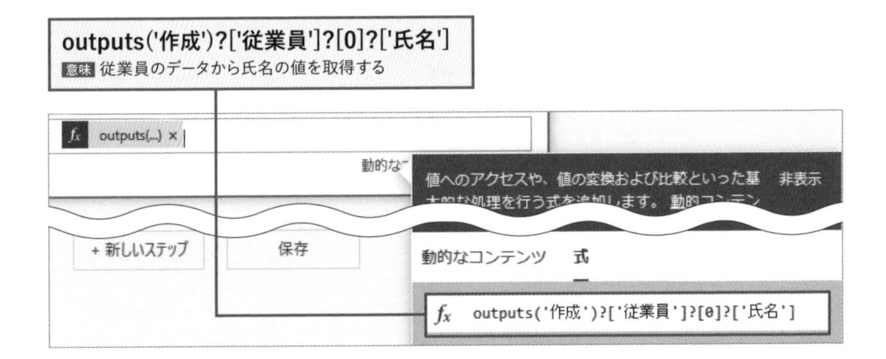

この式を理解するためには、JSONと式を並べて比べてみましょう。JSONを階層構造として考え、「❶アクションの出力」の「❷従業員アレイ」の「❸0番の要素」の「❹氏名」と、キーの名前とアレイの要素番号を利用しながら順に辿っているのが分かります。そして、それぞれの項目をクエスチョンマークでつないでいます。この式も作成したらテスト実行してみて、目的の値が取得できるか確認します。

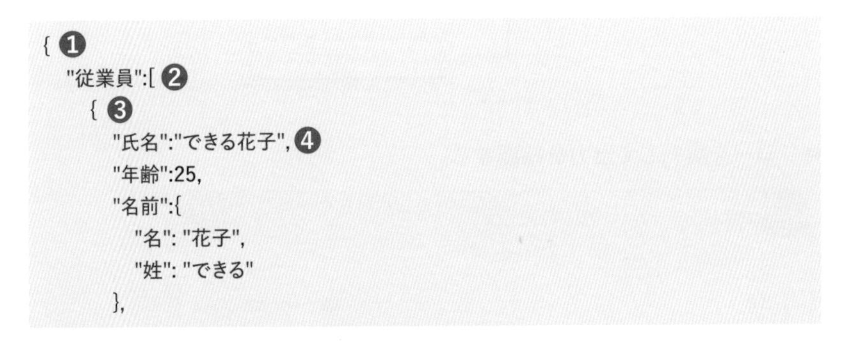
```
{ ❶
  "従業員":[ ❷
    { ❸
      "氏名":"できる花子", ❹
      "年齢":25,
      "名前":{
        "名": "花子",
        "姓": "できる"
      },
```

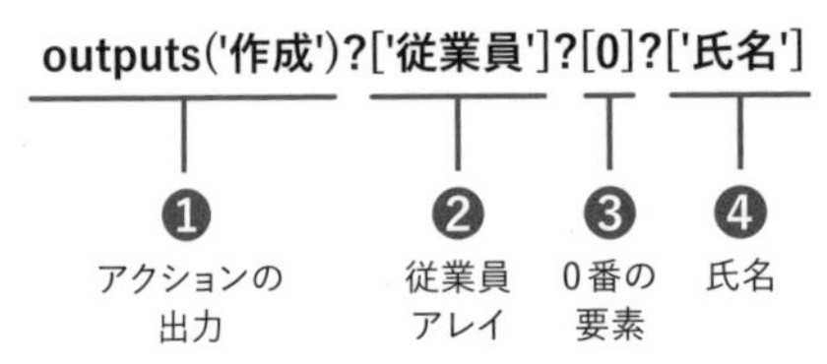

■ フローを実行して出力を確認する

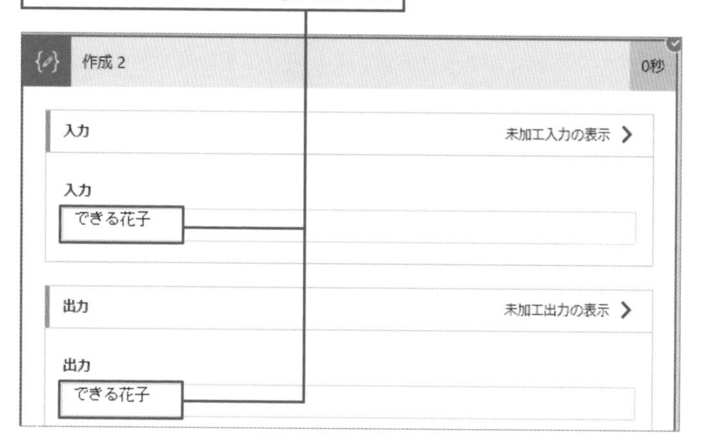

■ そのほかの値を取得する

さらに、式を書き換えてみて、次のようないくつかのパターンを試してみましょう。従業員の値はアレイになっているため、できる花子の情報はfirst関数を利用しても取得できます。

outputs('作成')?['従業員']?[0]?['年齢']
意味 できる花子の年齢を取得する

outputs('作成')?['従業員']?[0]?['名前']?['姓']
意味 できる花子の姓を取得する

outputs('作成')?['従業員']?[1]?['資格']?[0]
意味 できる信二の1つ目の資格を取得する

first(outputs('作成')?['従業員'])?['氏名']
意味 できる花子の氏名を取得する

JSONの読み方や値の利用方法を理解するためには、まずは慣れることが大切です。サンプルのJSONを基に、さまざまな値を思い通りに取得できるように繰り返し試してみましょう。

項目間の「?」の有無による挙動の違い

各項目の間のクエスチョンマークを省いても同じ値を取得できますが、クエスチョンマークを省いた式は、実行時にエラーが発生することがあります。わざとエラーが発生するように、元のデータには存在しない「従業員アレイの2番の要素」を取得するように、次のような式を作成してみましょう。以下の通りクエスチョンマークを利用した式は、エラーにはなりません。その代わり、値が存在しなかったこと意味する「null」という特殊な値を取得します。ほとんどの場面ではクエスチョンマークを利用する書き方で問題ありません。ただし、値が見つからなかった場合にその時点でフローの実行を即座に中止したい場合などは、クエスチョンマークを省いた式を利用します。

■ クエスチョンマークを省略した場合

outputs('作成')['従業員'][2]['氏名']
意味 3つ目の従業員のデータから氏名の値を取得する

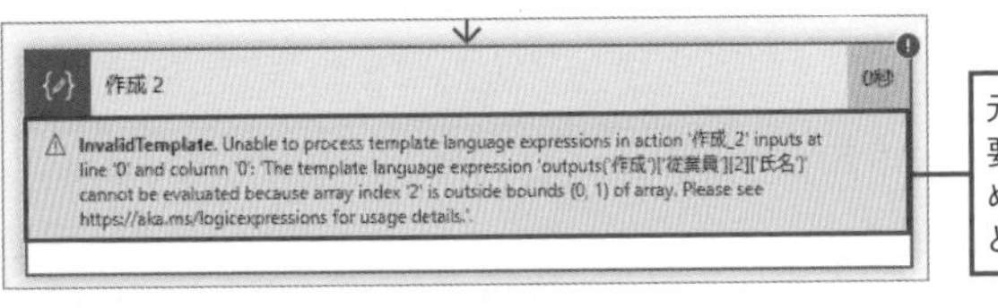

元データのアレイの要素は0～1番のため、2番を指定したことでエラーになる

■ クエスチョンマークを入力した場合

outputs('作成')?['従業員']?[2]?['氏名']
意味 3つ目の従業員のデータから氏名の値を取得

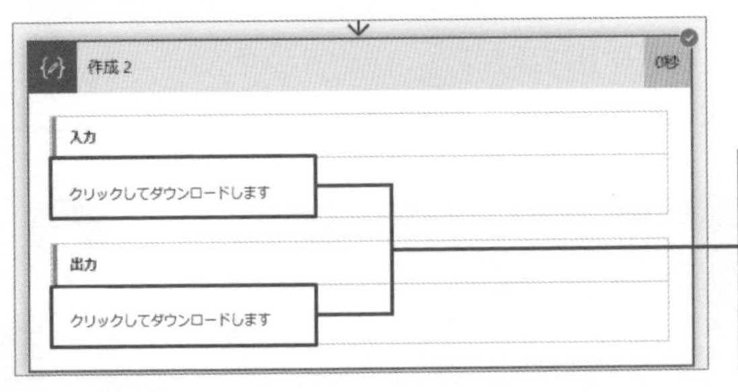

式はエラーにはならないが、実行はnullとなる。そのため、[クリックしてダウンロードします]をクリックしても何も起こらない

LESSON 28

JSONの知識を生かして不要な反復処理を省く

複雑なフローを作成するようになると、増えてくるのが反復処理です。しかし場合によっては、その反復処理を少なくすることもできます。不要な反復処理を省くことでフローの構造がシンプルになり、あとから修正したりしやすくなります。

01 [Apply to each]を省きフローをシンプルにする

ここまでの知識を総動員すると、フローの中に挿入された不要な[Apply to each]の反復処理を省くことができます。例えば、第4章のLESSON17で作成したフローでは、Excelファイルの中にあるテーブルを取得し、そのテーブルから行の値を取得しました。このとき、フローには[Apply to each 2]が自動的に挿入されました。しかしこの業務で利用するExcelファイルには、テーブルは必ず1つしか含まれないため、[Apply to each 2]は不要だと言えます。

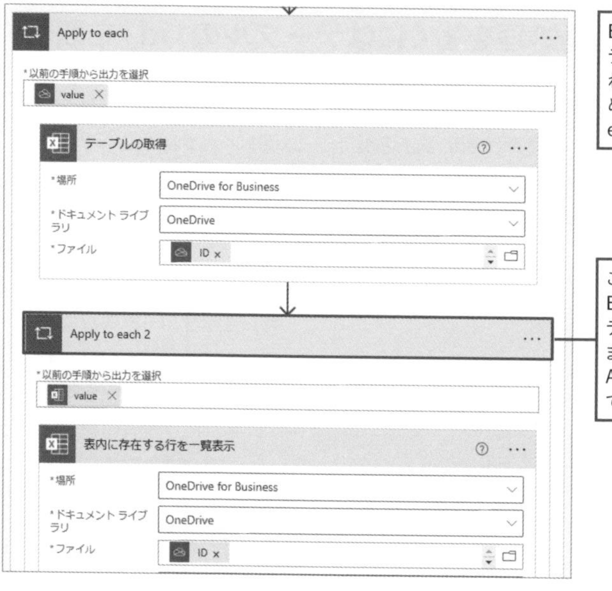

Excelファイルにはテーブルが"複数含まれるかもしれない"ため自動的にApply to eachが挿入される

この業務で利用するExcelファイルにはテーブルは1つしか含まれないためこのApply to eachは不要である

利用しようとした動的なコンテンツがアレイの一部であるとき、フローには[Apply to each]が自動的に挿入されます。つまりこの場合は、取得したテーブルの情報がアレイになっています。**このアレイから、1つの必要なテーブルの情報だけを取り出せれば、そのデータはアレイではなくなるため、[Apply to each]を省くことができます。**

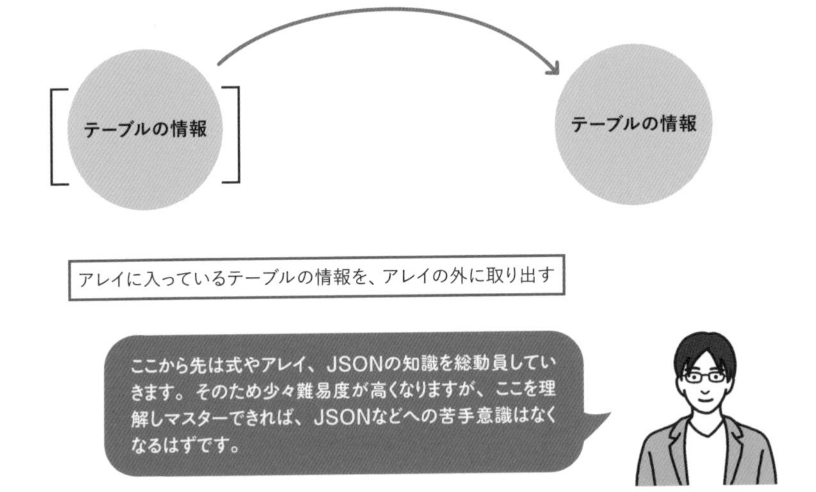

02 不要な反復処理を省くにはテーブルの「id」を取得

必要なテーブルの情報のみを取り出すには、[表内に存在する行を一覧表示]アクションの[テーブル]の設定に次の式を設定し、Excelファイルからテーブルの情報の「id」を取得します。

■ [表内に存在する行を一覧表示]アクション

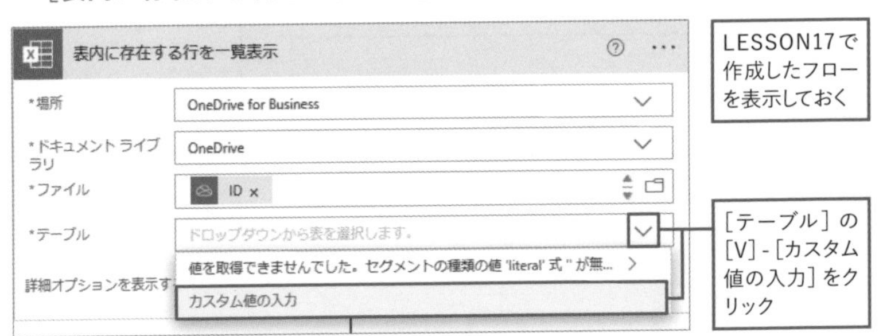

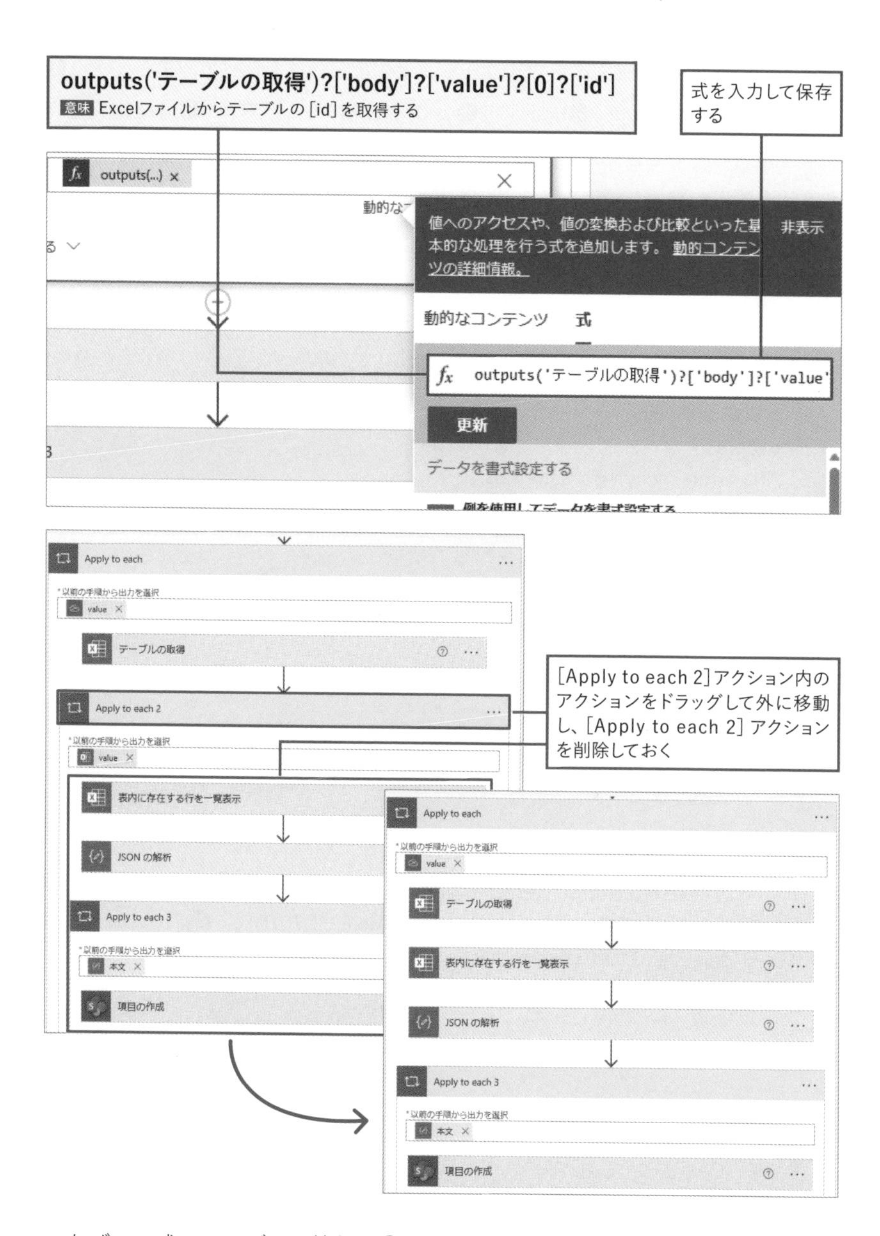

なぜこの式でテーブルの情報の「id」が取得できるのかを理解するには、[テーブルの取得]アクションから出力される生データを確認します。**生データを確認するには、フローの詳細画面から実行履歴を開き、[テーブルの取得]アクションの[出力]にある[未加工出力の表示]をクリックします。**

ここで表示されたJSONの形式の生データと先ほどの式を比べてみましょう。「❶アクションの出力全体」の「❷body」の「❸value」の「❹0番の要素」の「❺id」と順に辿って値を取得している意味であると分かります。ここでのポイントは、❹でアレイから0番の要素を選択してアレイの外に取り出している点です。アレイから1つの情報だけを取り出せたため、この式を利用して[表内に存在する行を一覧表示]アクションを設定すれば、アレイでは必要であった[Apply to each]が不要になります。

```
{❶
  "statusCode": 200,
  "headers": {
    "Transfer-Encoding": "chunked",
    "Vary": "Accept-Encoding",
    ・・・・・
    省略
    ・・・・・
  },
  "body": { ❷
    "@odata.context": "・・・省略・・・",
    "value": [ ❸
      { ❹
        "@odata.id": "・・・省略・・・",
        "style": "TableStyleMedium9",
        "name": "テーブル1",
        "showFilterButton": true,
        "id": "{323725C8-5E59-4CBD-90FA-A08693D701DE}", ❺
        "highlightLastColumn": false,
        ・・・・・
        省略
        ・・・・・
      }
    ]
  }
}
```

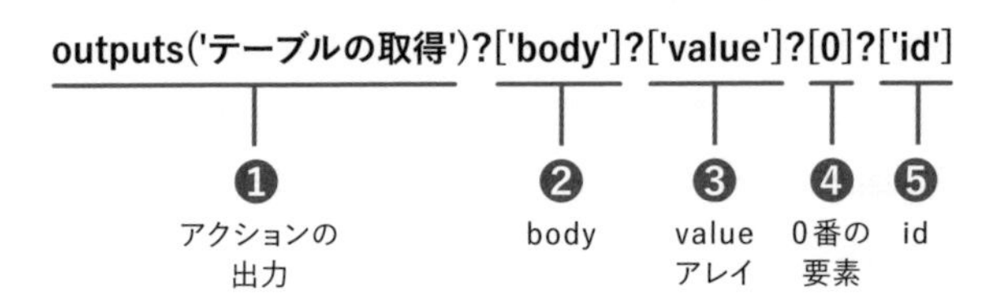

body関数でもテーブルのidを取得できる

JSONには「body」という名前の値が含まれる場合が多くあります。そうした場合には、body関数を利用することで、「body」の値を簡単に利用できます。また、アレイから0番の要素のみを取り出すには、first関数を利用することもできます。いずれの式でも結果は同じになるため、自分で見て分かりやすい書き方にしておきましょう。

```
first(body('テーブルの取得')?['value'])?['id']
```
意味 Excelファイルから取得したテーブルアレイの最初のテーブルの［id］を取得する

関数名	説明	利用例
body	「outputs(<アクション名>)?['body']」と同じ結果を返す	body('項目の取得_2') （アクション名に半角スペースが含まれるときは、半角のアンダースコアに置換する）

すべてのデータは［未加工出力の表示］で確認

トリガーやアクションが出力する生データは、［未加工出力の表示］で確認できます。これには、動的なコンテンツでは利用できない値も含まれています。生データのJSONを読み解き、式を使うことで、それらすべての値をフローで利用できます。ぜひ確かめてみてください。

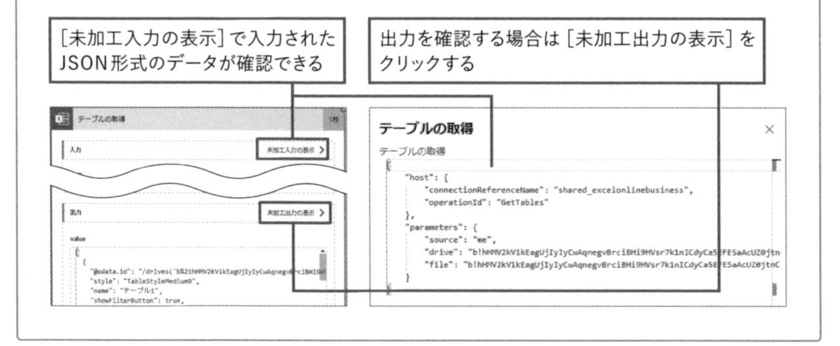

03 式でテーブル内の行の値を取得する

同様に［項目の作成］アクションでも式を利用することで、さらに［Apply to each 3］を不要にできます。先ほどと同様に実行履歴から今度は［表内に存在する行を一覧表示］アクションの未加工出力を確認してみましょう。ここでもアクションの出力をJSONの形式で確認できます。

■ アクションから出力されるJSON

```
{❶
  "statusCode": 200,
  "headers": {
    "Pragma": "no-cache",
    "Transfer-Encoding": "chunked",
    "Vary": "Accept-Encoding",
    ・・・・・
    省略
    ・・・・・
  },
  "body": {❷
    "@odata.context": "・・省略・・・",
    "value": [❸
      {❹
        "@odata.etag" : "・・・省略・・・",
        "ItemInternalId": "・・・省略・・・",
        "件名": "在宅勤務申請",❺
        "申請理由": "自宅で集中して作業を行いため",
        "備考": "勤務時間は通常通り",
        "所属": "できるネット部",
        "氏名": "できる花子",
        "email": "dekiru@example.com"
      }
    ]
  }
}
```

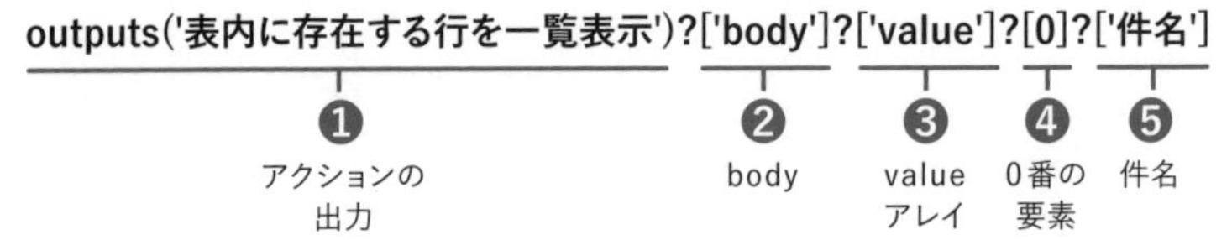

このJSONからは、次のような式でテーブル内の行の値を取得できます。今回のフローは式を利用することで、2つの[Apply to each]を省くことができました。フローがシンプルで分かりやすくなることで、一目で処理の内容を把握できるようになり、あとから修正するときの手間も少なくなります。

■ [項目の作成]アクションに式を入力する

項目の作成

*サイトのアドレス		申請業務サイト - https://buch255.sharepoint.com/sites/shinsei
*リスト名		申請データ
*タイトル	❶	outputs(...)
申請理由	❷	outputs(...)
備考	❸	outputs(...)
所属	❹	outputs(...)
氏名	❺	outputs(...)
email	❻	outputs(...)

❶[項目の作成]アクションの[タイトル]

outputs('表内に存在する行を一覧表示')?['body']?['value']?[0]?['件名']
意味 テーブルから取得したデータアレイの0番の要素の[件名]列の値を取得する

❷[項目の作成]アクションの[申請理由]

outputs('表内に存在する行を一覧表示')?['body']?['value']?[0]?['申請理由']
意味 テーブルから取得したデータアレイの0番の要素の[申請理由]列の値を取得する

❸[項目の作成]アクションの[備考]

outputs('表内に存在する行を一覧表示')?['body']?['value']?[0]?['備考']
意味 テーブルから取得したデータアレイの0番の要素の[備考]列の値を取得する

❹[項目の作成]アクションの[所属]

outputs('表内に存在する行を一覧表示')?['body']?['value']?[0]?['所属']
意味 テーブルから取得したデータアレイの0番の要素の[所属]列の値を取得する

❺［項目の作成］アクションの［氏名］

outputs('表内に存在する行を一覧表示')?['body']?['value']?[0]?['氏名']
意味 テーブルから取得したデータアレイの0番の要素の［氏名］列の値を取得する

❻［項目の作成］アクションの［email］

outputs('表内に存在する行を一覧表示')?['body']?['value']?[0]?['email']
意味 テーブルから取得したデータアレイの0番の要素の［email］列の値を取得する

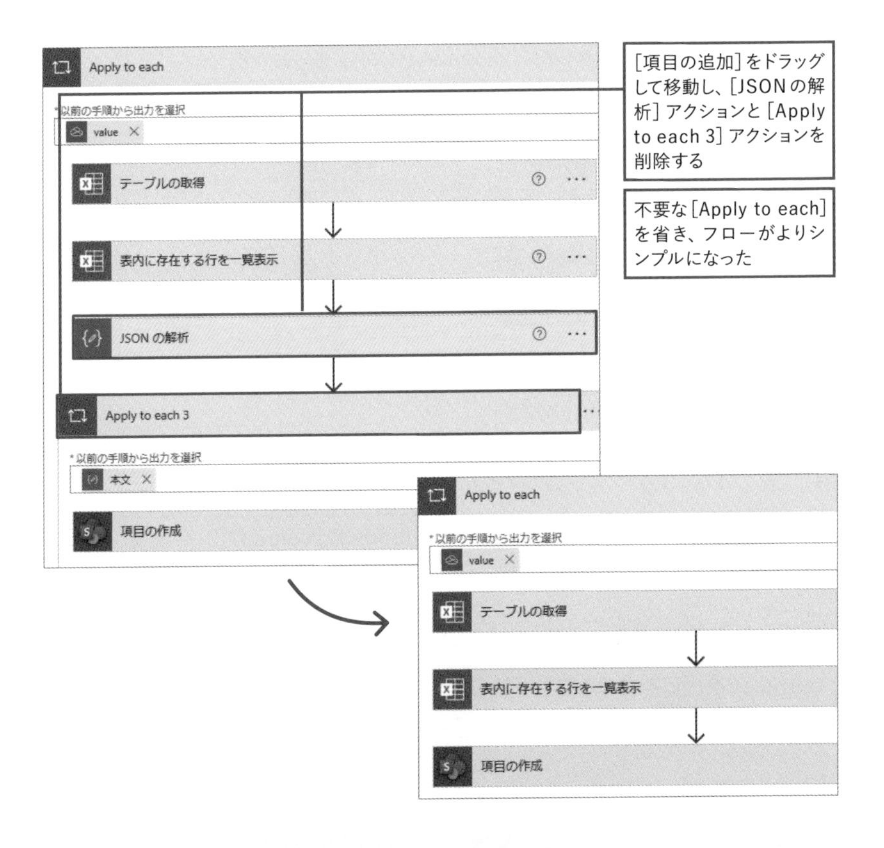

JSONの読み解き方や式での書き方は、何度も試すうちに慣れてきたでしょうか。ちょっとだけ難しい知識が必要ですが、一度覚えてしまえば今後もいろいろな場面で役立つはずです。

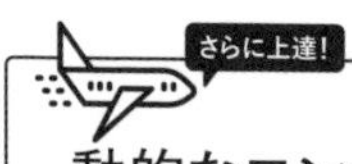

動的なコンテンツがどんな式になっているか確認する

さまざまな式を書いてアクションが出力するJSON形式の値を利用してきましたが、これまでも利用してきた［動的なコンテンツ］も実は式で表されています。アクションの設定に指定された［動的なコンテンツ］の式を知りたいときは、設定の値を選択し［コピー］します。それをテキストエディターに貼り付けることで、式を確認できます。

貼り付けた文字列は次のようになっており、両端にある「@{}」を省くと見慣れた式の形になります。

```
@{triggerOutputs()?['body/{Link}']}
```

↓ 両端の「@{}」を取り除いたものが式

```
triggerOutputs()?['body/{Link}']
```

トリガーの出力を指すtriggerOutputs関数のあとに続く角括弧の中は、スラッシュ区切りで表記されています。これは、これまで紹介してきた表記方法の別表記です。つまり次の2つの式は同じ値を指しています。

```
triggerOutputs()?['body/{Link}']
```

↕ この2つの式は同じ意味

```
triggerOutputs()?['body']['{Link}']
```

動的なコンテンツはコピーできる

コピーした動的なコンテンツは、アクションのほかの設定項目に貼り付けることもできます。同じ［動的なコンテンツ］を複数の項目に設定したい場合には、この操作も覚えておくと便利です。

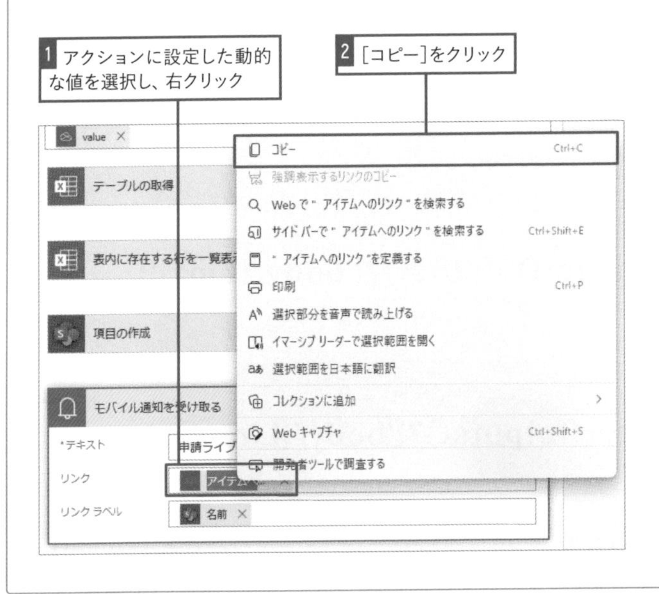

そのApply to eachは本当に不要だったか

このLESSONでは式やJSONの知識を使いながら、しばしばフローに登場する不要なApply to eachを省く方法を紹介しました。しかし、このように式やJSONを使いこなしたフローは、それが重荷になる場合もあります。それは、自分が作成したフローを、ほかの担当者に引継ぐときです。式やJSONを駆使して作成されたフローは、それを修正するためにもそれらの知識が必要です。引継いだ担当者にその知識がなければ、せっかく作成したフローが今後は使われなくなってしまう可能性もあります。こうした事態を回避するためにも、フロー作成の学習は一人で頑張るのではなく、普段から同僚と学んだ知識を共有し合いながら進められるのが理想です。

LESSON 29

ほかのユーザーからもフローを実行できるようにする

フローは、作成した本人の権限で動作するのが原則です。しかし、手動でフローを実行できるインスタントクラウドフローのトリガーは例外です。自分が作成したフローをほかの同僚にも利用してもらうための、実行専用アクセス許可について紹介します。

01 実行専用アクセス許可を設定する

［手動でフローをトリガーします］トリガーや、［OneDrive for Business］コネクタの［選択したファイルの場合］トリガー、［SharePoint］コネクタの［選択したファイルの場合］トリガーなどは、ほかのユーザーに対して、フローを実行する権限を与えることができます。こうしたトリガーには、フロー個別の詳細画面に［実行のみのユーザー］の設定が表示されます。ここから［実行専用アクセス許可を管理］のメニューを開くことができ、次の手順でフローの実行を許可するユーザーを指定できます。ただし、**実行を許可されたユーザーは、フローを実行できますが、フローを編集することはできません。**

［マイフロー］のフロー一覧から［実行専用アクセス許可］を設定するフローをクリックし、フローの詳細画面を表示しておく

1 ［実行のみのユーザー］にある［編集］をクリック

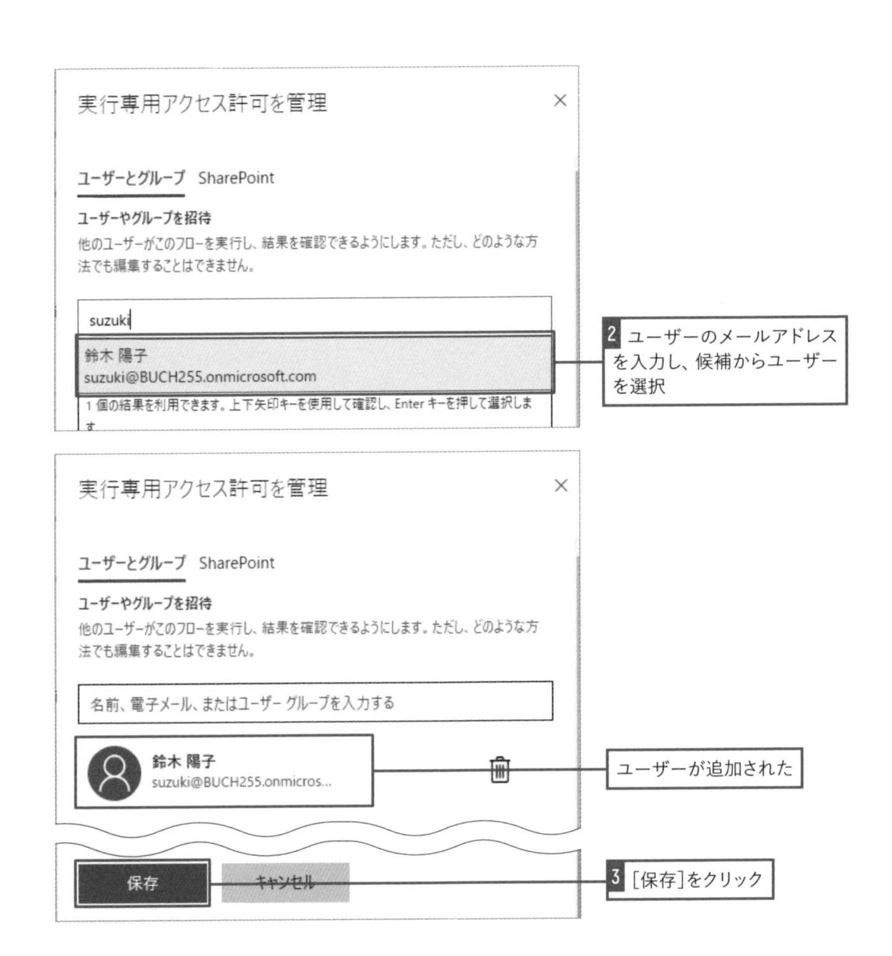

許可されたユーザーはスマートフォンから実行できる

［手動でフローをトリガーします］トリガーを含む場合、許可された相手はモバイルからフローを実行することができます。スマートフォンのPower Automateアプリを開き、［インスタントフロー］から［実行のみ］を選択すると実行が許可されたフローが表示されます。このフローをタップすることで、フローが実行できます。

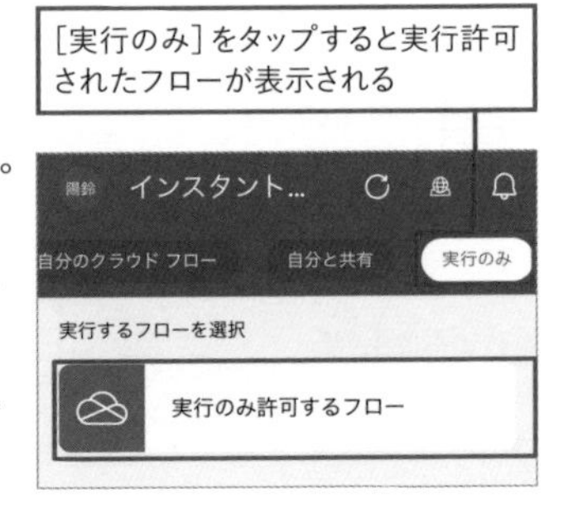

02 ［使用する接続］で実行時に利用する接続を選択

ほかのユーザーに実行専用アクセス許可を与えるときに、［使用する接続］を設定できます。これは、**フローが実行されるときにアクションで利用する接続を選ぶもの**です。

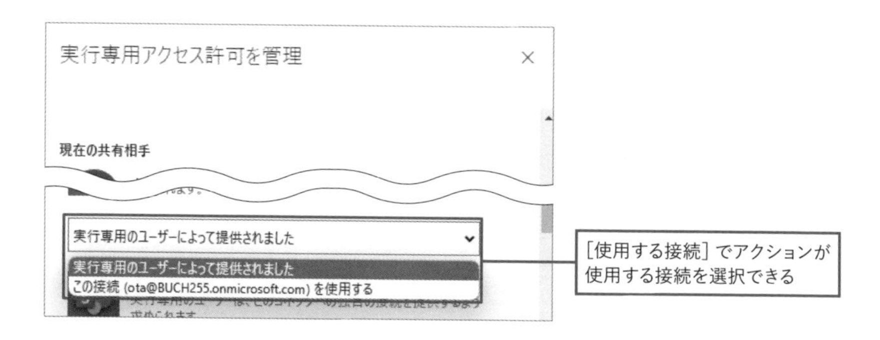

［実行専用のユーザーによって提供されました］を選択すると、このアクションを実行するユーザーは、自分で接続を作成し使用する必要があります。一方の［この接続（接続名）を使用する］を選択すると、フロー作成者が作成時にアクションに設定した接続をそのまま相手も使用します。つまり、フロー作成者の実行権限もセットで、フローの実行専用アクセス許可を相手に渡すことができます。

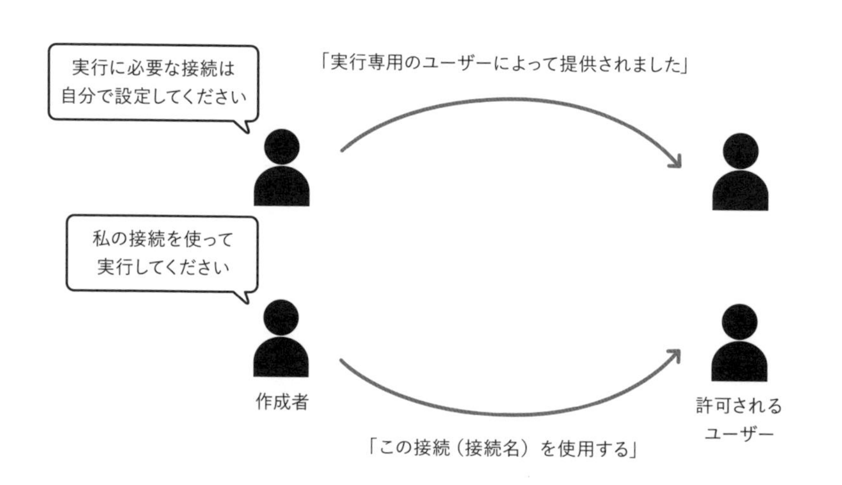

［この接続（接続名）を使用する］を利用するメリットは、自分にしかできない操作をほかの誰かに任せることができる点です。例えば、次のようなフローを作成し、スマートフォンの［Power Automate］アプリから作業の開始時間や終了時間を記録していたと考えてみましょう。また、作業の時間を記録するSharePointリストには、フローを作成した本人しかアイテム作成の権限がないとします。

体調を崩すなどで休むときには、［実行専用アクセス許可］によって同僚にもフローを実行できるようにし、作業記録を残してもらうことができます。このとき、フローは実行できても、SharePointリストに書き込む権限がなければ最後まで正しく実行できません。このようなときに［この接続（接続名）を使用する］を使うことで、同僚がフローを実行した場合でもSharePointリストに書き込む処理だけは作成者本人の権限で実行できます。

03 SharePointトリガーの実行専用アクセス許可を設定

[SharePoint] コネクタの [選択したアイテムの場合] や [選択したファイルの場合] トリガーもまた、実行専用アクセス許可を設定できます。 しかし、対象となるリストやライブラリの利用者全員に実行専用アクセス許可を与えようとすると、その管理が煩雑になってしまいます。そのため、**SharePointコネクタの実行専用アクセス許可はリストやライブラリ単位で与えることができます。** 設定は [実行専用アクセス許可を管理] の [SharePoint] タブで行います。実行専用アクセス許可が設定されたリストやライブラリに対して「編集」権限以上を持つユーザーは、コマンドメニューからフローを実行できるようになります。

[選択したアイテムの場合]トリガーが使われている
選択したアイテムの場合
*サイトのアドレス
できる営業部 - https://buch255.sharepoint.com/sites/teams
*リスト名
社内研修申込リスト
+ 入力の追加
項目の取得
*サイトのアドレス
できる営業部 - https://buch255.sharepoint.com/sites/teams
*リスト名
社内研修申込リスト
*ID
ID
詳細オプションを表示する
メールの送信 (V2)
*宛先
メールアドレ...
*件名
社内研修の開催日が近づいています
*本文
Font
12
タイトル
さん
お申込みされた社内研修の開催日が近づいています。
今一度ご予定をご確認いただき、ぜひご参加ください。
詳細オプションを表示する
このフローは、社内研修申込リストのアイテムを選択しフローを実行すると、
リストの[メールアドレス]列に入力されている宛先にメールが送信される

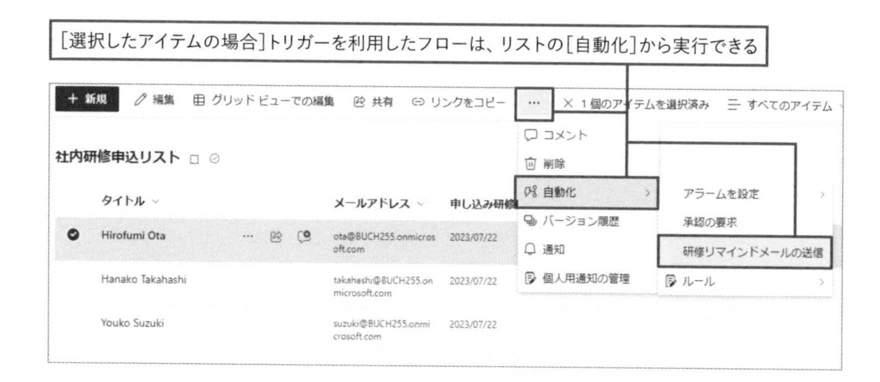

■実行専用アクセス許可を変更する

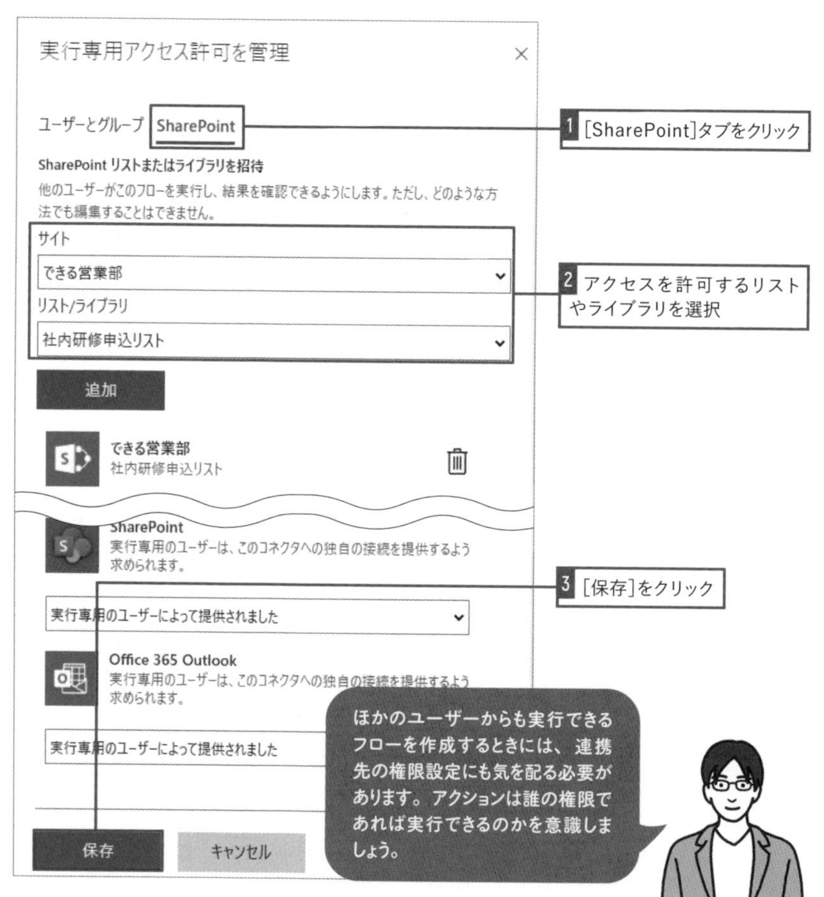

[選択した行に対して]トリガーでExcelファイル内から実行する

どこから実行できるか分からないとよく質問を受けるトリガーに、[Excel Online For Business] コネクタの [選択した行に対して] トリガーがあります。OneDrive for Businessなどに保存されたExcelファイル内のテーブルにある選択したデータに対して、手動でフローを実行するトリガーです。実行するには、Excelにアドインを追加します。[挿入] タブから [アドインを入手] をクリックし、[Microsoft Power Automate for Excel] を追加しましょう。[データ] タブに [Flow] ボタンが追加され、ここからトリガーを利用したフローを呼び出し実行することができます。

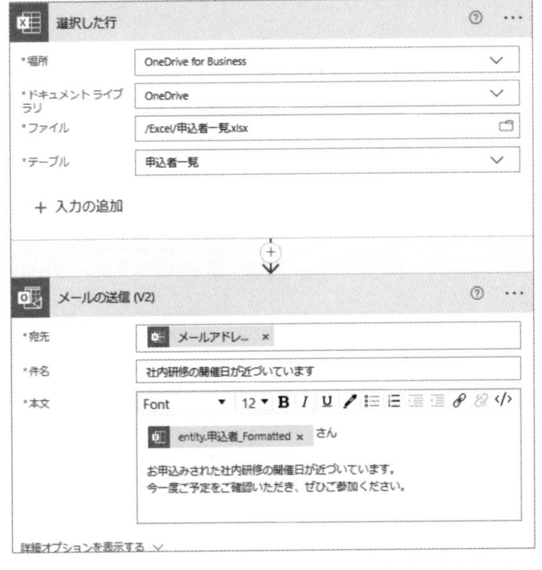

[選択した行に対して]トリガーを使ったフローを作成しておく

本文を参考に[Microsoft Power Automate for Excel] の[追加]をクリックして追加しておく

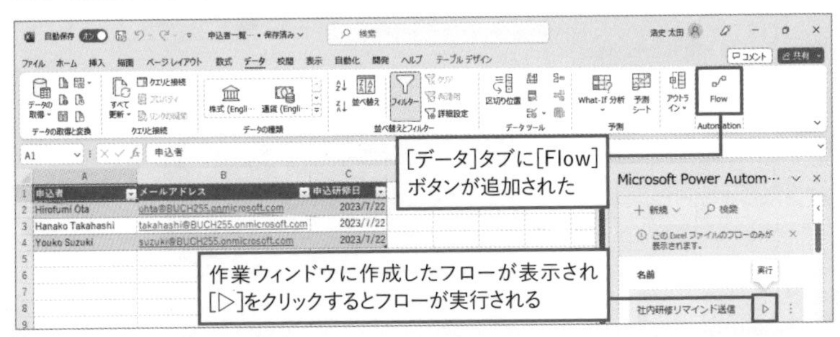

応用編

第 6 章

本番運用で役立つ テクニックと大事な引継ぎ

フローが作成できてもそれで終わりではありません。長く業務で利用していると、思わぬエラーが発生しフローの実行が失敗してしまうこともあります。安定して実行させるためには、そうしたエラーに対処していく必要があります。また、業務上の理由で部署異動することもあるでしょう。そうした場合には、作成したフローも後任者に引継ぐ必要があります。

LESSON 30

フロー作成時のデバッグテクニック

デバッグとは、プログラムを作成するときに、エラーや不具合を見つけて修正する作業です。フローも一種のプログラミングのため、作成中はデバッグが必要になる場面もあります。デバッグの際の便利なテクニックを抑えておくことで、作業効率を上げられます。

01 設定の漏れはフローチェッカーで確認

フローを保存するタイミングで、アクションの設定に漏れなどがあるとフローチェッカーが表示されます。また、フロー作成中に画面右上の[フローチェッカー]をクリックすることでも、表示できます。**フローチェッカーには、どのアクションにどういった不備があるのかが書かれているため、それを参考にフローを修正することができます。**

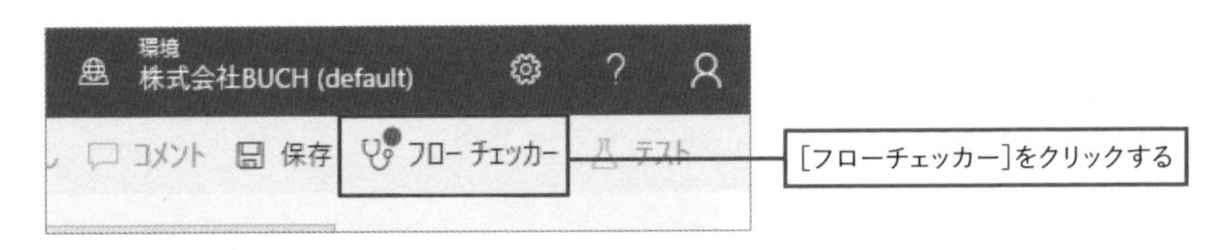

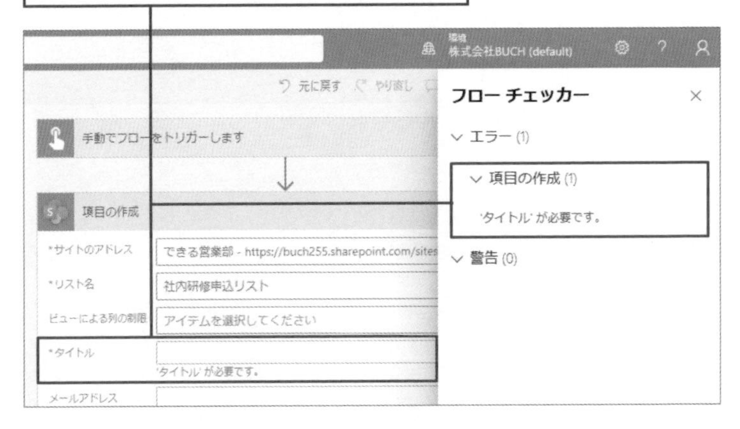

02 [作成]アクションで動的なコンテンツを確認

フローを実行してみた際にエラーになることや、処理の結果が思い通りではないこともよくあります。こうしたときは、アクションに設定した動的なコンテンツや、ほかの動的なコンテンツに実際にどういった値が入っているのかを確認したくなる場面も多くあります。この場合は、**[データ操作]の[作成]アクションが便利です**。このアクションは[入力]に指定した値を、そのまま出力するシンプルなものです。そのため、**[入力]に動的なコンテンツを指定して実行すると、不要な処理を追加することなく実行結果で実際の値を確認できます。**

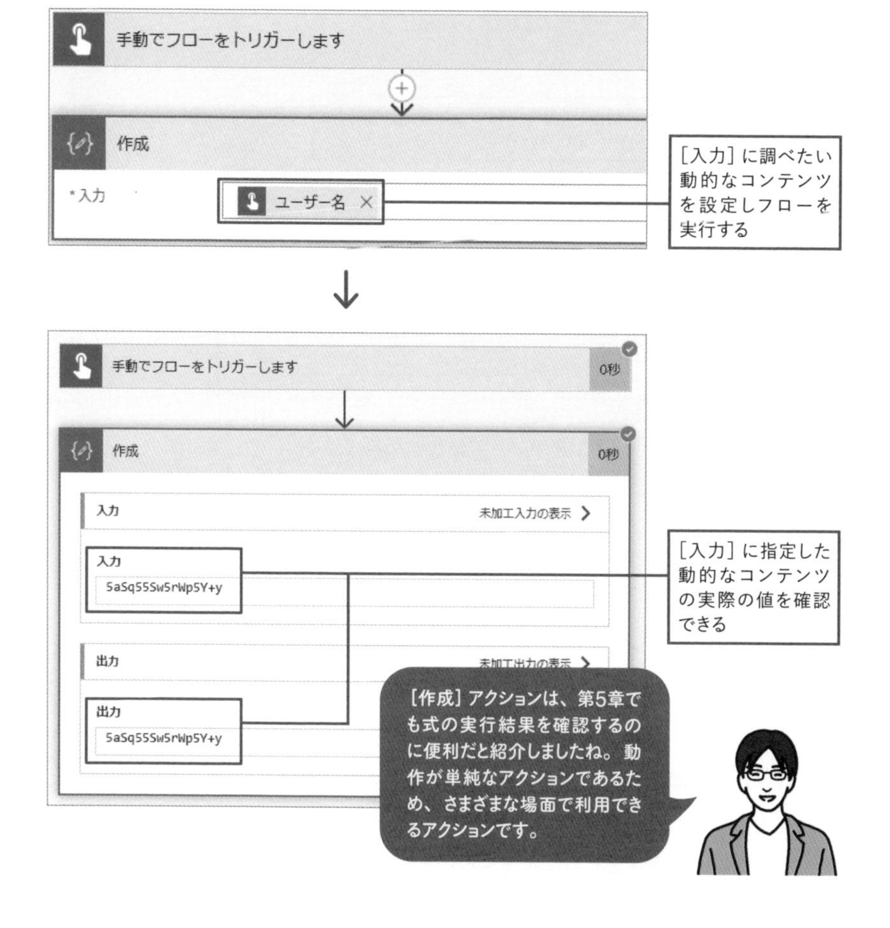

03 [終了]アクションでフローの途中まで実行

ある程度のアクション数があるフローを修正するときに、動作を確認するためにフローを毎回最初から最後まで実行しなければならないのは大変です。特にフローのはじめの部分を修正したときは、それ以降を実行せずに動作結果を確認したくなるでしょう。そうしたときには、**[コントロール]の[終了]アクションを利用するのが便利**です。使い方はフローの実行を中断したい箇所にアクションを追加するだけです。アクションの[状態]の設定では、[成功][失敗][取り消し済み]を選択できます。今回のように動作を試すだけであれば、[成功]に設定しておくのが良いでしょう。ここでの設定は、[終了]アクションによってフローの実行が中断された場合の、実行履歴の[状況]の値に反映されます。

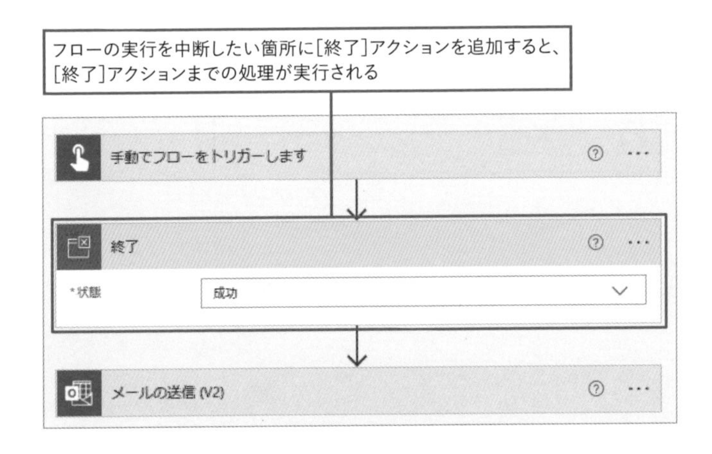

04 前回のトリガーの値を使ってテスト実行

作成したフローをテスト実行するときに、毎回トリガーの条件にあてはまる操作を行うのは大変な手間です。そうしたときは、フローをテスト実行するときに[自動]を選択しましょう。**[最近使用したトリガーで。]を選択することで、過去に実行されたトリガーの値を利用してテスト実行することができます。**テスト実行の度に、メールを送ったり、ファイルをアップロードしたり、フォームに回答したりなど、トリガーのための操作をしなくてもよくなるので、フロー作成を効率化できます。

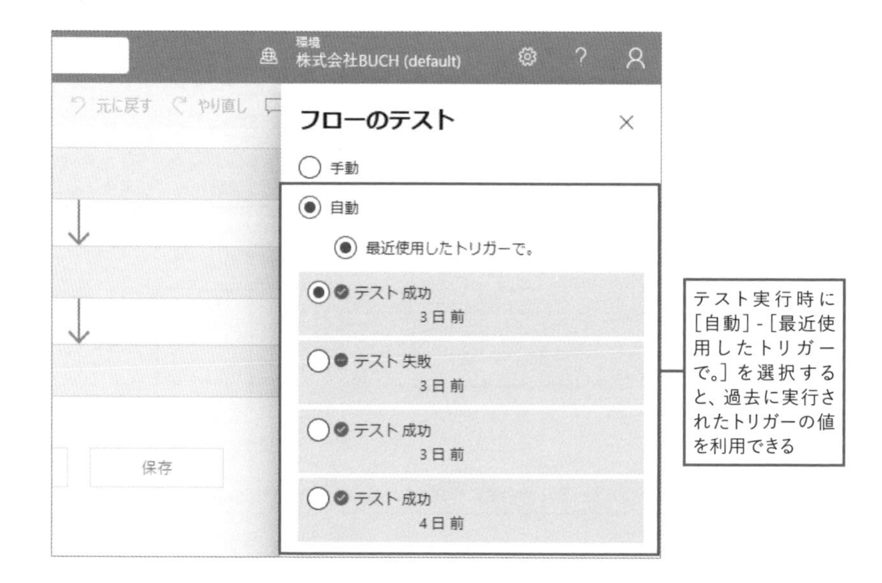

05 無限ループが発生したら慌てずフローを無効化

SharePointのリストにアイテムが作成されたときに実行される［項目が作成されたとき］トリガーを利用するフローで、［項目の作成］アクションを利用して同じリストにアイテムを書き込むとどうなるでしょうか。「アイテムが作成されたらフローが実行される→アイテムが作成される→フローが実行される→アイテムが作成される→フローが実行される」と、終わることがない処理が繰り返されてしまいます。このような処理を「無限ループ」と呼びます。**フローとアクションの組み合わせで、意図せず無限ループが発生してしまうことがあります。**そうした場合には、**フローの詳細画面から［オフにする］をクリックしてフローを無効化しましょう。**無効化したあとで落ち着いてフローを編集し、無限ループを起こしてしまっている箇所を修正します。修正が終わったら再びフローの詳細画面から［オンにする］をクリックし、フローを有効化します。

■ 無限ループの発生例

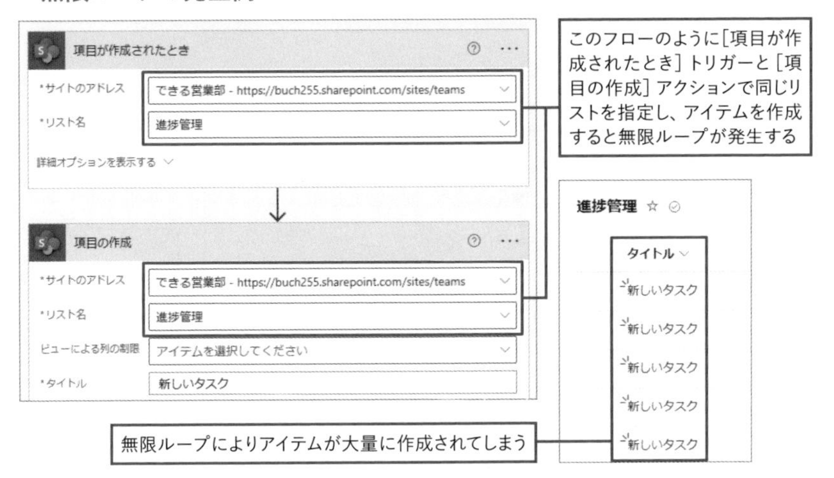

■ フローを無効化する

ここもポイント!

無限ループもフローチェッカーで防げる!

実は無限ループの発生も、フローチェッカーが事前に警告をしてくれます。こうしたことからも、テスト実行前にはフローチェッカーを確認し、赤い印が表示されているときには内容をしっかりと読むようにしましょう。

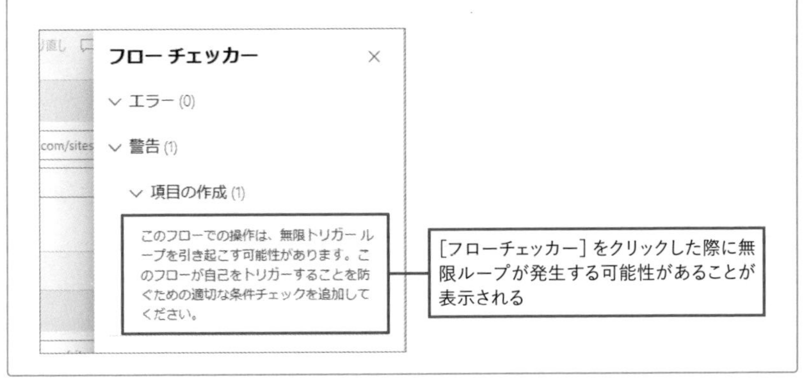

LESSON 31

エラーに対処するにはどうする?

エラーに対処するには、まずは発生しているエラーを正しく認識することが必要です。そのためには､実行履歴を活用しましょう。実行履歴からさまざまな情報を読み解けます。重要な手掛かりとなるエラーメッセージなど、確認すべきポイントを解説します。

01 実行履歴の確認と原因を見つけるポイント

フローが正しく動いていないことに気付いたら、まずはそのフローの実行履歴を確認します。実行履歴を見ることで、いつ実行されたフローが失敗したのかを確認できます。さらに失敗したフローの個別実行履歴を開くと、どのアクションが失敗しているのかを確認できます。

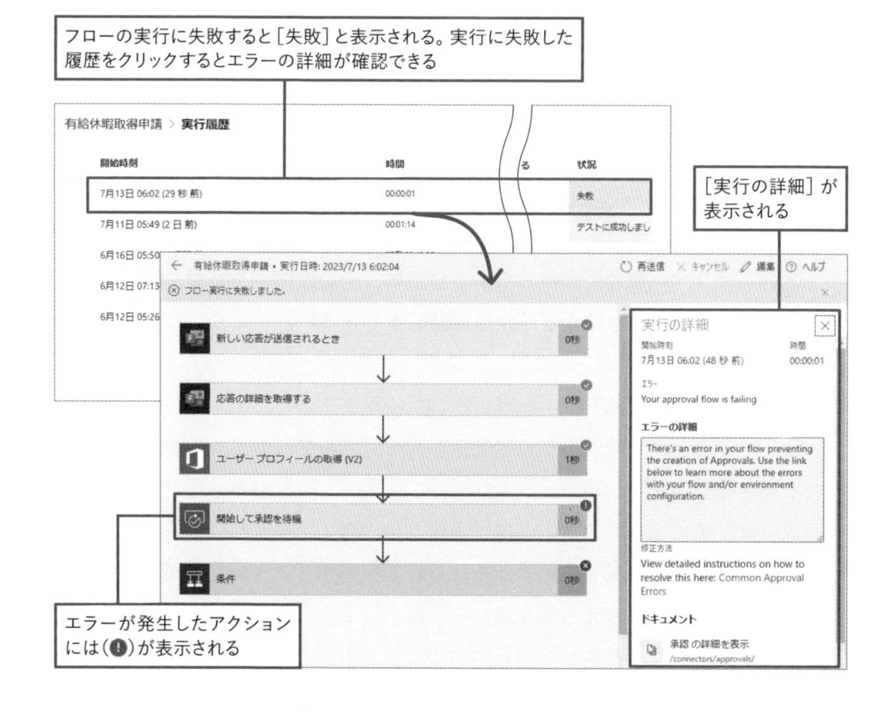

こうした実行履歴を確認するときは、どういった失敗をしているのかを正しく把握することが大切です。失敗するアクションは何か、失敗するときの値はどうなっているのか、または、失敗する時間に傾向はあるのかなど色々な観点で探していきます。例えば筆者は次のような順番で実行履歴を確認しています。

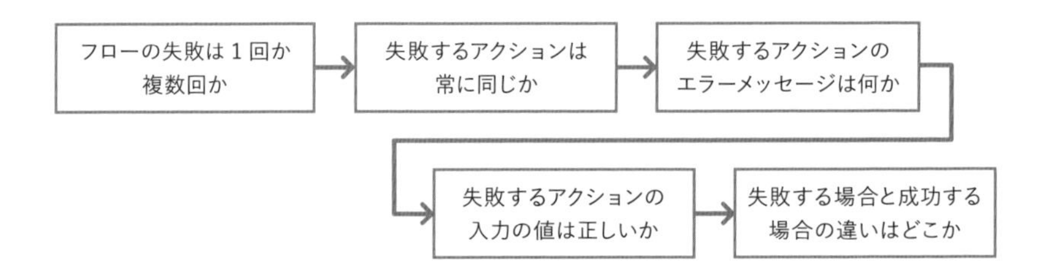

エラーの対処をスムーズに行うには、とにかく原因を突き止めることが第一です。そのためには、フローの編集画面ではなく、実行結果の画面をじっくりと確認しましょう。

■ポイント1: フローの失敗は1回か複数回か

まずは、フローの失敗が1回だけなのか複数回なのかを確認します。フローで日時に関する処理などが含まれている場合、時間帯などによってフローが失敗することもあります。**複数回失敗している場合は、その時間帯や日付、曜日などに規則的な傾向が見られないかどうかを確認しましょう。**

■ポイント2: 失敗するアクションは常に同じか

失敗しているフロー個別の実行履歴を表示し、どのアクションの実行に失敗しているかを確認します。ポイント1で確認した際に、複数回のフローが失敗していた場合は、それぞれのフローの実行履歴を見比べて、失敗しているアクションが同じなのかどうかを確認します。**それぞれで失敗するアクションが異なる場合は、原因も別であると考えられます。**そのため、それらは別のエラーであると想定して、それぞれ別に事象を把握していくことが大切です。

［失敗］が複数ある場合は、履歴をクリックしてそれぞれどのアクションでエラーが発生しているのか確認する

有給休暇取得申請 ＞ **実行履歴**

開始時刻	時間	＋列を追加する	状況
7月13日 06:02 (29 秒 前)	00:00:01		失敗
7月11日 05:49 (2 日 前)	00:01:14		テストに成功しまし
6月16日 05:50 (3 週間 前)	27日 00:12:25		実行中
6月12日 07:13 (1 か月 前)	29日 12:00:01		失敗
6月12日 05:26 (1 か月 前)	29日 12:00:00		テストに成功しまし

■ ポイント3: 失敗するアクションのエラーメッセージは何か

失敗するアクションが特定できたら、そのアクションのエラーメッセージを確認しましょう。エラーメッセージには、アクションが失敗した原因が書かれており、それを解消するための大きな手掛かりとなります。分かりやすいエラーメッセージであった場合は、それだけで修正の方法が想定できる場合もあります。エラーメッセージの確認方法は、次のSECTION02で詳しく紹介します。

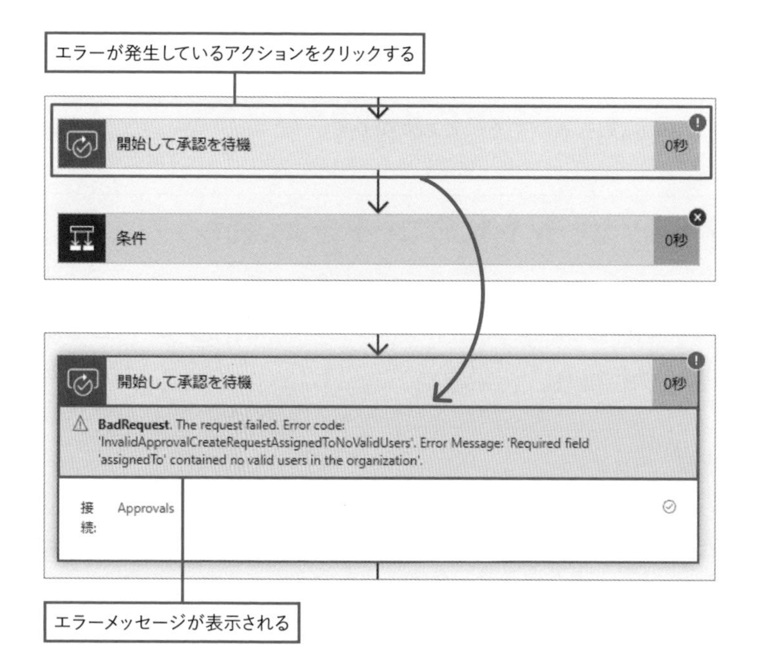

■ ポイント4: エラーに関係のありそうなアクションの入力や出力は正しいか

個別の実行履歴を表示して、**発生しているエラーに関係のありそうなアクションをクリックし、入力や出力が想定通りの値になっているかを確認します。**アクションの設定で式を利用している場合は、式の間違いで想定外の値が入っていることがあります。また、失敗するまでに実行されたトリガーやアクションによって取得できているはずの値が取得できていない場合などで、失敗するアクションの入力が想定外の値になっていることもあります。このときに修正すべきは、失敗しているアクションではなく、そのアクションの入力の値を取得するために実行されたアクションの場合もあります。

■ ポイント5: 失敗する場合と成功する場合の違いはどこか

失敗するアクションのエラーメッセージや入力の値を見ても失敗の要因を想定できない場合は、成功しているフローの実行履歴と見比べてみましょう。特に**失敗するアクションの入力を比較し、それぞれにどのような違いがあるのかを見ると、失敗の原因に気付きやすくなることも多い**です。

さらに、違いがあるのはフローそのものではなく、フローから接続されているほかのサービスにある場合もあります。例えば、SharePoint上でファイルの移動やコピーを行う処理の場合、既に同じ名前のファイルが存在しているときに失敗することもあります。**フローの実行履歴だけではなく、フローから接続しているほかのサービスの状態を確認することも大切です。**

02 エラーメッセージや状態コードをよく読もう

失敗するフローを見つけ原因となっているアクションを特定できたら、表示されている［実行の詳細］ペインと失敗したアクションから出力されたエラーメッセージをよく確認しましょう。

■ ［実行の詳細］ペイン

失敗したフロー個別の実行履歴画面を開くと、右側に［実行の詳細］ペインが表示されます。ここで注目すべきはペインの中にある［エラーの詳細］です。失敗したアクションから出力されたエラーメッセージが表示されており、失敗の原因を特定する手掛かりになります。

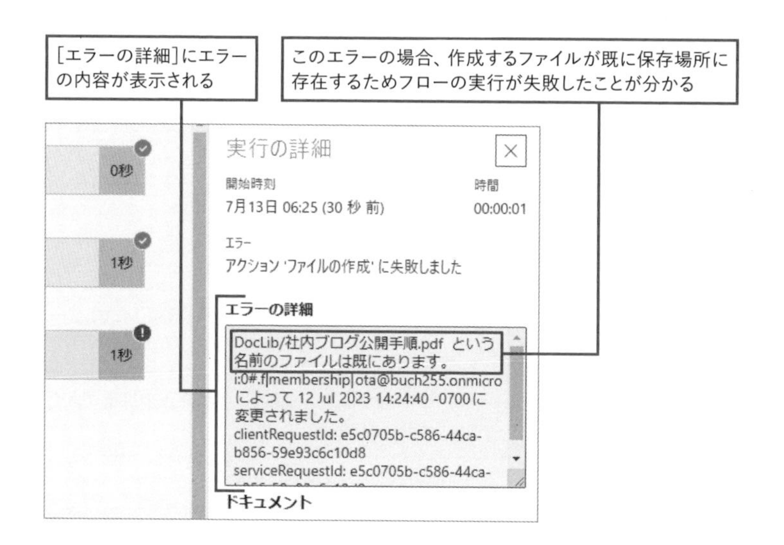

■ [出力]に表示される[状態コード]

必ず表示されるわけではありませんが、失敗したアクションの[出力]に[状態コード]が表示されていれば、原因を推測する手掛かりになります。代表的な状態コードを次のページの表にまとめました。400番台であれば、アクションの設定やアクションに関連した接続に問題がある場合が多く、500番台であればアクションの接続先に問題がある場合が多いです。

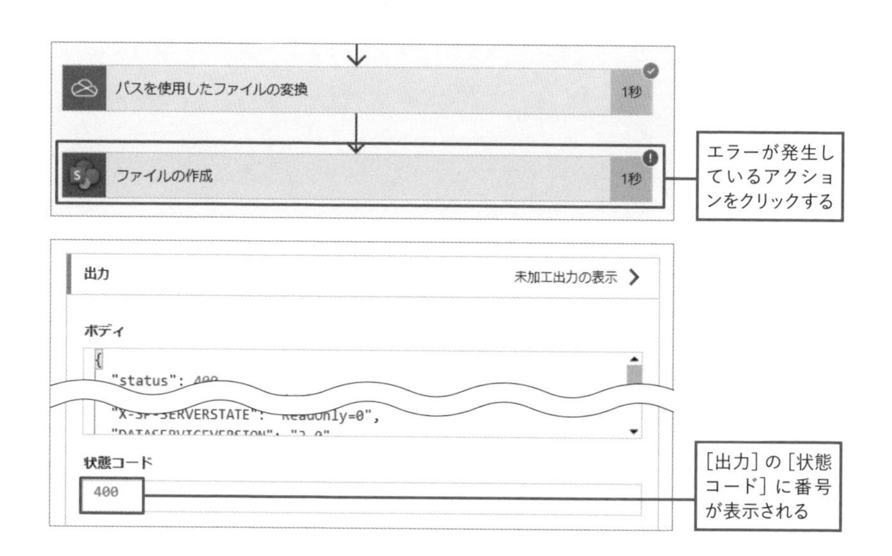

■ 代表的な状態コード

状態コード	状態	原因の例
400	Bad Request	アクションの設定値が間違っている
401	Unauthorized	認証や権限に問題がある
403	Forbidden	
404	Not Found	アクションの接続先が間違っているか、削除されてしまっている
408	Request Timeout	Power Automateに原因があり、接続先への接続がタイムアウトになってしまった
429	Too Many Requests	一定時間内のアクセス数が多すぎた
500	Internal Server Error	アクションの接続先でエラーが発生している
502	Bad Gateway	アクションの接続先への接続に問題が発生している
503	Service Unavailable	アクションの接続先が一時的に利用不可になっている

エラーの場合も検索してヒントを得よう

エラーメッセージの内容は、発生したエラーに応じてさまざまあり、日本語だけでなく英語で表示されるものも多くあります。読んでも意味が分からないものもあるため、そうしたときにはエラーメッセージを基にネットを検索してみましょう。検索キーワードとしては、エラーメッセージに加えて「Power Automate」やアクション名、アクションのコネクタ名などを組み合わせるのが良いでしょう。

エラーの原因を突き止め解決のための対処方法を見つけ出す作業は、ときに根気が求められることもあります。残念ながら特効薬がありません。心を落ち着けて粘り強く進めていきましょう。

03 よくあるエラーのパターンを押さえよう

代表的なエラーのパターンに応じて、いくつかの実例を見ていきましょう。実例からは、エラーメッセージの読み取り方や、解決のための観点を学ぶことができます。

■ 接続先での処理が失敗する

アクションの接続先での処理に失敗したパターンです。以下の例の［エラーの詳細］を見ると、「コピー先の場所の存在を確認できませんでした」とあります。また、状態コードは「400」となっており、アクションの設定に問題がありそうなことが分かります。

この例では、エラーが発生した［ファイルのコピー］アクションの［インストール先フォルダー］に指定したフォルダーが、フロー作成後に削除されたためエラーが発生していました。**一見するとエラーメッセージからはアクションの設定に原因があるように見えても、エラーが発生するようになった要因が接続先システムで行われた操作に因ることもあります。**アクションと接続先のシステムの両面から、エラーの原因を確認するようにしましょう。

［状態コード］は400となっており、［エラーの詳細］にはコピー先の場所の存在が確認できないというエラーメッセージが表示されている

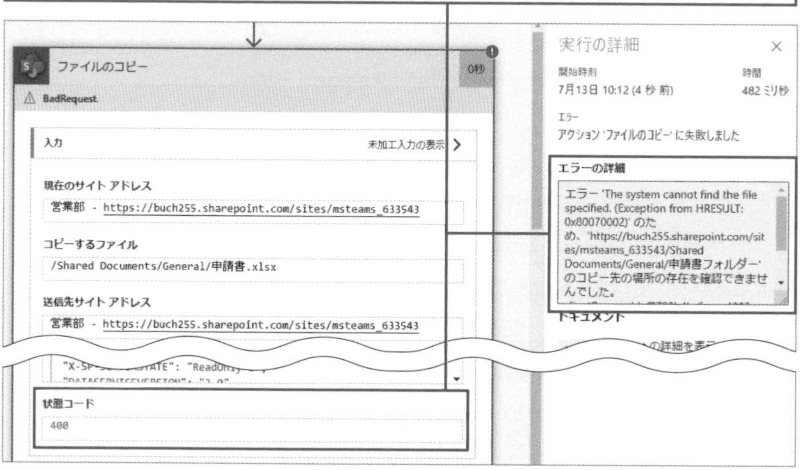

■ 認証関係の不具合

接続先への認証で不具合が生じた場合に発生するエラーです。以下の例では[エラーの詳細]には、[接続]が無効になっているため、再度サインインをするように書かれてあります。また、状態コードも「401」であることから、認証関係のエラーが発生していることが分かります。**こうした不具合は、IT部門などの管理者によってパスワードが変更された場合などに発生します。**

[状態コード]は401となっており、[エラーの詳細]には再度サインインする必要があるというエラーメッセージが表示されている

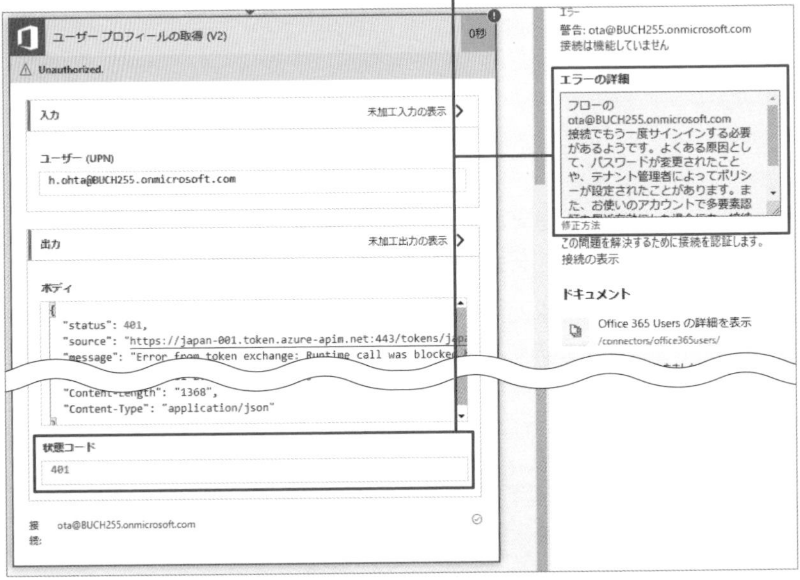

■ 式で利用した関数の引数の値が想定と異なる

式で関数を利用しているときに発生したパターンです。次の例の[エラーの詳細]には「Unable to process template language expressions」と書かれており、これは「テンプレートの言語表現が処理できない」という意味です。さらに読み進めていくと「In function 'formatDateTime', the value provided for date time string '2023/6/31' was not valid.」と書かれてあることから、式で利用している「formatDateTime」に、「2023/6/31」という不正な値が指定されていることが理由だと分かります。

この例では、2023年6月31日という実在しない日付が関数の引数に指定されてしまったことで発生しています。日付を手入力した場合に起こりやすいエラーです。数式を利用した場合に発生するエラーは、関数に指定される引数の値が、想定とは異なることに因るものもあります。数式のエラーを解決するためには、実行時の引数の値を1つずつ丁寧に確認していきましょう。

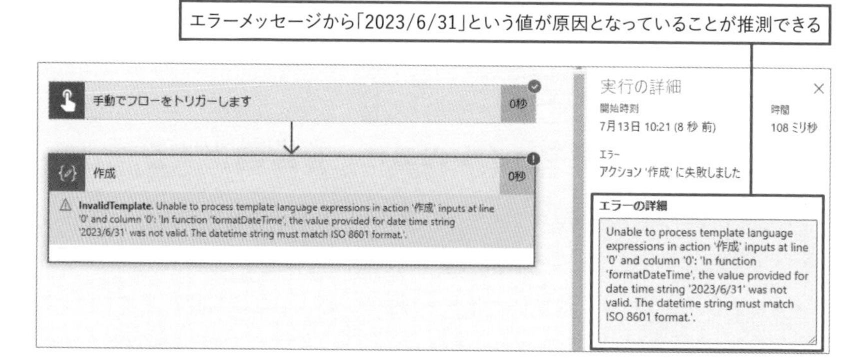

さらに上達!

実行履歴に列を追加して確認作業の効率アップ

実行履歴に表示される件数が多くなると、その中から探したい履歴を特定して見つけ出すのが難しくなってきます。手掛かりとなるのが開始時間しかなく、それらしき履歴を1件ずつ開いて詳細を確認する必要があるからです。そうしたときに利用してほしいのが、[列の編集]です。トリガーの任意の出力を実行履歴の一覧に列として表示する機能で、履歴を探し出すときに役立ちます。

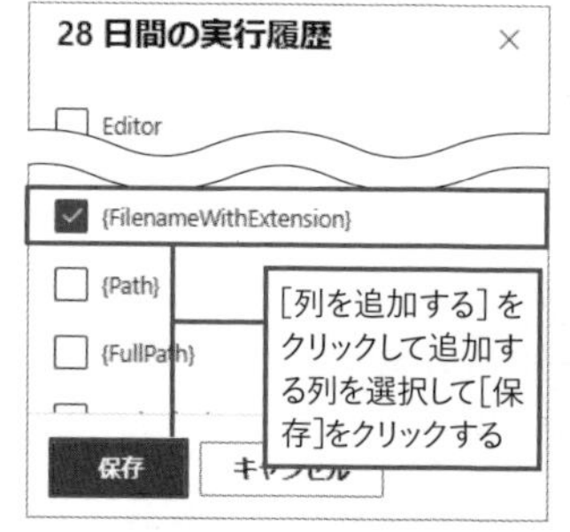

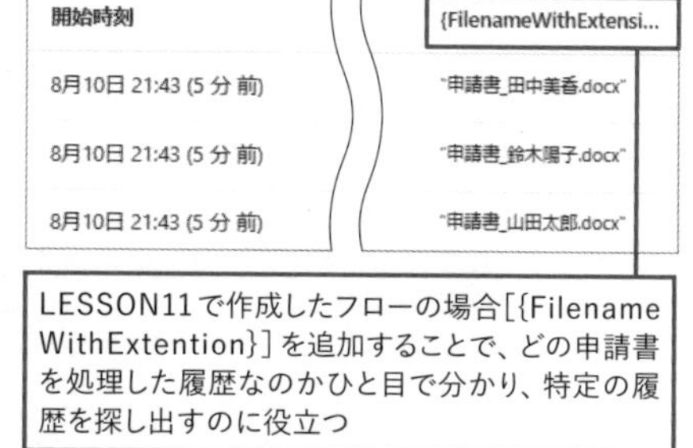

LESSON 32

実例を基にエラーに対処する流れを押さえよう

実行履歴の確認方法をより具体的に理解するために、実例を基におさらいしていきましょう。エラーの対処はフローを作成するようになると、何度も経験します。闇雲に対処していては解決にも時間が掛かってしまいます。大まかな流れを掴んでおきましょう。

01 内容の承認とファイルのコピーを自動化する

「下書き」ライブラリにある完成したファイルを、担当者の承認を得て「公開」ライブラリにコピーするフローを作成します。フローを作成するためにSharePointサイトに2つライブラリを用意しておきましょう。ここでは情報共有サイトに「下書き」ライブラリと「公開」ライブラリを作成した状態を基に、フローを作成します。

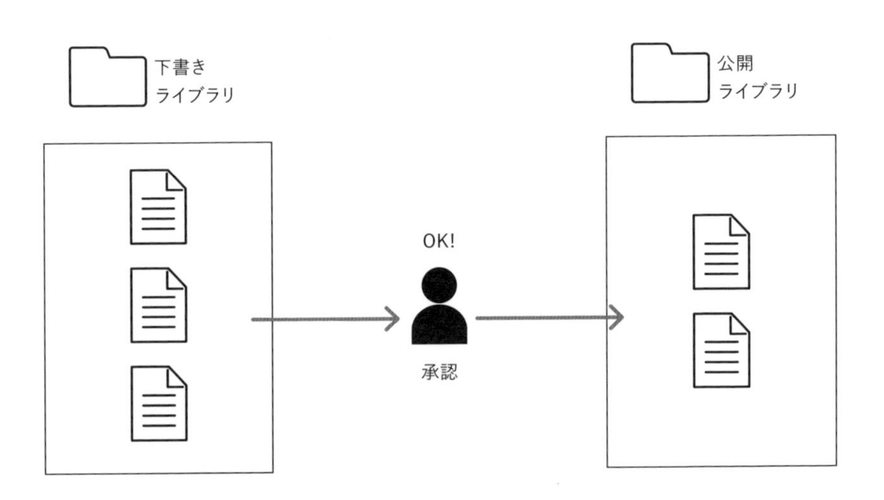

ここではエラーの原因を特定しそれを解決するまでの流れを学ぶために、あえてエラーが発生するフローを作成します。大切なことは、こうした対処の大まかな流れを掴んでおくことです。

02 SharePoint内のファイルを別のフォルダーにコピーする

「下書き」ライブラリのファイルに対して手動でフローを実行するため、トリガーは[SharePoint]コネクタの[選択したファイルの場合]トリガーを選択します。

担当者の承認後に[ファイルのコピー]アクションを実行しますが、[コピーするファイル]の設定にはファイル識別子の値が必要です。そのため、[ファイルのプロパティの取得]アクションを事前に実行します。

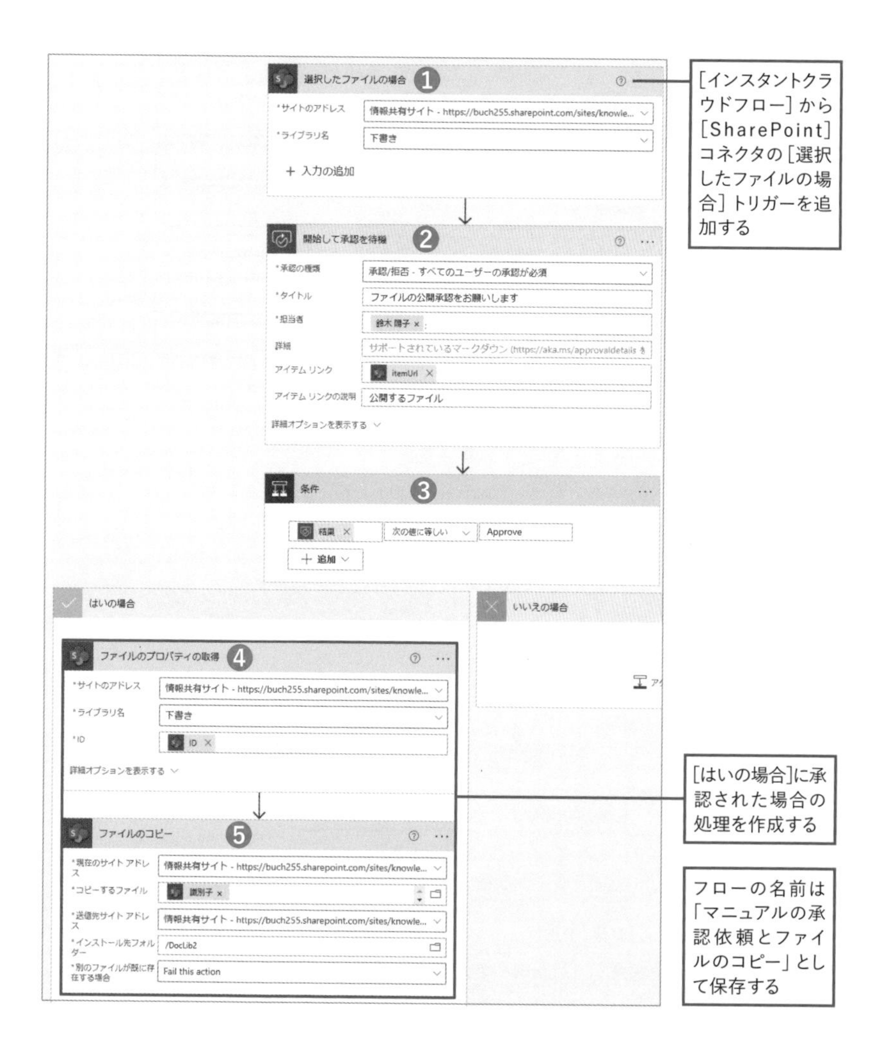

❶[選択したファイルの場合]トリガー

❶ コピー前のファイルを保存するSharePointサイトとライブラリ名を選択

❷[開始して承認を待機]アクション

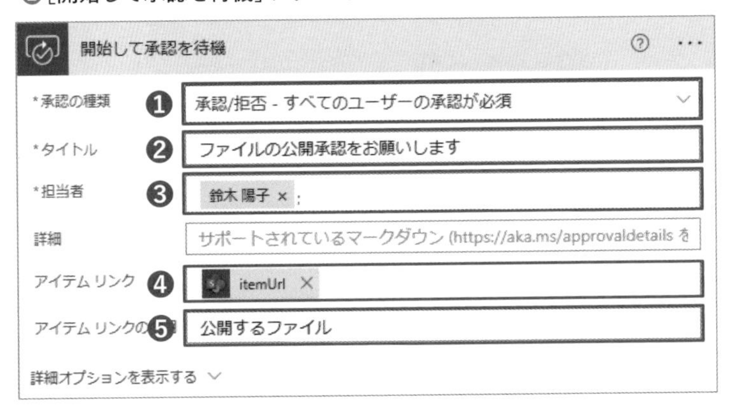

❶ [承認/拒否-すべてのユーザーの承認が必須]を選択

❷ 承認依頼であることが分かるよう「ファイルの公開承認をお願いします」と入力

❸ 承認者となるユーザーを指定

❹ 動的なコンテンツから[itemUrl]を選択

❺ リンク先の内容が分かるよう「公開するファイル」と入力

❸[条件]アクション

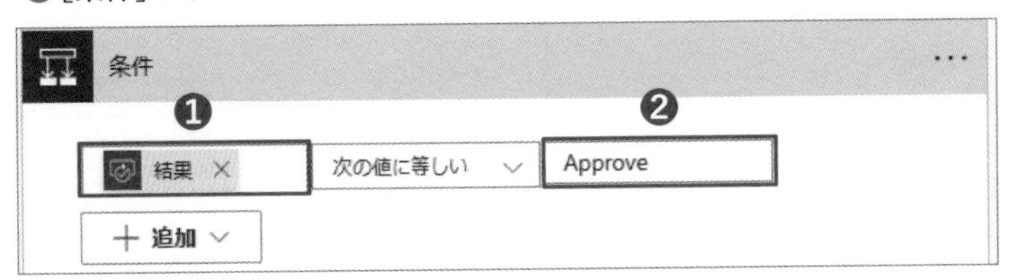

❶ 動的なコンテンツから[結果]を選択

❷ [次の値に等しい]を選択して「Approve」と入力

❹[はいの場合]の[ファイルのプロパティの取得]アクション

ファイルのプロパティの取得
*サイトのアドレス　❶　情報共有サイト - https://buch255.sharepoint.com/sites/knowle...
*ライブラリ名　下書き
*ID　❷　ID
詳細オプションを表示する

❶ コピー前のファイルが保存されるSharePointサイトとライブラリ名を選択

❷ 動的なコンテンツから[ID]を選択

❺[はいの場合]の[ファイルのコピー]アクション

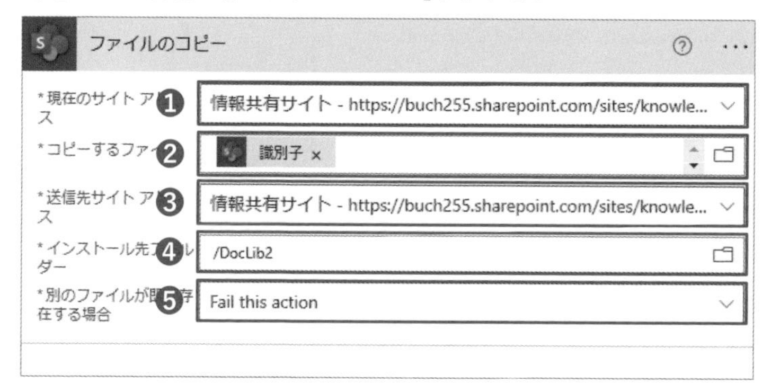

❶ コピー前のファイルが保存されるSharePointサイトを選択

❷ [ファイルのプロパティの取得]アクションから出力される[識別子]を選択

❸ コピー先のファイルを保存するSharePointサイトを選択

❹ [ピッカーの表示]をクリックしてコピー先のフォルダーの場所を指定。SharePointのフォルダー名の調べ方はLESSON16のSECTION04を参照

❺ [Fail this action]を選択

簡単なフローでエラーを発生させて、エラーへの対処手順を確認していきましょう。このように作成したフローでは、どのようなパターンでエラーが発生するでしょうか。

■ フローを実行する

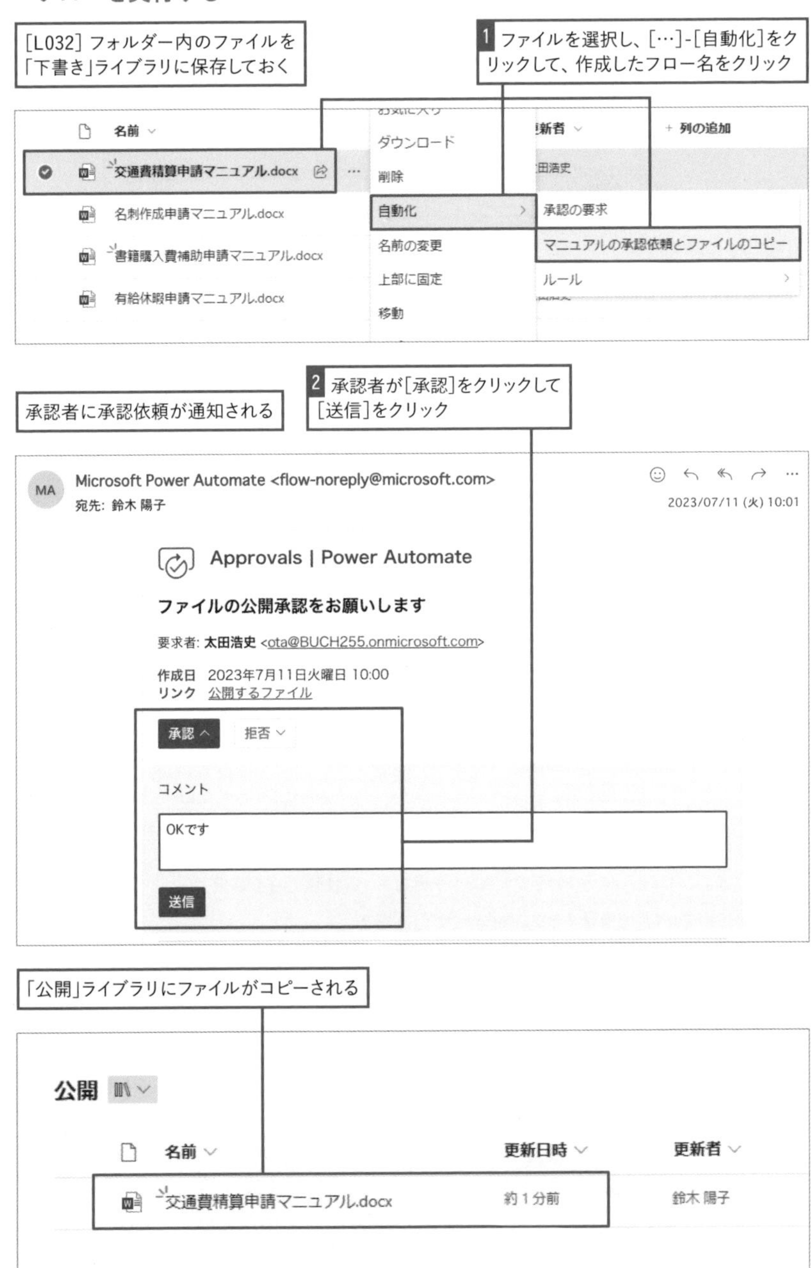
[L032] フォルダー内のファイルを「下書き」ライブラリに保存しておく
1 ファイルを選択し、[…]-[自動化]をクリックして、作成したフロー名をクリック
名前
交通費精算申請マニュアル.docx
名刺作成申請マニュアル.docx
書籍購入費補助申請マニュアル.docx
有給休暇申請マニュアル.docx
ダウンロード
削除
自動化
名前の変更
上部に固定
移動
承認の要求
マニュアルの承認依頼とファイルのコピー
ルール
+ 列の追加
承認者に承認依頼が通知される
2 承認者が[承認]をクリックして[送信]をクリック
Microsoft Power Automate <flow-noreply@microsoft.com>
宛先: 鈴木 陽子
2023/07/11 (火) 10:01
Approvals | Power Automate
ファイルの公開承認をお願いします
要求者: 太田浩史 <ota@BUCH255.onmicrosoft.com>
作成日 2023年7月11日火曜日 10:00
リンク 公開するファイル
承認
拒否
コメント
OKです
送信
「公開」ライブラリにファイルがコピーされる
公開
名前
更新日時
更新者
交通費精算申請マニュアル.docx
約1分前
鈴木 陽子

03 エラー原因を特定する流れとポイント

さて、利用を開始した当初は問題がなかったのですが、あるときにフローの実行が失敗していることに気が付きました。そこでまずは、実行履歴を確認します。履歴によると、直近実行された数回のうち、2回が失敗しているようです。

28 日間の実行履歴 ⓘ　列を編集する　すべての実行

開始	時間	状況
7月11日 10:24 (8 分 前)	00:06:25	失敗
7月11日 10:21 (11 分 前)	00:02:08	成功
7月11日 10:20 (12 分 前)	00:01:52	失敗
7月11日 10:17 (15 分 前)	00:01:11	成功

フローの実行が2回失敗している

■STEP1: 実行履歴で失敗したアクションを確認

まずは、失敗しているそれぞれの個別の実行履歴を確認します。それらを見比べると、いずれも[ファイルのコピー]アクションが失敗していることが分かります。

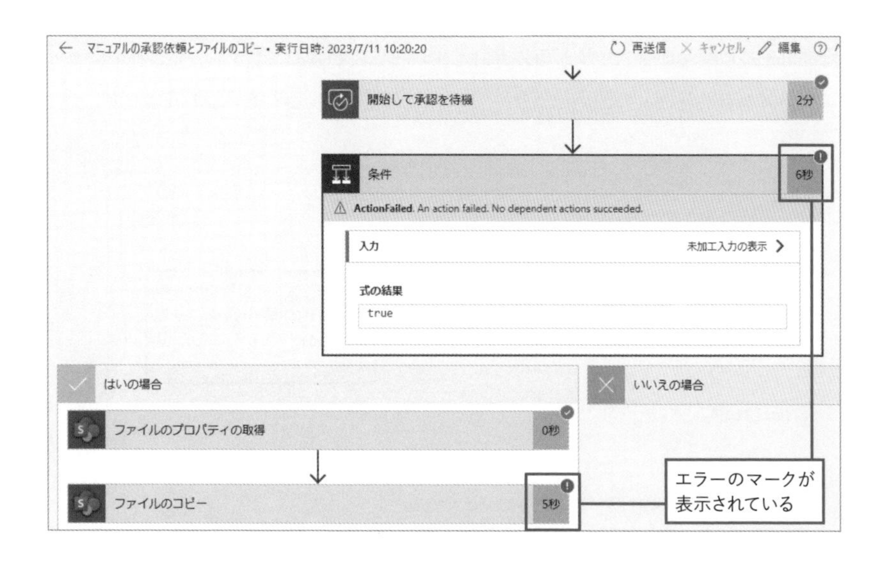

■ STEP2: エラーメッセージの詳細で原因を推測

次に［エラーの詳細］に表示されているメッセージを確認します。「ファイルまたはフォルダーが既に存在します」と書かれていることから、「公開」ライブラリに既に存在するファイルと同名のファイルをコピーしようとしたことが原因のようです。

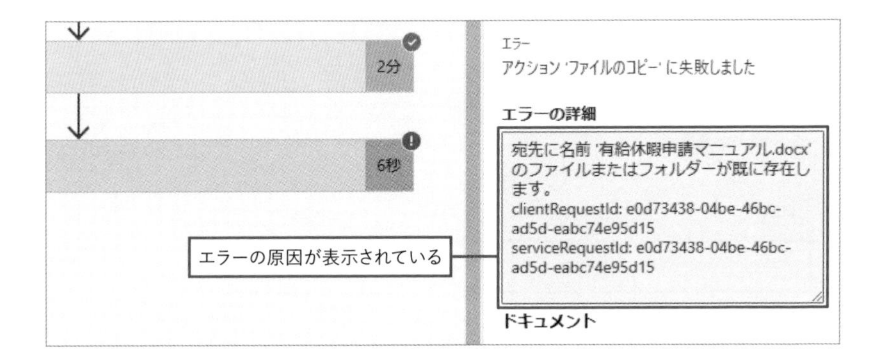

■ STEP3: 推測した原因が正しいか詳細を確認

それが本当に正しいのかを確認します。フローによってコピーしようとしたファイル名は、失敗したアクションの直前に実行された、［ファイルのプロパティの取得］アクションの［出力］から確認できました。［エラーの詳細］にも書かれていたファイルを、たしかにコピーしようとしています。

さらに、SharePointサイトでコピー先の「公開」ライブラリを確認すると、コピーしたファイルと同名のファイルが既に存在していることが確認できました。これによって、エラーメッセージ通りの原因により、フローが失敗していると考えられそうです。

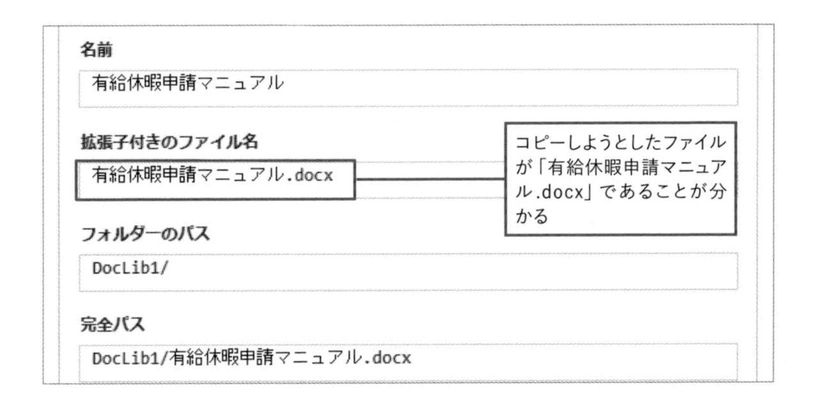

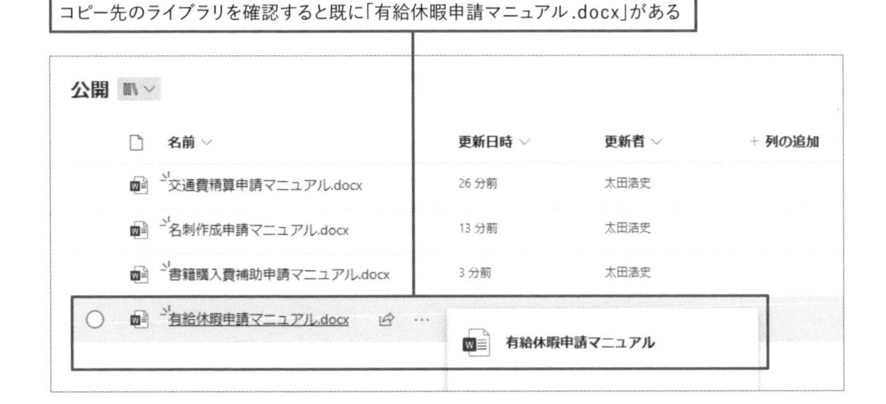

■ STEP4: エラーを解消するためにアクションを編集する

このフローで利用されている［ファイルのコピー］アクションでは、［別のファイルが既に存在する場合］の設定がありました。今回はこの設定を［Replace］に変えることで、常に上書きするように動作を変更し解決します。

以上が、実行履歴の確認から失敗する原因を推測し、それを解決するまでの流れです。これまで紹介してきたポイントをいくつか押さえながら、実行履歴を確認しているのが分かったと思います。問題を解決する方法は原因によってさまざまです。解決方法を検討したり調べたりするためにも、まずは何より原因を特定することからはじめましょう。

LESSON 33

実行時の失敗に備えた処理を組み込む

どれだけ入念に確認したとしても、接続する連携先のクラウドサービスなどの一時的な不具合などによっても、フローの実行が失敗することがあります。これに対処するために、アクションが失敗したときの処理をフローに組み込む方法を知っておきましょう。

01 再試行ポリシーを確認する

フローのアクションは、実行が失敗すると自動的に再試行を繰り返すように[再試行ポリシー]が設定されています。**再試行ポリシーに対応するのは、状態コードが「408」「429」「500番台」の失敗に限ります。**これは主に、**Power Automateや接続先のサービスに発生している何らかの高負荷状態や一時的な不具合によって起こり得る失敗に対応するもの**です。設定を確認するには、アクションのメニューから[設定]を開きます。

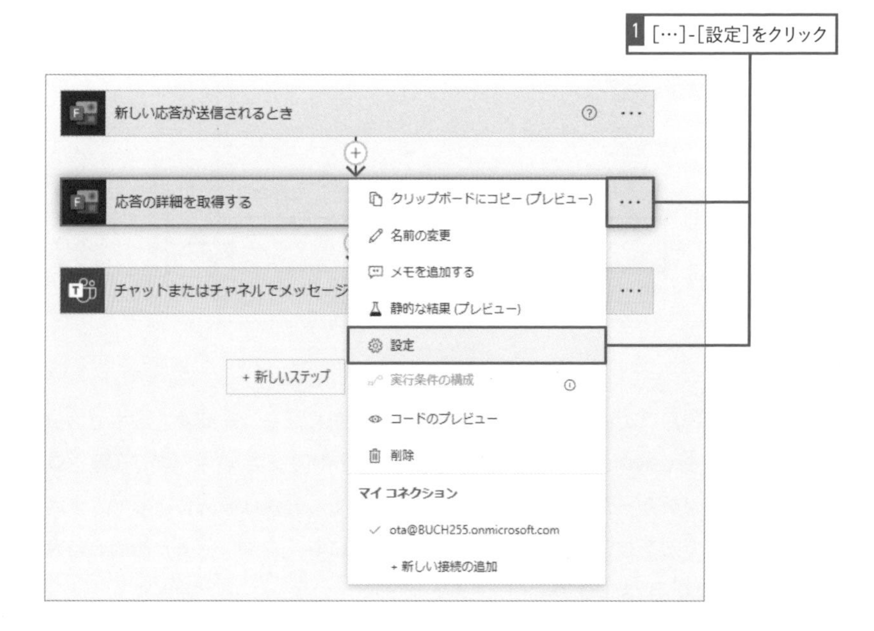

'応答の詳細を取得する' の設定

セキュリティで保護された入力
操作のセキュリティで保護された入力。
セキュリティで保護された入力
オフ

オン

自動展開
自動展開の Gzip 応答。
自動展開
オン

タイムアウト
非同期パターンで取得できる最大期間を制限します。注: これによって、1 つの要求の要求タイムアウトが変更されることはありません。
期間 例: P1D

再試行ポリシー
再試行ポリシーは、接続の例外に加えて、間欠的な障害 (HTTP 状態コード 408、429、5xx として示されています) に適用されます。既定値は、4 回再試行するよう設定された指数間隔のポリシーです。
種類 既定

追跡対象プロパティ
Key Value

完了 キャンセル

［再試行ポリシー］で設定を確認できる

便利なフローであるほど、エラーで止まれば業務にも影響が出てしまいます。エラー発生時にフローがどのように動くのかを理解し、その対処を考えておくことが大切です。

02 再試行ポリシーの設定

既定の設定では［再試行ポリシー］が［既定］になっており、アクションの実行に失敗したときには再試行を2回行います。2回目の再試行も失敗した場合、アクションの実行自体が失敗したと判断されます。

ほとんどの場合には、［既定］から変更する必要はありません。ただし、失敗する頻度が高いアクションがある場合などには再試行回数を増やすことができます。一般的に［指数間隔］を利用する方が、接続先のサービスに対する再試行時の負荷を下げることができるため有効です。

■ 再試行ポリシーの設定の種類

種類	説明
既定	最大2回の再試行を行う
なし	再試行を行わない
指数間隔	最大で指定した回数まで再試行を行う。試行回数を重ねるごとに、試行間隔が徐々に大きくなる
固定間隔	最大で指定した回数まで再試行を行う。試行間隔は常に一定

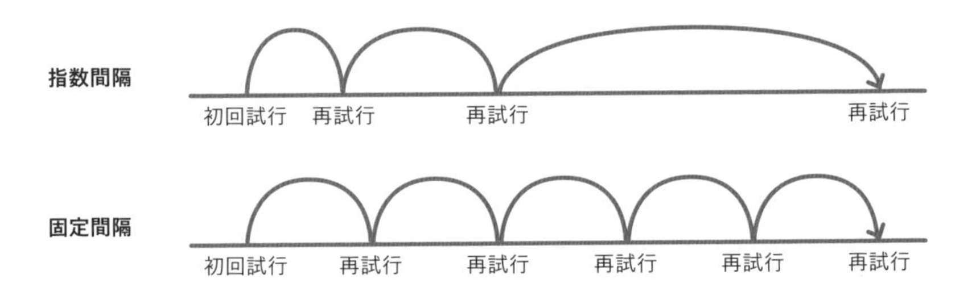

指数間隔に設定すると、再試行の間隔が徐々に大きくなっていく

03 実行条件の構成とは

フローの実行が失敗することによる業務への影響を少なくするためにも、あらかじめ備えておくことも必要です。例えば、アクションの実行が失敗した場合に、即座にメール通知を送るようにフローを作成しておくこともできます。

このような**アクションが失敗した場合の処理を加えるには、アクションの設定にある[実行条件の構成]を利用します。**[実行条件の構成]を利用すると、**その1つ前のアクションの実行結果によって、アクションを実行するかどうかを設定できます。**これを利用して、特定のアクションが失敗した場合にのみ実行されるアクションをフローに加えることができます。

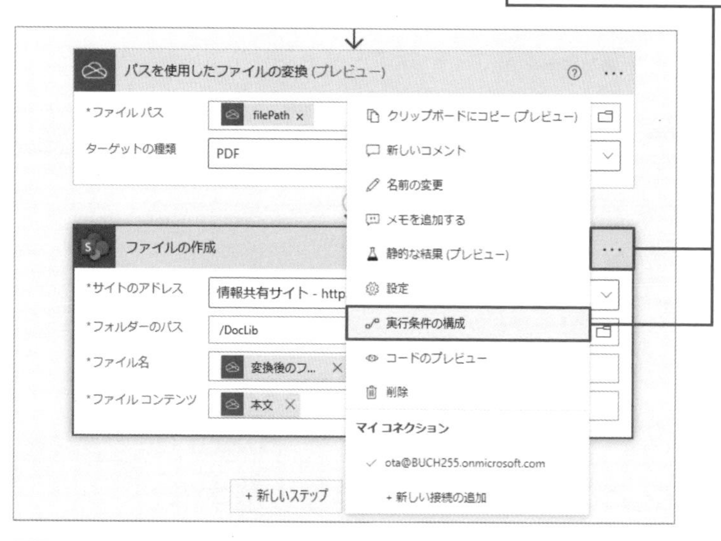

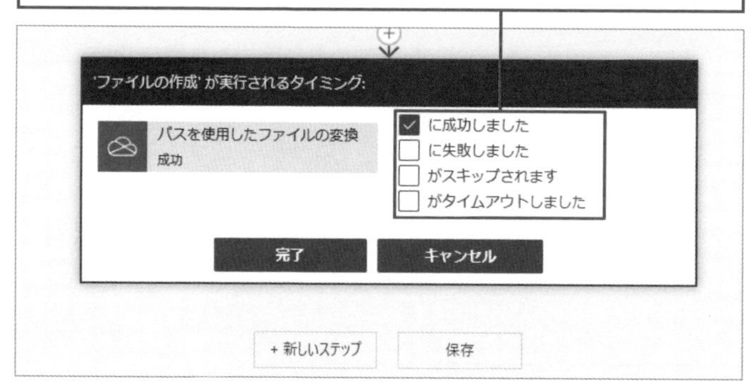

04 実行条件の構成を使ってアクションの失敗に備える

［実行条件の構成］を利用したフローの作成方法を、具体的に紹介していきます。LESSON16で作成した、OneDrive for BusinessのファイルをPDFに変換してSharePointに保存するフローを基に、アクション失敗時の処理を追加してみます。例として、［パスを使用したファイルの変換］アクションが失敗した場合に、担当者にメールを送る処理を追加してみましょう。

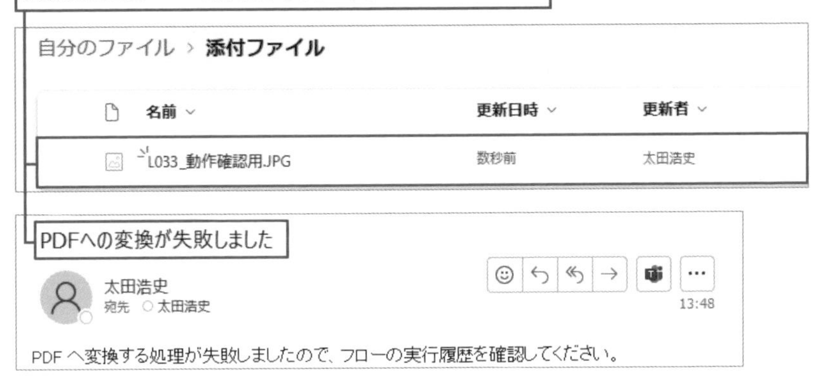

練習用ファイル L033_動作確認用.JPG

05 アクションの失敗に備えた処理の基本形

まずは、失敗する可能性のある［パスを使用したファイルの変換］アクションのあとに、並列分岐を追加します。新しく追加された分岐には、［Office 365 Outlook］コネクタの［メールの送信（V2）］アクションを追加し、担当者にエラーが発生したことを伝えるメールの文面などを設定します。次に、それぞれの分岐に追加されているアクションの設定から、［実行条件の構成］を確認します。さきほど追加した［メールの送信（V2）］アクションは、［パスを使用したファイルの変換］アクションが失敗した場合にのみ実行させたいので、［実行条件の構成］の設定では［に失敗しました］にのみチェックを入れます。

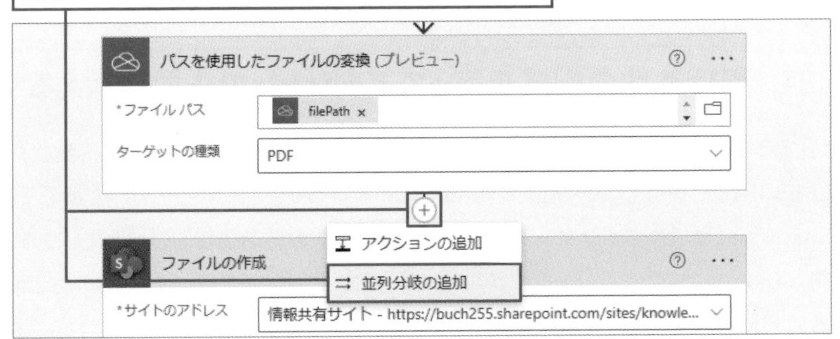

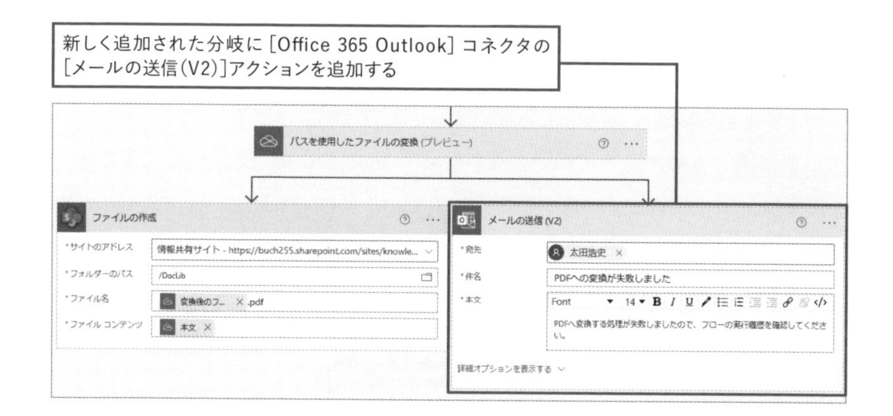

■［メールの送信(V2)］アクション

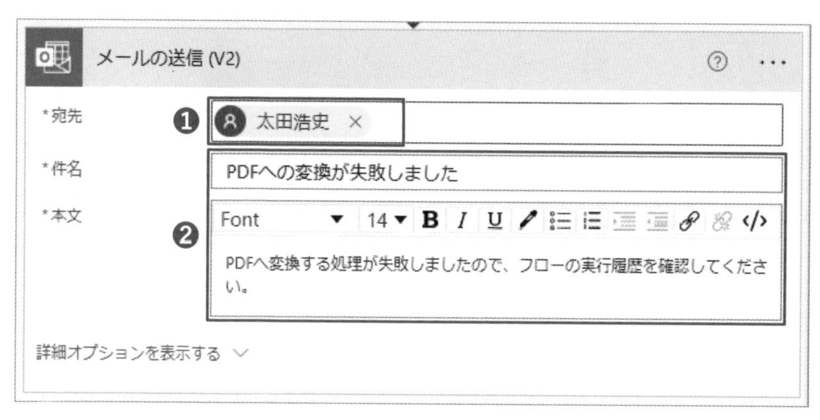

❶ メールの送信先を設定

❷ アクションの実行が失敗したことが分かる件名と本文を入力

分岐に追加されているアクションの[実行条件の構成]を表示する

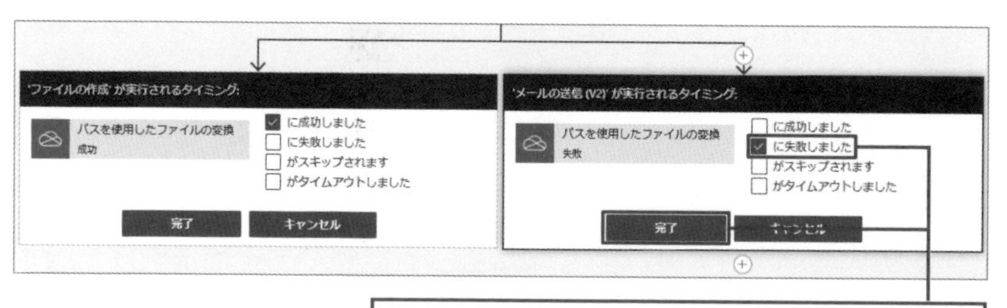

[に失敗しました]にのみチェックを入れ、[完了]をクリックする

■ フローの動作を確認する

このフローの動作を確認するには、[パスを使用したファイルの変換] アクションの実行を意図的に失敗させる必要があります。このアクションでは、画像ファイルをPDFに変換することができないため、OneDrive for Businessに保存された画像ファイルに対してフローを実行します。これによりアクションの実行が失敗し、[実行条件の構成] を設定した [メール送信 (V2)] アクションが実行され、メールが送信されることを確認できます。

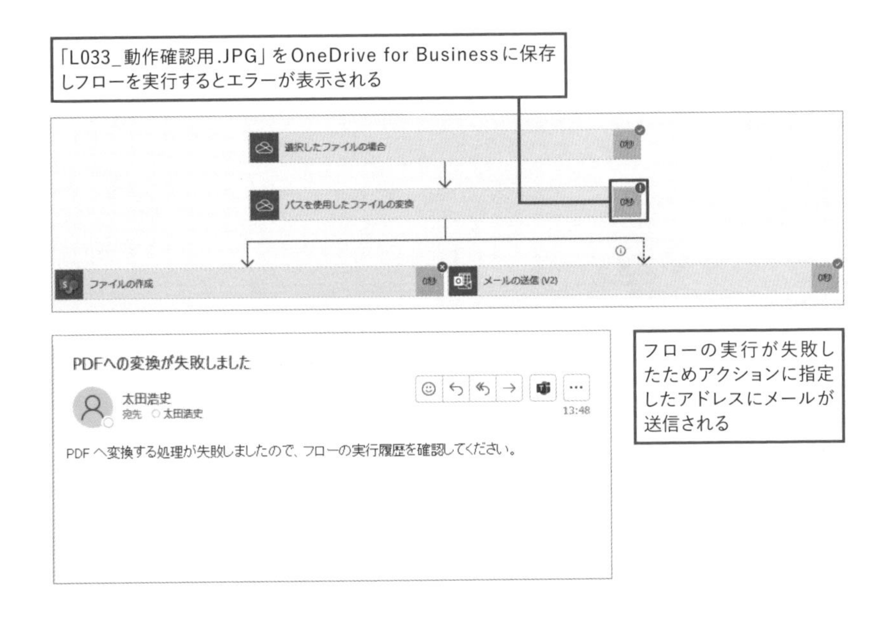

06 [スコープ] アクションを利用した応用形

並列分岐を利用した基本形では、失敗する可能性のあるアクションそれぞれに設定する必要があり、フローが煩雑になってしまいます。そうした課題を解決するには [スコープ] アクションが利用できます。**[スコープ] アクションは、反復処理のアクションなどと同様に、複数のアクションをグループ化して扱うことができるようになる機能です。**[実行条件の構成] で [スコープ] アクションの実行結果によって条件を設定する場合、グループ化されたすべてのアクションが成功した場合に「成功」となり、いずれかが失敗した場合は「失敗」となります。

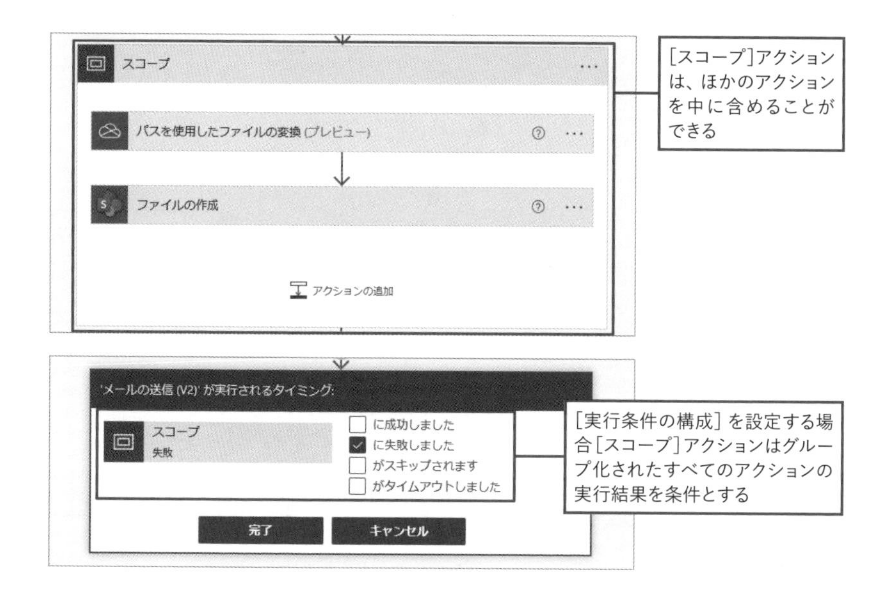

■ [スコープ] アクションをフローに追加する

[スコープ]アクションのあとに[メールの送信(V2)]アクションを追加し[実行条件の構成] を設定します。[メールの送信 (V2)] の [実行条件の構成] で [スコープ] アクションが失敗した場合に実行されるように設定しておくことで、[スコープ] アクション内のいずれかのアクションが失敗した場合にのみ実行されるようなります。

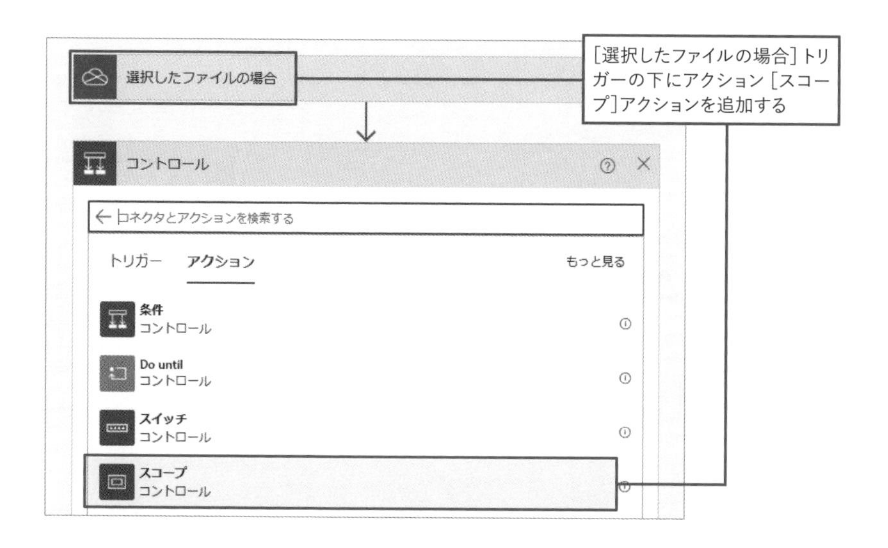

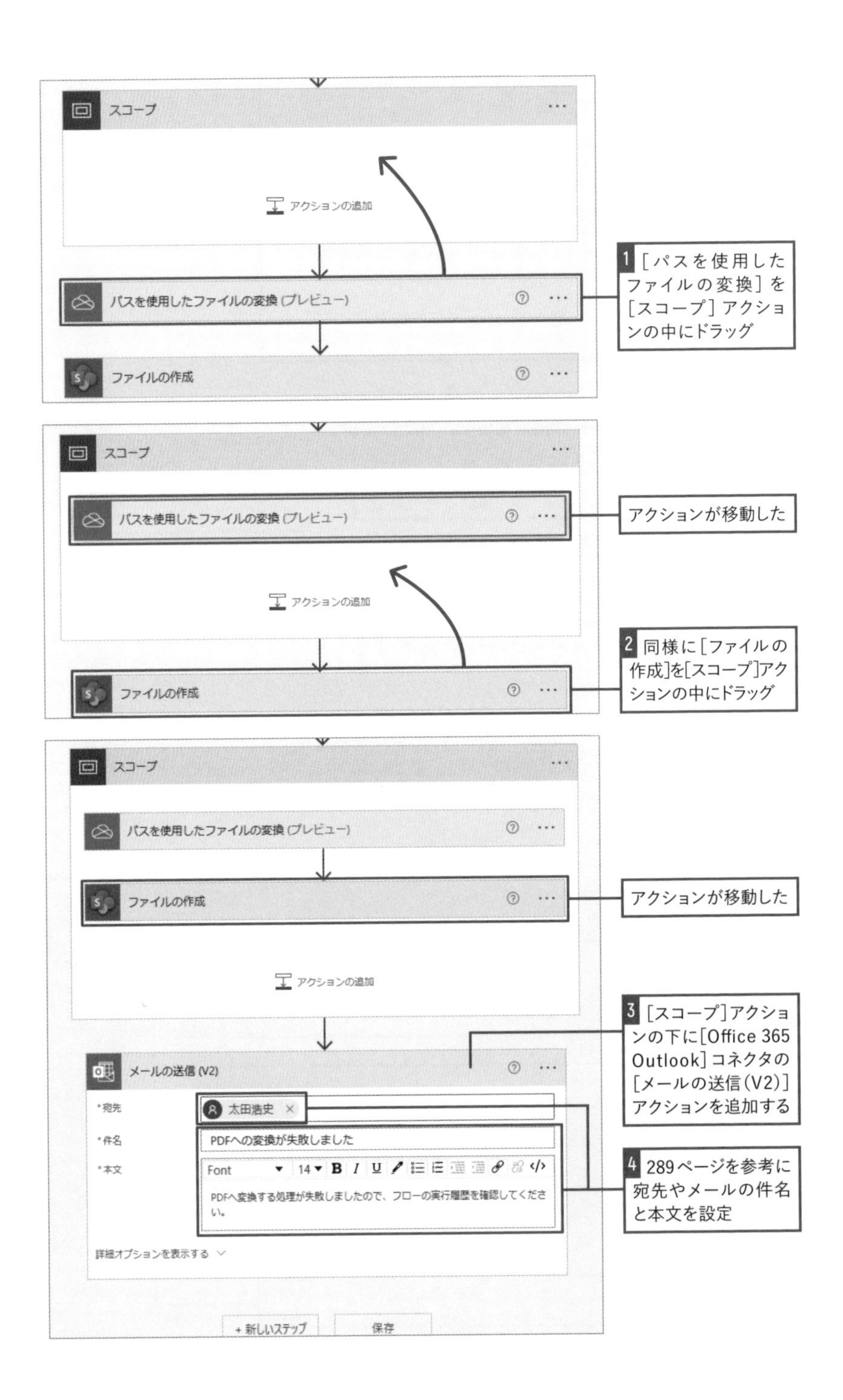

スコープ
アクションの追加
パスを使用したファイルの変換 (プレビュー)
ファイルの作成
1 [パスを使用したファイルの変換]を[スコープ]アクションの中にドラッグ
スコープ
パスを使用したファイルの変換 (プレビュー)
アクションが移動した
アクションの追加
ファイルの作成
2 同様に[ファイルの作成]を[スコープ]アクションの中にドラッグ
スコープ
パスを使用したファイルの変換 (プレビュー)
ファイルの作成
アクションが移動した
アクションの追加
3 [スコープ]アクションの下に[Office 365 Outlook]コネクタの[メールの送信(V2)]アクションを追加する
メールの送信 (V2)
*宛先
太田浩史
*件名
PDFへの変換が失敗しました
*本文
Font
14
PDFへ変換する処理が失敗しましたので、フローの実行履歴を確認してください。
4 289ページを参考に宛先やメールの件名と本文を設定
詳細オプションを表示する
+ 新しいステップ
保存

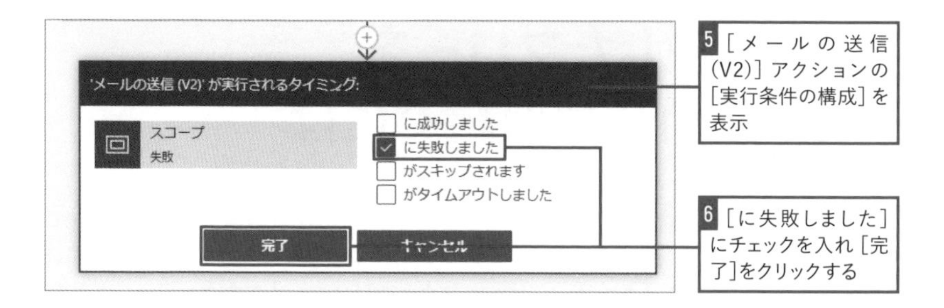

■ フローの動作を確認する

設定が終わったら、先ほどと同様にOneDrive for Businessに保存された画像ファイルに対してこのフローを実行します。フローが実行されるとファイルの変換が失敗し、[スコープ] アクションも失敗しています。それによって、[実行条件の構成] を設定した [メールの送信 (V2)] アクションが実行され、メールが送信されることを確認できます。

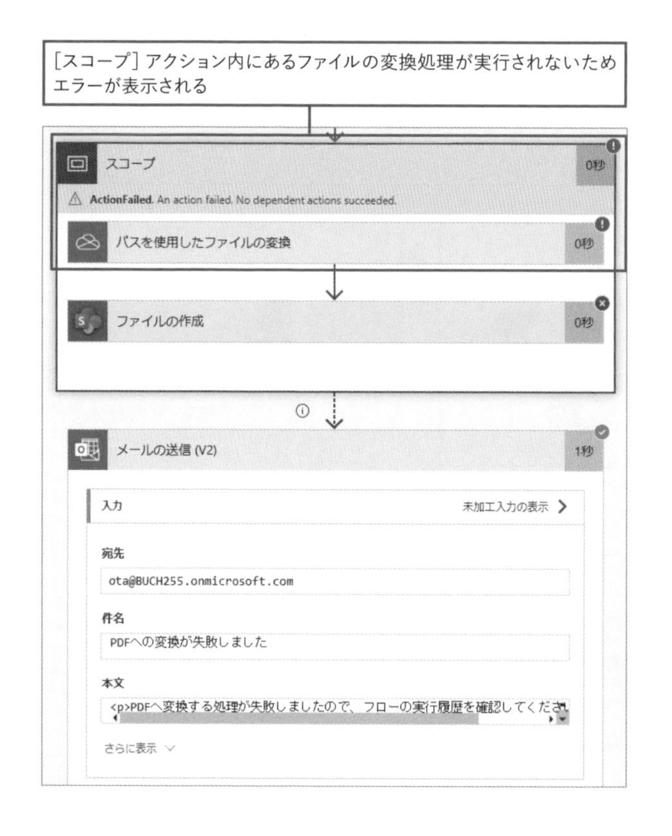

LESSON 34

作成したフローを異動時に引継ぐには

せっかく作成し業務の効率を高めたフローであれば、後任者にも便利に使ってほしいものです。部署異動などでその業務をほかの同僚に引継ぐときには、フローも一緒に引継ぐのを忘れないようにしましょう。作成したフローを引継ぐための方法を紹介します。

01 フローは作成した個人の持ち物

作成したフローは、そのフローの作成者が所有者となるため、フローを編集できたり、実行履歴を確認したりができるのは、作成した本人のみです。**フローには［接続］によって作成者本人の権限情報が含まれているため、ほかのユーザーから勝手に操作されることのない仕組みとなっています。**これは安心な一方で、部署異動などでほかのユーザーにフローを渡したい場合に少し困ります。フローを共有するには共同所有者を追加するか、フローのコピーを送信しましょう。

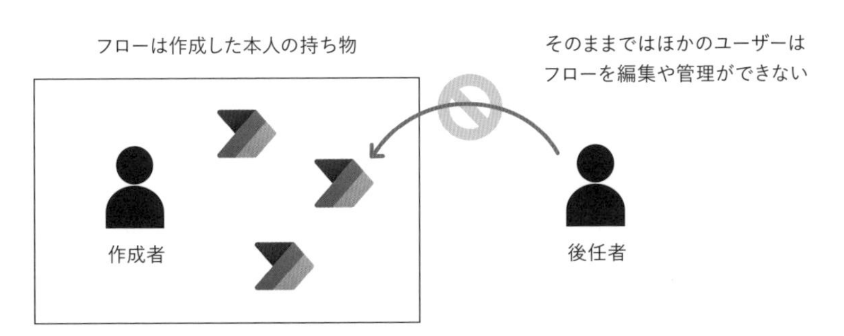

簡単なフローなら作ってもらうのも1つの手段

フロー引継ぎ方法の1つとして、業務で利用していたフローが簡単なものであれば、後任者自身に同じフローを作成してもらっても良いでしょう。特に後任者がフローを作成したことがなかった場合には、フローを真似して作成しながら学習もできるため有効な方法です。

02 共同所有者を追加する

作成した本人以外を「共同所有者」としてフローに追加できます。**共同所有者となったユーザーは、元のフローをそのまま編集したり実行履歴を確認したりすることができます。元の作成者も引き続きフローの管理ができるため、フロー作成に慣れていない後任者に引継ぐ場合に便利**な方法です。ただし、フローで利用していた[接続]も同時に共有されてしまうため、共同所有者が元の作成者の権限でアクションを実行できてしまいます。そのため、共同所有者には、信頼できる相手だけを追加するようにしましょう。

■元のフロー作成者の操作

共同所有者を追加するには、フロー個別の詳細画面から行います。[所有者]の編集画面を開き、共同所有者にしたい相手を指定します。一度、共同所有者を追加したフローは、[マイフロー]の[クラウドフロー]タブから[自分と共有]タブに移動します。移動したことに気付かずに見失いやすいので注意しましょう。

2 共同所有者にしたいユーザーのアドレスを入力

3 候補が表示されるため共同所有者にするユーザーをクリック

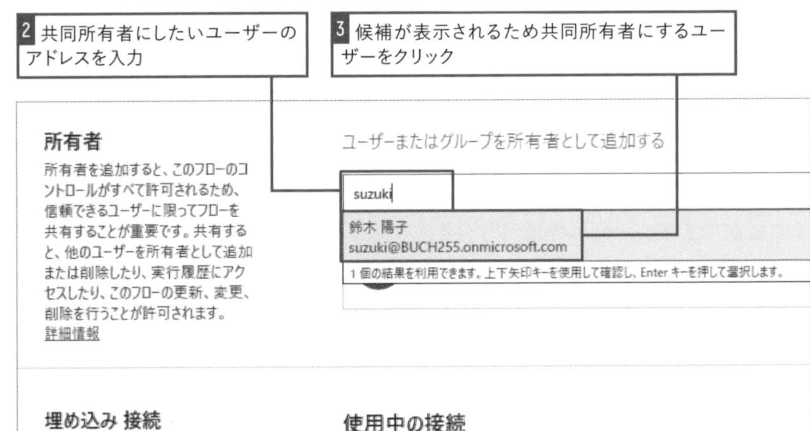

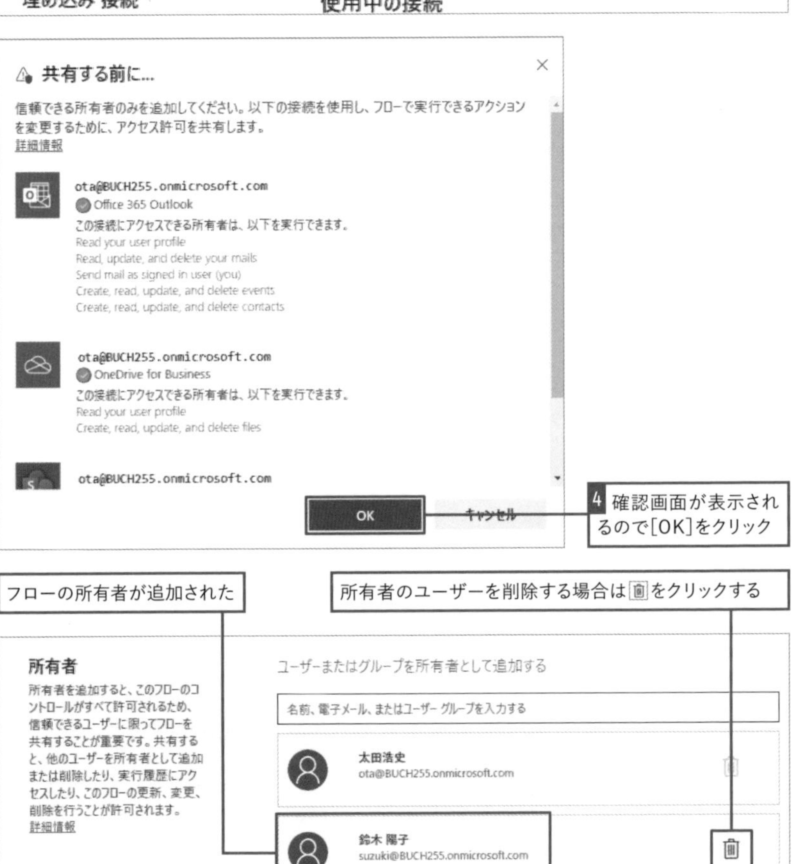

4 確認画面が表示されるので[OK]をクリック

フローの所有者が追加された

所有者のユーザーを削除する場合は🗑をクリックする

■後任者の操作

共同所有者に指定されたユーザーは、共有されたフローを自身の[マイフロー]から確認できます。[マイフロー]を開き、[自分と共有]タブを選択すると、共同所有者に指定されたフローを見つけることができます。後任者が自分の権限でアクションを実行させる必要がある場合には、フローの編集画面から[接続]を自身のものに切り替えることができます。

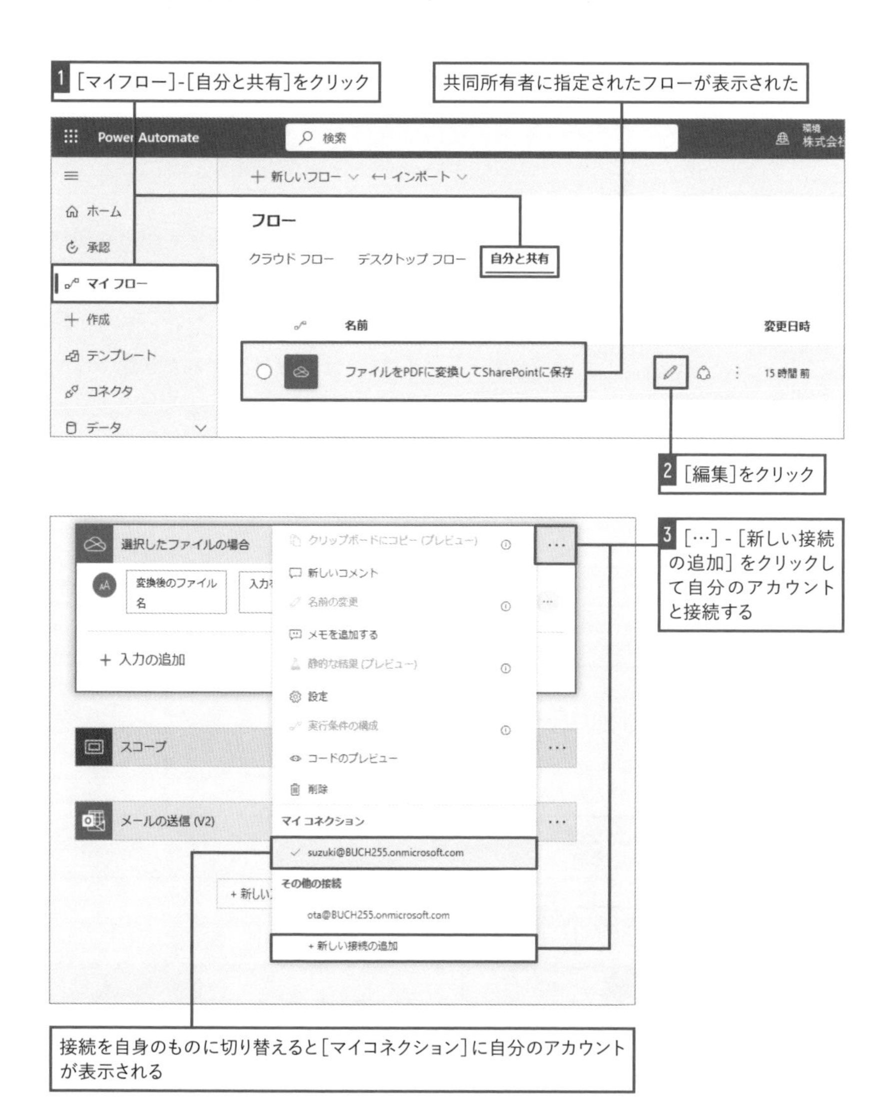

03 共同所有者を所有者にする

フローの所有者は作成した作成者本人であり、共同所有者を追加したあとでも作成者をフローの所有者から外すことができません。また、共同所有者を元の作成者と入れ替えることもできません。

このため、**共同所有者をフローの所有者とするには、新たにフローを作成し直す必要があります。ただし、共有されたフローは複製できるため、一から作るよりも簡単に作成できます。**

■後任者の操作

共同所有者がフローを複製するには、[マイフロー] から共有されたフロー個別の詳細画面を開き、[名前をつけて保存] をクリックします。このとき、フローの作成に必要な [接続] を作成し直す必要があります。共有されたフローを基に新しく作られたフローは、共同所有者の [マイフロー] に無効化された状態で作成されます。使用する前に、フローを有効化しておくのを忘れないようにしましょう。なお、複製元のフロー作成者は、共有していたフローを必要に応じて無効化したり削除したりすることができます。

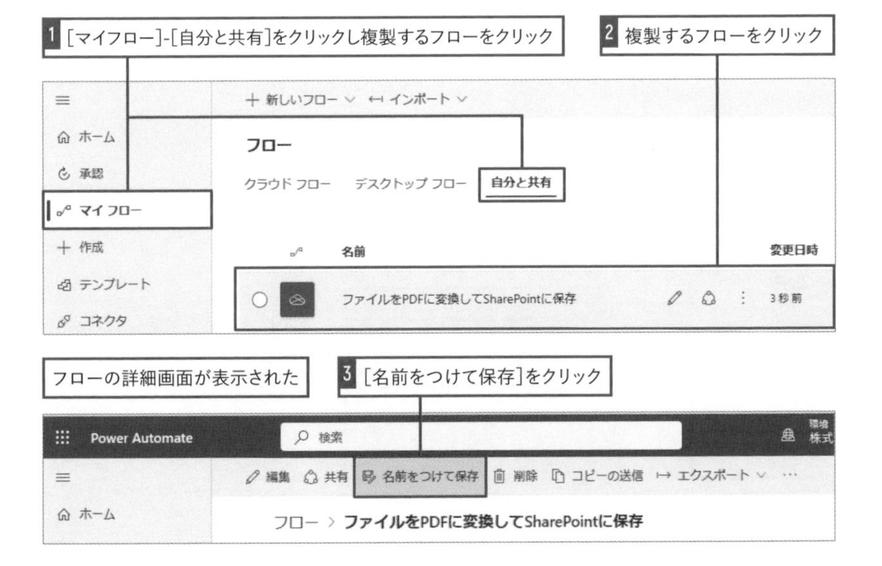

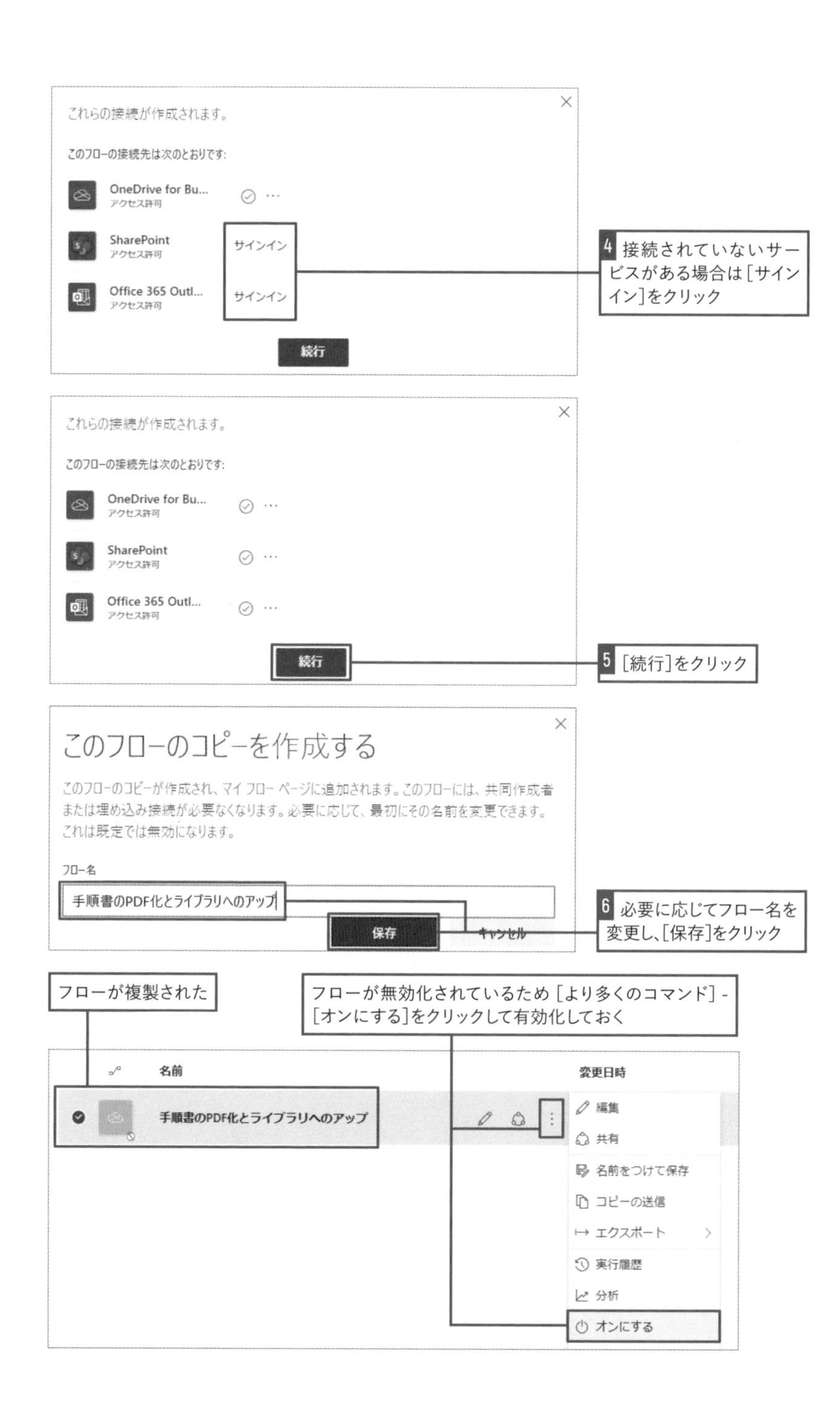

これらの接続が作成されます。
このフローの接続先は次のとおりです:
OneDrive for Bu...
アクセス許可
SharePoint
アクセス許可
サインイン
Office 365 Outl...
アクセス許可
サインイン
続行
4 接続されていないサービスがある場合は[サインイン]をクリック
これらの接続が作成されます。
このフローの接続先は次のとおりです:
OneDrive for Bu...
アクセス許可
SharePoint
アクセス許可
Office 365 Outl...
アクセス許可
続行
5 [続行]をクリック
このフローのコピーを作成する
このフローのコピーが作成され、マイ フロー ページに追加されます。このフローには、共同作成者または埋め込み接続が必要なくなります。必要に応じて、最初にその名前を変更できます。これは既定では無効になります。
フロー名
手順書のPDF化とライブラリへのアップ
保存
キャンセル
6 必要に応じてフロー名を変更し、[保存]をクリック
フローが複製された
フローが無効化されているため［より多くのコマンド］-［オンにする］をクリックして有効化しておく
名前
変更日時
手順書のPDF化とライブラリへのアップ
編集
共有
名前をつけて保存
コピーの送信
エクスポート
実行履歴
分析
オンにする

04 フローのコピーを送信する

フローに共同所有者を追加せずに、後任者にフローの複製を直接作成してもらうこともできます。後任者がフローの作成に慣れている場合には、この方法がもっとも適しているでしょう。

■ 元のフロー作成者の操作

フローのコピーを送信するには、フロー個別の詳細画面から[コピーの送信]をクリックします。画面右側に表示される[コピーの送信]では、[説明]と[送信先]をそれぞれ入力します。説明は25文字以上である必要があります。また、直近の実行に失敗したフローはコピーできません。なお、元のフロー作成者は、コピーされた元のフローを必要に応じて無効化したり削除したりすることができます。

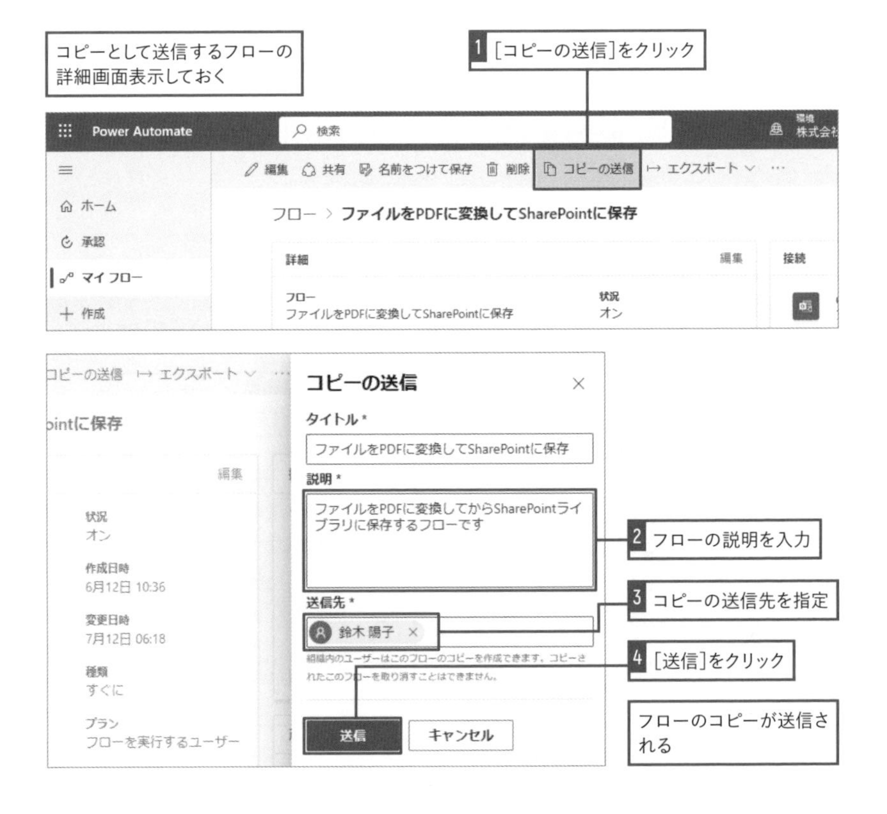

■後任者の操作

フローのコピーが送信されると、送信先の後任者にはメールが届きます。メールから［マイフローの作成］をクリックすると、テンプレートからフロー作成時と同様の作成画面が開きます。利用する［接続］の情報を確認し、問題なければ［フローの作成］をクリックします。これで、後任者が所有者となった新しいフローが作成されます。

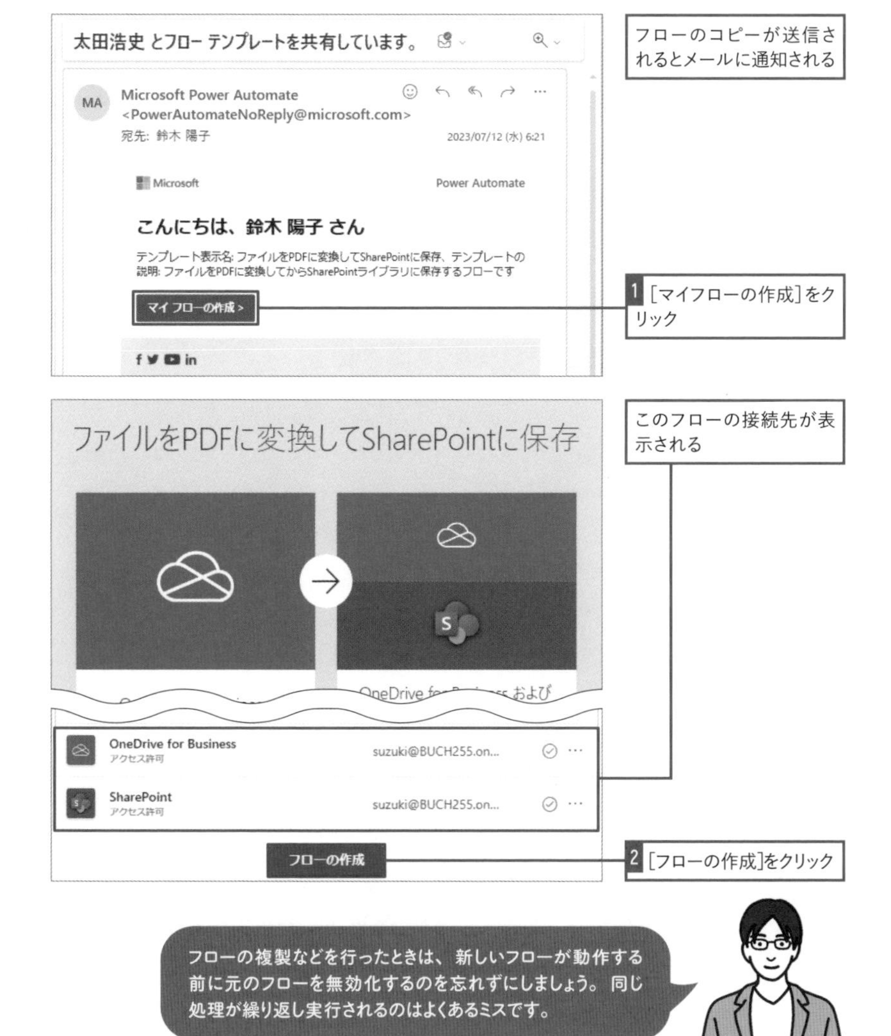

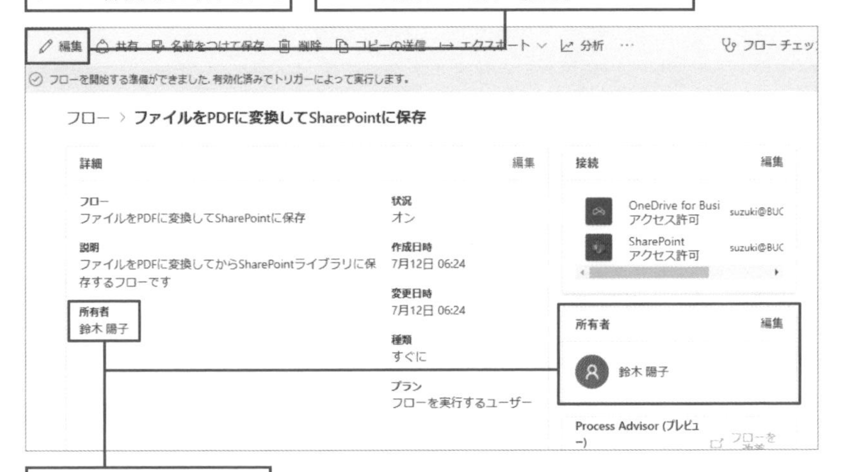

引継ぎを忘れた孤立フローを復活させる

退職などの理由で、割り当てられている所有者や共同所有者が一人も存在しないフローは、「孤立したフロー」と呼ばれます。孤立したフローは削除されることなくPower Automateのサービス上に残っているため、IT部門などのMicrosoft 365の管理者は、Power Platformの管理センターやPowerShellを利用して確認でき、新たな共同所有者を割り当てられます。特に前任者が会社を退職してしまった場合、そのユーザーアカウントが削除されてしまえば、そのフローを編集したり管理したりすることはできません。フローをどうしても復活させたい場合などには、IT部門の管理者と協力して、新たに共同所有者を割り当ててもらいましょう。詳しい手順などは、Microsoftの公式ドキュメントを参考にしてください。

■ **Power Platform 管理センター**

https://admin.powerplatform.microsoft.com/environments

■ **所有者が組織を離れるときに孤立フローを管理する - Power Automate | Microsoft Learn**

https://learn.microsoft.com/ja-jp/troubleshoot/power-platform/power-automate/manage-orphan-flow-when-owner-leaves-org

LESSON 35

フローの共同所有者にチームを追加する

部署やプロジェクトなどの業務で利用しているフローは、それに関連するチームを共同所有者にできます。共同所有者となったチームメンバーは、誰でもフローを編集したり実行履歴を確認したりすることができます。

01 チームを共同所有者に追加する

チームを共同所有者に設定する操作は、ほかのユーザーを共同所有者に追加するときと同様です。フロー個別の詳細画面から［所有者］の編集画面を開きます。このときに、フローを共有したいチーム名を入力すると、該当するチームが候補として表示されます。間違いがなければ、チームを選択して共同所有者にします。

LESSON18で作成したSharePointリストにある古いデータを削除するフローを基に、共同所有者を設定してみましょう。このフローは「できる営業部」サイトで利用されるものでした。そのため、Teamsにも「できる営業部」のチームを作成した場合には、そのチームを共同所有者にします。引継ぎのときにも、担当者個人ではなくチームを共同所有者にするのも良いでしょう。

LESSON18で作成したフローの詳細画面を表示しておく

1 ［所有者］の［編集］をクリック

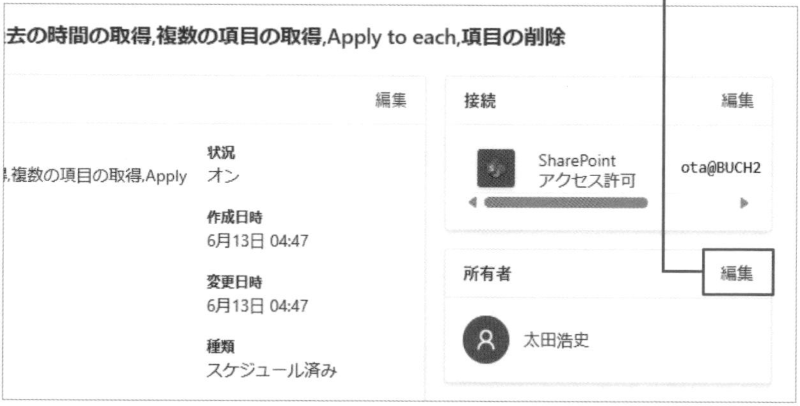

去の時間の取得,複数の項目の取得,Apply to each,項目の削除

編集

得,複数の項目の取得,Apply

状況
オン

作成日時
6月13日 04:47

変更日時
6月13日 04:47

種類
スケジュール済み

接続 編集

SharePoint
アクセス許可

ota@BUCH2

所有者 編集

太田浩史

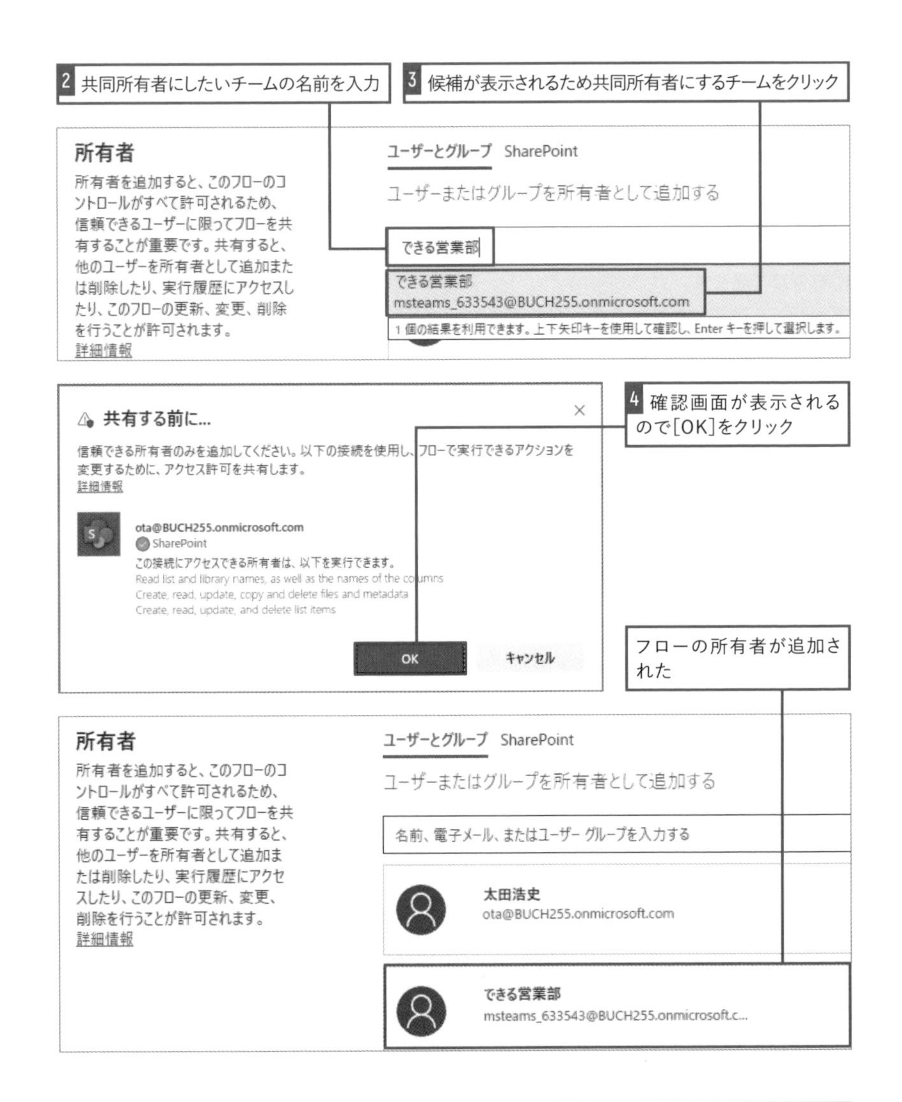

02 チームが共同所有するフローをTeamsで確認する

チームで共同所有しているフローは、Teamsからも確認することができます。共同所有者に設定されたチームを開き、任意のチャネルに[Power Automate]タブを追加します。このタブからは、チームが共同所有しているフローを確認できます。**チームのメンバーはこのタブから、誰でもフローの実行履歴を確認したり編集したりできます。**

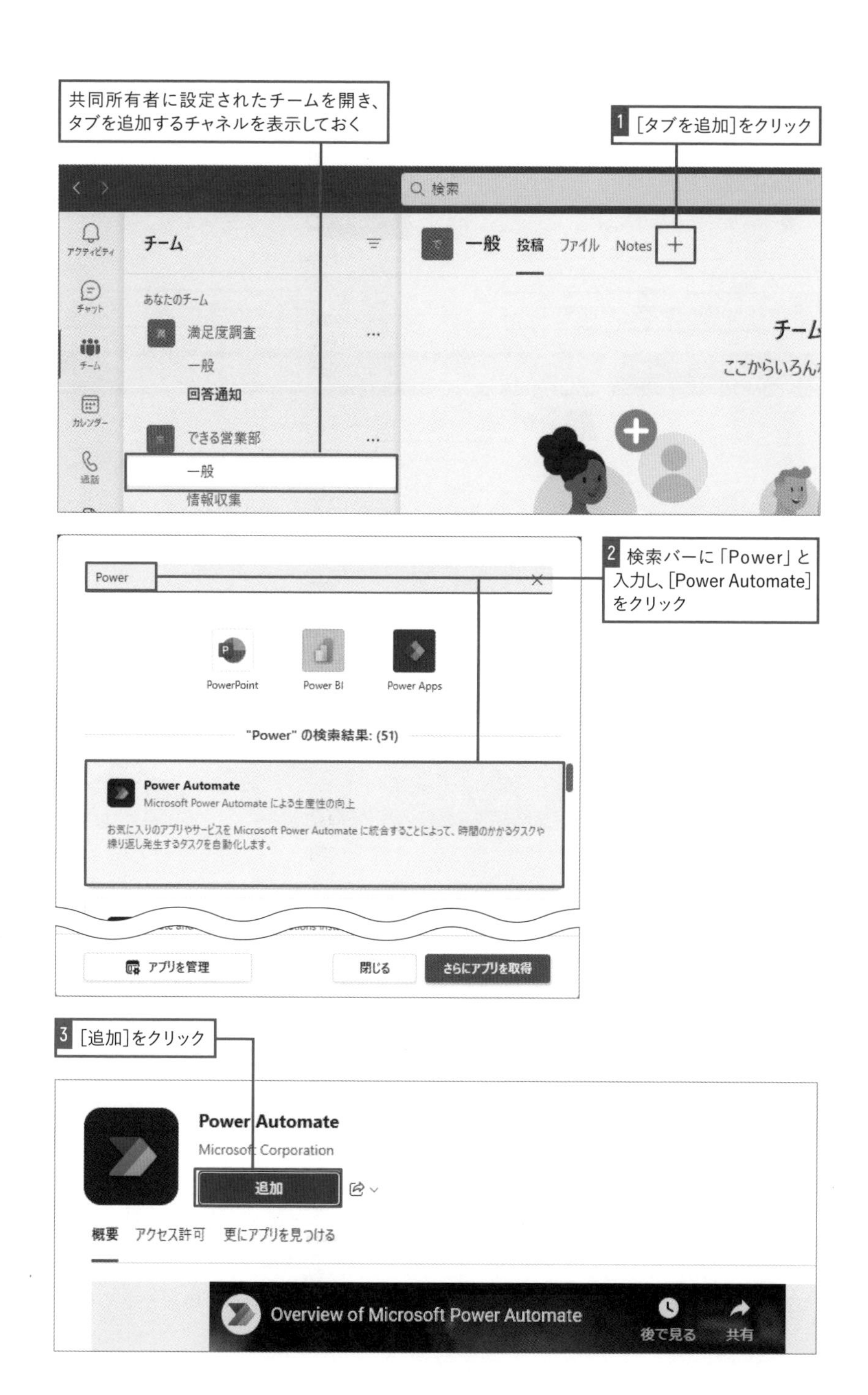

共同所有者に設定されたチームを開き、タブを追加するチャネルを表示しておく
1 [タブを追加]をクリック
検索
チーム
一般
投稿
ファイル
Notes
あなたのチーム
満足度調査
一般
回答通知
できる営業部
一般
情報収集
チーム
ここからいろん
2 検索バーに「Power」と入力し、[Power Automate]をクリック
Power
PowerPoint
Power BI
Power Apps
"Power" の検索結果: (51)
Power Automate
Microsoft Power Automate による生産性の向上
お気に入りのアプリやサービスを Microsoft Power Automate に統合することによって、時間のかかるタスクや繰り返し発生するタスクを自動化します。
アプリを管理
閉じる
さらにアプリを取得
3 [追加]をクリック
Power Automate
Microsoft Corporation
追加
概要
アクセス許可
更にアプリを見つける
Overview of Microsoft Power Automate
後で見る
共有

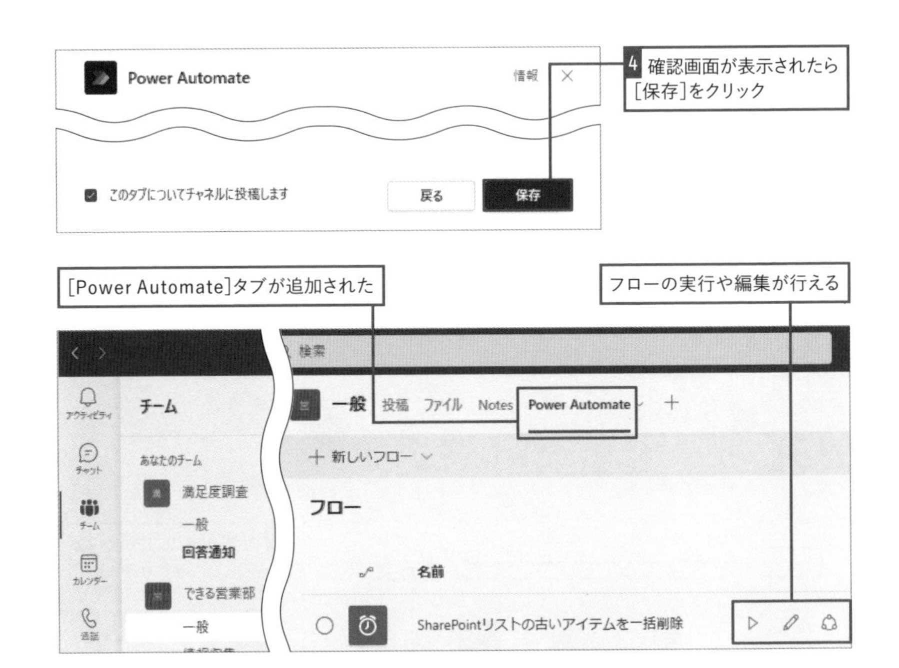

03 メンバーの力を合わせてフローを実行する

共同所有しているフローは、それぞれのアクションを異なるメンバーの権限で動作させることができます。例えば、鈴木さんのメールアドレスに届いたメールの内容を、山田さんの権限でSharePointリストに書き込むような処理が実現できます。そのためまずは、それぞれが担当するトリガーやアクションの［接続］を設定する必要があります。まずは、鈴木さんがフローの編集画面を開き、トリガーの接続に自分のものが設定されているかを確認します。ほかの人の接続が設定されている場合は、［新しい接続の追加］から自分の接続を設定し直しましょう。次に、山田さんがフローの編集画面を開き、同様にアクションの［接続］を確認し自分の接続が設定されているかを確認します。既に作成済みの接続がある場合は、［マイコネクション］の一覧から選択することもできます。

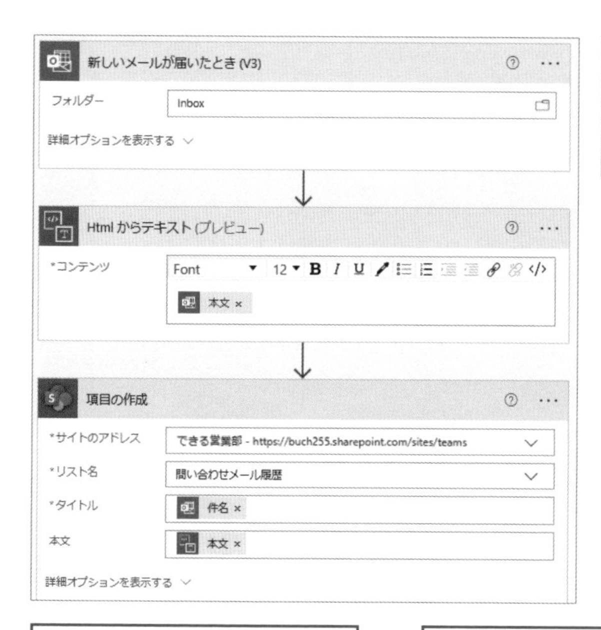

ここではOutlookに届いた問い合わせをSharePointリスト「問い合わせメールへの履歴」へ転記するフローを用いて解説する

本LESSONのSECTION01を参考に、チームを所有者に追加しておく

共同所有者に設定されると、チームのメンバーはこのフローを確認・編集できる

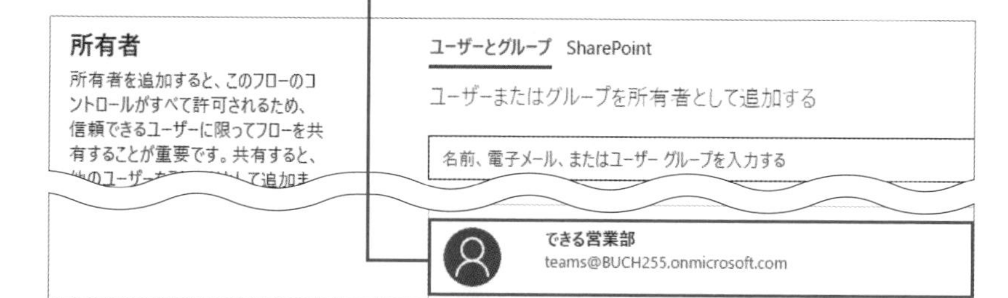

■ フローのトリガーとなるメールの宛先のユーザー

[…] をクリックして接続を確認。ここでは自分の接続が設定されているが、ほかの人のアカウントが接続に設定されている場合は[新しい接続の追加]をクリックして設定する

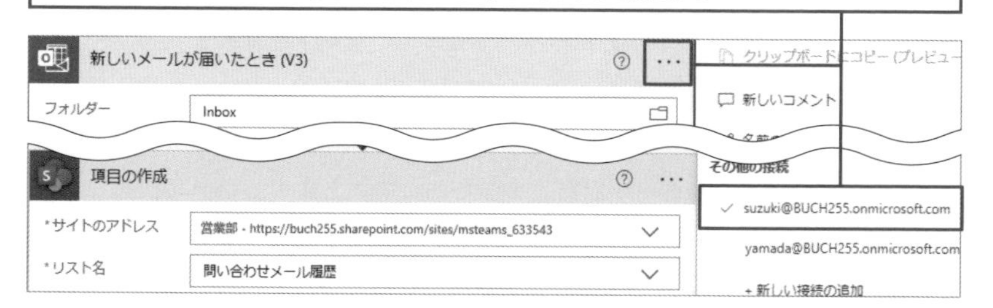

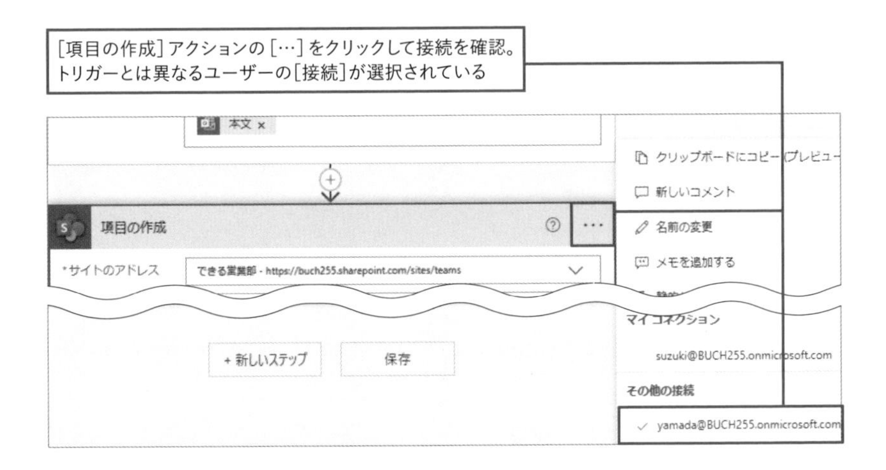

■ このフローが実行された場合

フローが実行されると、ユーザーA(鈴木さん)に届いたメールの内容が、ユーザーB(山田さん)の権限でリストに登録される

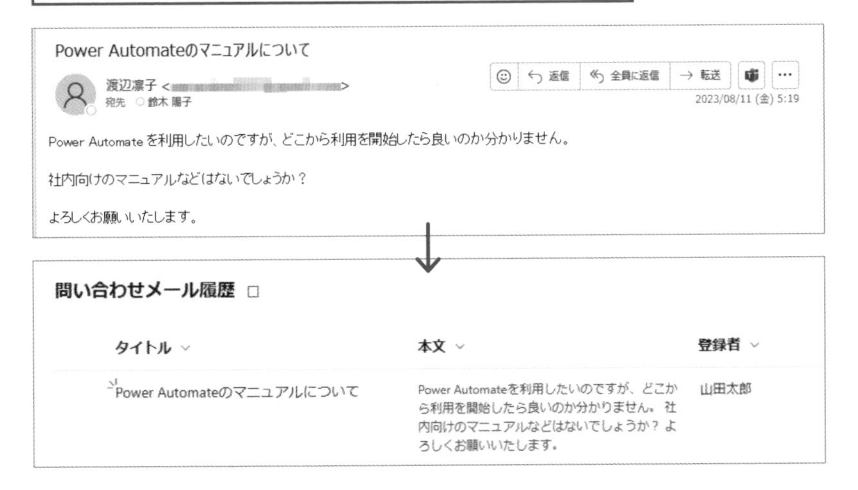

このようにそれぞれのトリガーやアクションの[接続]をそれぞれのユーザーが設定し合うことで、あたかもメンバー同士が力を合わせて1つの作業を行うようなフローを作成できます。

さらに、こうして[接続]を設定し合ったあとであっても、自分の接続に切り替えられるのは自分だけなので安心です。チームのメンバーだからといって、自分の権限が紐付いた接続を勝手に利用できることはありません。

LESSON 36

Power Automateの新機能をいち早く試す

Power Automateは、日々機能の追加や改善がされています。今後一般に実装される予定の新しい機能をいち早く試すこともできます。また、開発中の機能の情報も確認し、どんなものがあるかも見てみましょう。欲しかった機能もあるかもしれません。

01 実験的な機能を有効化する

新機能を試用するには、以下の手順で［実験的な機能］をオンに切り替えて保存します。この影響を受けるのは、設定を変更した自分だけであり、いつでも設定変更により元の状態に戻すことができます。

2023年8月の執筆時点では、［実験的な機能］によって、拡張された新しい数式エディターなどが利用できるようになっています。この数式エディターでは、数式が複数行で表示されるようになっており、複雑な数式を作成するのに便利です。数式を利用する機会が増えてきた場合には、［実験的な機能］の新しい数式エディターの利用もおすすめです。

ただし、［実験的な機能］は、Microsoftの正式なサポート対象外となっており、また、機能が変更や削除されることもあります。そうした事情を理解しながら利用してください。

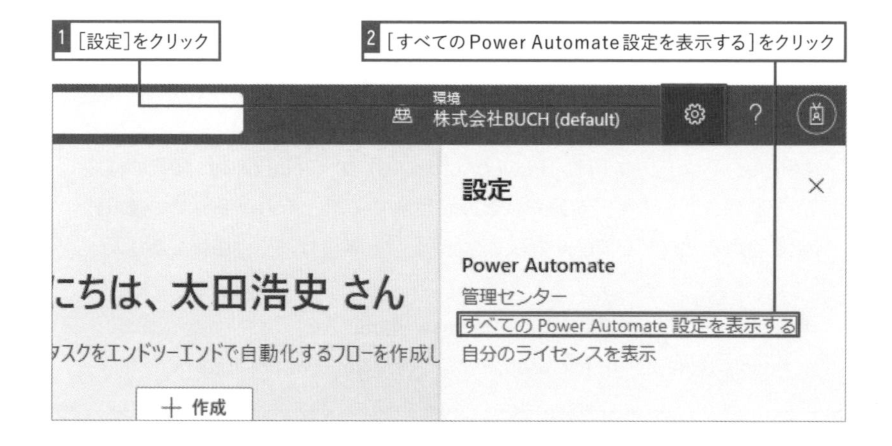

応用編 第6章 本番運用で役立つテクニックと大事な引継ぎ

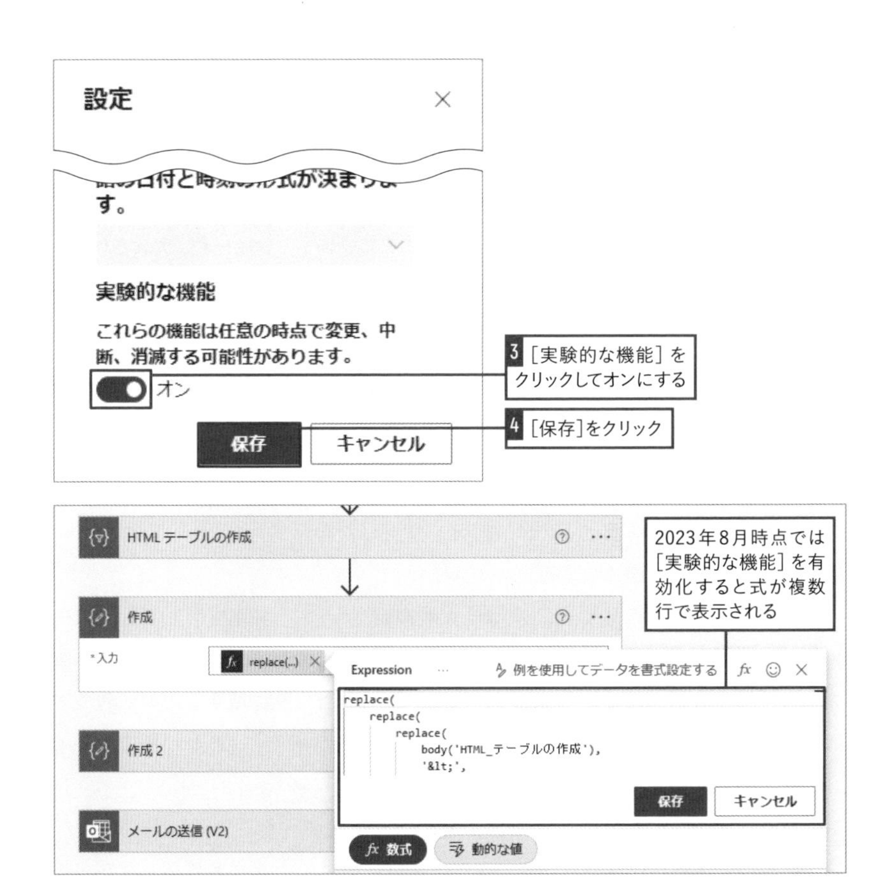

開発中の新機能を知る

Power Automateに関するMicrosoftが開発中の新機能は、「Microsoft Power Platform Release Planner」のサイトで公開されています。本書で扱ったクラウドフローは、［Power Automate］の［Cloud flows］にその機能が記載されています。英語だけなのが残念ですが、英語が苦手でも機械翻訳を利用するなどして読んでみてください。ときには役立つ情報もあります。

■ Microsoft Power Platform - Release Plans
https://releaseplans.microsoft.com/en-us/?app=Power+Automate

KEYWORD

API
ソフトウェアやアプリケーションのシステム間を繋ぐ仕組み。Power Automateでは「コネクタ」を利用することでAPIを呼び出し、複雑なプログラミングをしなくてもクラウドサービスと接続することができる。

false
ブール値の「偽」の値。Power Automateでは、例えば「AとBは等しいかどうか」といった真偽を求める式で、正しくない場合「false」を結果として取得する。

ISO8601
日付と時刻の書式に関する国際規格。日付や時刻のほかにUTCからの時差を含めることで、システム間で日時の値を正しく受け渡しできる。ファイル名などに日時の値を使う場合は、見慣れた「年月日」などの書式に変換して利用する。

JSON
システムに入出力されるデータの構造や値を記述するための形式の1つ。Power Automateのトリガーやアクションから出力される生データはJSON形式になっており、このデータを式で扱うことで、動的なコンテンツに含まれていない値も利用できるようになる。

Microsoft 365
Microsoftが提供するサブスクリプション製品の総称。ExcelやWordなどのほか、TeamsやOutlook、Forms、Power Automateなどがこの製品に含まれる。家庭向けと一般法人向けがあり、それぞれ料金やサービスの内容が異なる。

null
プログラミングやデータベースなどで使用される用語で、値が存在しないことを意味する。

ODataフィルタークエリ
クラウドサービスなどのAPIを呼び出して取得するデータを、フィルターするための書式。Power Automateでは、SharePointリストやライブラリなどから条件にあったアイテムを取得する場合に利用する。SharePointのリストやライブラリの列は、表示名と内部名の2つの名前を持っており、Power Automateでは内部名を使ってフィルターの条件を指定する。

Power Automate for desktop
デスクトップ上で動作するアプリケーションやファイルの操作など、パソコン上で行われる作業の自動化に特化したRPAツール。「Power Automate」の機能の一部という位置づけになっており、Windows 11が搭載されたパソコンに「Power Automate」という名前で標準インストールされている。

true
ブール値の「真」の値。Power Automateでは、例えば「AとBは等しいかどうか」といった真偽を求める式で、正しい場合「true」を結果として取得する。

アクション
実行される処理のこと。Power Automateの自動処理は、トリガーの下に複数のアクションを組み合わせて作成する。アクションにはメール送信など接続先のクラウドサービスの特定の処理を実行するもののほか、接続先のクラウドサービスからデータを取得するものなど、さまざまある。

アレイ
複数個の値を1つにまとめて扱うことができるようにしたもの。それぞれの値には0から始まる連続した番号が振られており、「このアレイの2番の要素」のように番号を指定して個別の値を取り出せる。フローの中では、アレイは「配列」と呼ばれることもある。

拡張子
ファイルを識別するためのファイル末尾の「.」(ピリオド)の後ろにある文字列のこと。例えば、Excelファイルの場合は「xlsx」がファイルの種類を表す拡張子となる。

共同所有者
作成した本人以外のフローの所有者のこと。共同所有者となったユーザーは、フローを編集したり実行履歴を確認したりできる。共同所有者を追加するには、フロー個別の詳細画面から[所有者]の編集画面を開いてユーザーを指定する。一度、共同所有者を追加したフローは、[マイフロー]の[自分と共有]タブに移動する。

クラウドサービス
インターネットを通じて提供されるサービスのこと。Microsoft 365や、GoogleのGmailやGoogleDrive、クラウドストレージサービスのBoxやメッセージアプリのSlackなどもクラウドサービスの1つ。

クラウドフロー
Power Automateで作成する一連の自動処理のこと。クラウドサービス上で処理が実行されるため「クラウドフロー」と呼ばれる。単に「フロー」と呼ばれることもある。なお、Power Automate for desktopでの処理は「デスクトップフロー」と呼ばれ区別される。

コネクタ
Power Automateからさまざまなクラウドサービスと接続するための部品のこと。トリガーとアクションはコネクタに含まれている。例えば「Office 365 Outlook」のコネクタには、「新しいメールが届いたとき」トリガーや「メールの送信」アクションなどがある。

再試行ポリシー
アクションの実行が失敗したときに自動的に再試行を繰り返す設定のこと。Power Automateや接続先のサービスに発生している何らかの高負荷状態や、一時的な不具合によって起きた失敗に対して再試行される。

式
関数を組み合わせて作成する数式のこと。式を作成することで、数値や日付の加減算や、文字列の結合や分割などを行え、その結果得られる値を利用できる。

実験的な機能
新機能を試用する機能。[実験的な機能]をオンに切り替えると、一般へ利用可能になる前の機能が使えるようになる。Microsoftの正式なサポートの対象となっておらず、機能が変更や削除されることもある。

実行条件の構成
1つ前のアクションの実行結果によって、アクションを実行するかどうかを設定できる機能。これを利用して、特定のアクションが失敗した場合にのみ実行されるアクションをフローに加えることができる。

実行専用アクセス許可
フローを実行する権限をほかのユーザーに与えられる機能。フロー個別の詳細画面に[実行のみのユーザー]の設定が表示され、ここから[実行専用アクセス許可を管理]のメニューを開くと設定できる。ただし、実行を許可されたユーザーはフローは実行できるが、フローを編集することはできない。

条件分岐処理
条件に応じて処理を分岐させること。Power Automateでは、トリガーやアクションの出力から得られる値に応じて、異なる処理を実行させるなどの場合に利用する。こうした分岐には、条件に当てはまるかどうかの「はい／いいえ」で処理を変える「条件」分岐と、値に応じて処理を変える「スイッチ」分岐がある。

接続
Power Automateからクラウドサービスを利用するための認証情報を管理する仕組みのこと。クラウドサービスを利用するにはIDやパスワードを利用したサインインが必要なように、Power Automateでは、各クラウドサービスの認証情報を「接続」として保持し管理している。接続はコネクタをはじめて利用する場合に自動的に作成される。

逐次処理

指示された順番通りに作業を実行する処理のこと。Power Automate で作成するフローの基本は逐次処理となっており、トリガーやアクションは、並べられた順番通りに実行される。

テーブル

表のデータの管理や分析をしやすくする機能。表をテーブルに変換すると、フィルターや並べ替え、書式の変更などが簡単に行える。Power Automate からExcelの表を利用するには、データをテーブルにする必要がある。

デバッグ

プログラムを作成するときに、エラーや不具合を見つけて修正する作業のこと。

テンプレート

Microsoftや世界中のユーザーが集う「Power Automateコミュニティ」が作成したクラウドフローのひな形のこと。Power Automateの左側のメニューから[テンプレート]をクリックすると表示され、テンプレートを元にフローを作成することもできる。

動的なコンテンツ

トリガーやアクションから出力された値を、以降のアクションで簡単に利用できるようにした機能や、機能によって利用できる値のこと。Power Automateでは、入力された情報に基づいて処理が実行され、その処理の結果として得られた情報を「動的なコンテンツ」として扱うことができる。

トリガー

クラウドフローが実行される「きっかけ」となるイベントのこと。必ずフローの一番上に追加され、フローが実行される条件を指定できる。接続先のクラウドサービスの特定のイベントをきっかけに実行されるもののほか、あらかじめ指定したスケジュールに従って実行されるもの、手動で実行されるものの3種類がある。

反復処理

同じ処理を繰り返し行うこと。Power Automateで利用できる反復処理には[Do until]と[Apply to each]の2種類があり、同じ処理を決まった回数繰り返したり、複数のデータに対してそれぞれ同じ処理を実行したりしたい場合などに使う。

フローチェッカー

フローを保存するタイミングで、アクションの設定に漏れなどがないか確認してくれる機能。フローチェッカーには、どのアクションにどういった不備があるのかが書かれているため、それを参考にフローを修正できる。

並列処理

1度に2つの処理を並行して行うこと。Power Automateで並行処理を追加するには、[+]マーク-[並行分岐の追加]をクリックする。

変数

フローの中で利用できる「値を入れておける入れ物」のこと。変数には数字や文字列などが入れられ、作成した変数に格納した値は動的なコンテンツとしてアクションの設定に用いることができる。

マイフロー

これまで作成したフローのこと。Power Automateの左側のメニューから[マイフロー]をクリックするとフローの一覧が表示され、この一覧からフローを編集したり実行したり、実行した履歴を確認したりできる。

無限ループ

処理が終わることなく繰り返されること。例えば、SharePointのリストにアイテムが作成されたときに実行される[項目が作成されたとき]トリガーを利用するフローで、[項目の作成]アクションを利用して同じリストにアイテムを書き込むと、無限ループによりアイテムが大量に作成されてしまう。

INDEX

記号

数字

A・B

C・D

E・F

G・H

I・J

L

M・N

おわりに

「Power Automateのクラウドフローに特化した本を作りませんか」こんな相談を受けたのが2023年2月でした。私自身も業務でクラウドフローを利用していますし、すぐに引き受けることにしました。

Power Automateはクラウドサービスです。クラウドサービスの特徴は、使っている間にも次々に新機能が登場し、機能が改善され、より使いやすく進化していく点です。さらに今後は、AIがフロー作成の手助けをしてくれるようになるでしょう。Power Automateでの業務自動化は、ますます簡単になります。

本書の執筆では、そうした製品のアップデートやロードマップに悩まされることもありました。何を書くべきだろうか。今だけではなく、これからも役立つ知識を提供したいと考えました。そのため、より基礎的な内容で、今後の活用の土台としてもらえるものを多く取り入れようと工夫したつもりです。

Power Automateは思っていたよりも難しい。それは多くの人にとって正直な感想かもしれません。原稿を読んだ編集者も、「思っていた以上にやや難易度が高いツール」と感想を伝えてくれました。Power Automateが難しいのは、ツールの使い方だけではなく、その他のITの関連知識も求めるからです。

しかしそれだけ、懐の深いサービスなのだと思います。自分のスキルが上がれば、Power Automateで実現できることも増えていきます。アイデア次第で、より多くの業務に応用できるようになります。そんな楽しさをぜひ味わって欲しいです。

本書はMicrosoft 365ユーザーにも向けて書きました。Microsoft 365の活用には、Power Automateの利用は効果的です。より多くの人が、WordやExcel、PowerPointのようにPower Automateを使えるようになれば、日々の業務はより効率的になるでしょう。

本書の内容は、私の知識や経験でしかありません。皆さん自身のスキルや知識としてもらうには、自分で手を動かし体験してもらうほかありません。さあ、本を読み終えたら、さっそくフローを作成しましょう。

太田 浩史

■著者

太田浩史（おおた ひろふみ）

株式会社内田洋行

1983年生まれ、秋田県出身。近ごろはサイクリングにハマり、週末に数十キロを走る。2010年に自社のMicrosoft 365（当時BPOS）導入を担当したことをきっかけに、多くの企業に対してMicrosoft 365導入や活用の支援をはじめる。Microsoft 365に関わるIT技術者として、社内の導入や活用の担当者として、そしてひとりのユーザーとして、さまざまな立場の経験から得られた等身大のナレッジを、各種イベントでの登壇、ブログ、ソーシャルメディア、その他IT系メディアサイトなどを通じて発信している。2013年からMicrosoftにより個人に贈られる「Microsoft MVP Award」を連続受賞中。日本最大のMicrosoft 365ユーザーグループ「Japan Microsoft 365 Users Group」の共同運営メンバーでもある。著書に『Microsoft Teams踏み込み活用術 達人が教える現場の実践ワザ（できるビジネス）』（インプレス）。

■協力

Qiita株式会社

STAFF

カバー・本文デザイン	吉村朋子
カバー・本文イラスト	北構まゆ
DTP制作	町田有美
校正	株式会社トップスタジオ
デザイン制作室	今津幸弘
制作担当デスク	柏倉真理子
編集制作	渡辺陽子
組版	BUCH⁺
編集	高橋優海
編集長	藤原泰之

■商品に関する問い合わせ先
このたびは弊社商品をご購入いただきありがとうございます。本書の内容などに関するお問い合わせは、下記のURLまたは二次元バーコードにある問い合わせフォームからお送りください。

https://book.impress.co.jp/info/

上記フォームがご利用いただけない場合のメールでの問い合わせ先
info@impress.co.jp

※お問い合わせの際は、書名、ISBN、お名前、お電話番号、メールアドレス に加えて、「該当するページ」と「具体的なご質問内容」「お使いの動作環境」を必ずご明記ください。なお、本書の範囲を超えるご質問にはお答えできないのでご了承ください。

●電話やFAXでのご質問には対応しておりません。また、封書でのお問い合わせは回答までに日数をいただく場合があります。あらかじめご了承ください。
●インプレスブックスの本書情報ページ　https://book.impress.co.jp/books/1122101184 では、本書のサポート情報や正誤表・訂正情報などを提供しています。あわせてご確認ください。
●本書の奥付に記載されている初版発行日から3年が経過した場合、もしくは本書で紹介している製品やサービスについて提供会社によるサポートが終了した場合はご質問にお答えできない場合があります。

■落丁・乱丁本などの問い合わせ先
FAX　03-6837-5023
service@impress.co.jp
※古書店で購入された商品はお取り替えできません。

Power Automate（パワー オートメート）ではじめる業務（ぎょうむ）の完全（かんぜん）自動化（じどうか）
（できるエキスパート）

2023年9月21日　初版発行
2024年6月11日　第1版第4刷発行

著者　太田浩史（おおた ひろふみ）
発行人　高橋隆志
発行所　株式会社インプレス
〒101-0051　東京都千代田区神田神保町一丁目105番地
ホームページ　https://book.impress.co.jp

印刷所　株式会社暁印刷

ISBN978-4-295-01779-0　C3055

Printed in Japan